교육의 뇌과학

바버라 오클리
베스 로고스키
테런스 세즈노스키
지음

이선주
옮김

뇌과학이 밝혀낸
공부 잘하는 아이들의 비밀

교육의 뇌과학

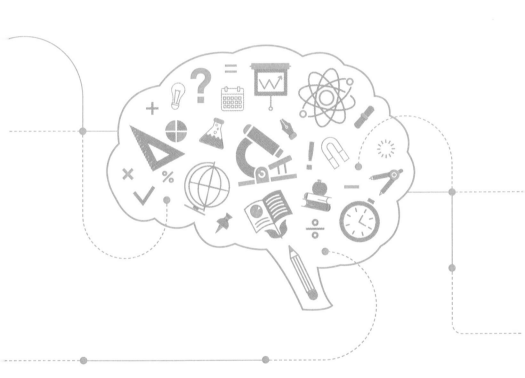

UNCOMMON
SENSE TEACHING

현대
지성

교육은 오랫동안 직관과 경험에만 의존해야 했던 불확실한 기술이었다. 하지만 이제 과학이 그 안개를 걷어내고 있다. 이 책은 혼돈 속에 가려져 있던 교육이라는 기술을 명확하고 효과적인, 그리고 무엇보다 즐거운 예술의 경지로 끌어올린다.

스티븐 핑커, 하버드 대학교 심리학과 교수

놀라운 통찰로 가득한 책이다. 최신 뇌과학 연구의 정수를 모아 누구나 당장 실천할 수 있는 혁신적 방법들을 제시한다. 이 책은 교육자는 물론, 더 나은 배움을 갈망하는 모든 이들에게 새로운 지평을 열어줄 것이다.

스콧 영, 『학습의 재발견』, 『울트라러닝』 저자

학습의 인지신경과학적 원리를 명쾌하게 풀어낸 탁월한 안내서다. 복잡한 뇌의 학습 메커니즘을 이해하기 쉽게 설명하며, 이를 바탕으로 실제 교육 현장에서 즉시 활용할 수 있는 구체적인 방법들을 제시한다. 학습도 메커니즘을 알아야 의도했던 결과를 얻을 수 있다. 더 나은 학습 경험을 실계하고사 하는 모든 이들에게 든든한 길잡이가 되어줄 것이다.

김새로나, 창원남산고등학교 수석교사

뇌에서 학습이 어떻게 이루어지는지 인지과학, 신경과학적 지식을 동원해 쉽게 풀어 설명한다. 교사, 학생, 학부모 모두가 즉시 실행할 수 있는 귀중하고 실용적인 아이디어를 담았다.

피터 브라운, 『어떻게 공부할 것인가』 공저자

신경과학 정보를 유머와 함께 풀어냈다. 이 책은 교육학의 오랜 난제를 뇌과학적 관점으로 새롭게 해석한다. 이 책에서 얻은 통찰력을 하루빨리 나 자신의 교육과 학습에 적용하고 싶다.

스티븐 스트로가츠, 코넬 대학교 교수이자 『미적분의 힘』 저자

교육학, 심리학, 신경과학이 만나 빚어낸 혁신적인 책이다. 인지과학자이자 교육자로서 이 책을 읽으며 놀라움을 금치 못했다. 인지과학 분야의 흥미진진한 연구 결과와 함께 당장 강의실에서 활용할 수 있는 실용적인 방법들이 가득 담겨 있다. 탄탄한 연구 결과에 기반한 교육 방법을 찾고 있다면 이 책을 꼭 읽어야 한다.

푸자 K. 아가월, 『강력한 교육 *Powerful Teaching*』 공동 저자

쉽고 매력적인 책이다. 모든 교사가 반드시 알아야 하지만 미처 배우지 못하는 정보를 세심히 전해준다. 이 책의 지침을 따르면 교육자는 더 쉽게 가르치고, 학생도 더 쉽게 배울 수 있다.

나탈리 웩슬러, 『지식 격차 *The Knowledge Gap*』 저자

학습은 두뇌를 변화시킨다. 이 책은 어떻게 두뇌가 변화하는지, 그런 변화가 왜 어려운지, 그리고 수업에서 학습을 촉진하는 방법을 설명한다.

교사와 강사, 학부모 모두가 아이의 학습을 이끄는 데 도움이 되는 조언을 얻을 수 있다.

크리스틴 디서보, 칸 아카데미 최고학습책임자

학습하는 동안 두뇌가 어떻게 작동하는지, 가르치는 과정에서 활용해야 할 구체적인 전략을 깊이 설명해주는 최초의 책이다. 이 책을 강력하게 추천한다.

로버트 마자노, 마자노 재단 공동 설립자이자 『새로운 교육 기술과 과학*The new Art and Science of Teaching*』 저자

교육자와 수업에 대한 깊은 이해를 담은 책이다. 성공적인 교육과 학습에 대한 신경과학적 연구 결과를 소개하면서 복잡한 개념을 이해하기 쉬운 방식으로 전달한다. 실용적이며 쉽게 읽힌다.

캐럴 앤 톰린슨, 『교실에서 수업을 차별화하는 방법*How to Differentiate Instruction in Academically Diverse Classrooms*』 저자

통찰력이 넘치는 책이다. 학교에서든 집에서든, 학생을 가르치는 교사와 학부모가 반드시 읽어야 하는 책이다. 모든 학습자가 이 책을 통해 두뇌 기능과 학습 습관에 대한 도움을 받을 수 있을 것이다. 강력하게 추천한다.

줄리 보가트, 『용감한 학습자*The Brave Learner*』 저자

신경과학적인 지식을 바탕으로 교육자들이 학생들을 더 잘 가르칠 수 있게 도와준다. 초중고, 대학의 교육자들이 반드시 읽어야 할 책이다.

재클린 엘 세이드, 미국공학교육협회 최고연구책임자

뇌가 학습하는 과정을 더 잘 이해할 수 있다. 학생의 학습과 성과, 행복을 높여줄 실용적인 방법이 가득하다.

제임스 M. 랭, 『작은 교육 *Small Teaching*』 저자

풍부한 인지과학적 지식을 교육 현장에 접목시킨다. 교육자들이 학습 과정을 과학적으로 이해하고, 실제 교육에 적용할 수 있는 실용적인 방법을 제공한다.

죄르지 부자키, 『구석구석 들여다본 두뇌 *The Brain from Inside Out*』 저자

교육에 관심이 있다면 반드시 읽어야 할 책. 이 책은 학생들이 학습을 최대한 활용할 수 있도록 도와준다. 학습은 재미있어야 하고, 뇌가 설계된 방식에 따라 학습하는 방법을 알면 공부가 재미있어진다. 얼마나 유쾌하고 훌륭한 책인지.

마임 비알릭, 『뉴욕타임스』 베스트셀러 『소녀에서 여성으로 *Girling Up*』, 『소년에서 남성으로 *Boying Up*』 저자

제1부

뇌과학으로
풀어보는 학습의 비밀

제1장   학생이 제대로 배우지 못하는 이유

제2장   작업 기억이 학습 속도를 결정한다

제3장   서술적 경로 강화하는 법

제10장 **탄탄한 수업 계획 세우는 법**

UNCOMMON
SENSE TEACHING

뇌과학으로 열어가는 새로운 학습의 길

사람들은 항상 새롭고 획기적인 학습법을 찾는다. 구글에 "Barb Oakley and Terry Sejnowski"를 검색하면 나오는 온라인 공개수업^{MOOC} 영상 '학습법 배우기^{Learning How to Learn}'의 놀라운 인기가 이를 잘 보여준다.

소크 연구소의 신경망 연구 선구자 테런스 세즈노스키와 공학자이자 언어학자인 바버라 오클리는 두뇌의 특성을 바탕으로 한 학습법을 제시한다. 이 내용의 상당수는 기존 학교 교육과정에서 다루지 않았던 것으로, 학생들의 학습 효율을 근본적으로 높이고 교육에 대한 기존 상식을 뒤집는다.

교육계에서는 가르치는 일을 '예술'이라고 부르지만, 그 진수를 완전히 파악하기란 쉽지 않다. 교육자들은 걸작을 만들어내고자 하는 의욕으로 학생들을 가르치지만, 학생 수준이 가지각색인 데다 성적 중심의 평가 시스템에서는 금방 한계에 부딪힌다. 레오나르도 다빈치 같은 위대한 예술가를 꿈꾸다 굶주림에 허덕이는 예술가가 되는 느낌이다. 결국에는 각자 가르침을 받은 방식대로 가르치게 되지만, 불행히도 과거의 방식은 오늘날에는 효과적이지 않다.

이 책의 공동 저자 베스 로고스키는 1990년대부터 14년간 중학교 교단에 섰다. 그는 학생들이 즐겁게 공부하고 좋은 성적을 거두게 하는 존경받는 교사였지만, 여전히 많은 학생들이 목표에 도달하지 못하는 현실에 고민했다.

이를 해결하기 위해 그는 연구의 길로 들어섰다. 컴퓨터를 활용한 인지 훈련과 언어훈련에 관한 그의 박사 논문은 신경과학계에 신선한 충격을 주었다. 럿거스 대학 분자 및 행동 신경과학센터에서 뛰어난 학자들과 함께 연구를 이어간 그는 현재 펜실베이니아주 블룸스버그 대학의 교육학 교수로서 초중고 현장을 관찰하며 신경과학을 교육에 접목하고 있다.

예를 들어, 학생마다 작업 기억력이 다르기 때문에 가르치는 기술도 달라야 하는데, 이때 신경과학적 지식을 이용하면 그 차이를 체계화할 수 있다. 학생에게 성장 마인드셋이 없거나 학생이 좋아하는 학습 방식을 택하지 않았기 때문에 공부를 포기한다고 지레짐작해서는 안 된다. 실제로는 어려운 내용을 어떻게 공부할지 몰라서 포기하는 경우가 많다. 특히 인출 연습이나 서술적·절차적 경로를 활용한 학습법의 놀라운 효과는 아직 많은 교육자들에게 알려지지 않았다.

최신 신경학 연구에서 발견한 획기적인 교육법을 이용하면 학생들이 새로운 지식을 장기 기억에 빠르게 저장하면서 창의적으로 생각하고 공부하도록 가르칠 수 있다. 이는 학습과 교육에 대한 우리의 이해를 한층 더 깊게 한다.

이 책은 교육 방식의 완전한 변화가 아닌, 효과적인 개선을 목표로 한다. 새로운 기법과 함께 이미 검증된 방법들도 소개하면서, 왜 이러한 방식들이 효과적인지를 설명한다. 작은 변화만으로도 교육의 전반적인 효과를 크게 높일 수 있다는 것이 핵심이다.

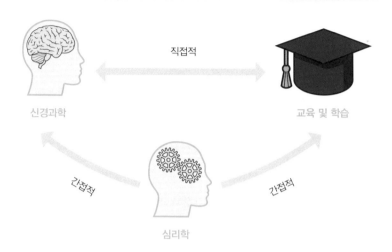

신경과학, 교육 및 학습, 심리학의 상관관계

직접적

신경과학

교육 및 학습

간접적

간접적

심리학

신경과학은 직접적인 뇌 연구를 통해, 또는 심리학을 매개로 교육과 학습을 이해하게 해주며, 반대로 교육 현장의 발견들은 신경과학 연구를 이끈다.

이 책은 초중고 교사, 대학교수 등 모든 영역의 교육자를 비롯해 학부모와 양육자들을 위한 책이다. 전문 용어는 최소한으로 줄이고, 꼭 필요한 경우에만 명확하게 설명하려고 한다.

가르치는 일을 처음 시작하는 사람들에게 이 책이 특히 도움이 될 것이다. 경험이 많은 교육자라면 오랫동안 당연하게 여겼던 개념을 새로운 관점에서 바라볼 기회를 제공한다. 다양한 수준의 학생들에게 폭넓게 활용할 수 있는 실습 및 교육 요령도 함께 실었다. 모든 내용은 인지 과학과 뇌과학, 현장 경험을 통해 얻은 과학적 증거에 기반을 두고 있다.

교육은 학생 개인을 넘어 사회 전체의 발전과 직결된다. 또한 가르치는 일은 끊임없는 배움의 과정이기도 하다. 이미 알고 있는 것이 많든 적든,

새로운 배움은 언제나 가치 있다. 이 책이 여러분의 교육 여정에 의미 있는 동반자가 되기를 바란다.

바버라 오클리, 베스 로고스키, 테런스 세즈노스키

제1부

뇌과학으로
풀어보는
학습의 비밀

일러두기

1. 인명은 국립국어원의 외래어 표기법을 따랐으나, 널리 통용되는 표기가 있는 경우 그에 따랐습니다.
2. 국내에 번역되지 않은 저작의 제목은 원어를 함께 표기했습니다.
3. 본문의 각주는 원주이며, 독자의 이해를 돕기 위한 옮긴이, 편집자 주는 각각 '─옮긴이', '─편집자'로 표기했습니다.

제1장

학생이 제대로
배우지 못하는
이유

카티나는 점수를 보면서 눈물을 글썽였다. 시험을 힘겹게 통과했기 때문이다. "시험 때만 되면 왜 몽땅 잊어버리는지 정말 모르겠어요. 수업을 들을 때나 집에서는 잘 이해해요. 그런데 시험지만 보면 얼어붙어요. 시험 불안 같아요. 아니면 수학을 못해서 그런 걸까요?"

겉으로 보기에 카티나는 좋은 학생이다. 읽기 장애나 계산 장애 같은 문제는 없다. 수업에 집중하며, 숙제는 언제나 제대로 해간다. 창의적이며 손재주가 좋고 친구도 많다.

수학 때문에 스트레스를 받는 학생은 카티나만이 아니다.[1] 벤도 같은 문제를 겪는다. 페데리코는 글쓰기, 재러드는 스페인어에 취약하고, 앨릭스는 주기율표를 잘 이해하지 못한다.

한 교실의 학생 중 3분의 1은 한두 과목에서 '나는 못해' 정신 상태에 사로잡혀 있다. 교사들은 전국 학력 평가 시험이 다가오면 카티나 같은 학생들이 학교 평균 점수를 떨어뜨릴까 봐 걱정한다. 학교의 평균 점수가 떨어지면 학교의 사기도 떨어진다. 교사의 의욕 역시 그렇다.

이 학생들에게는 무슨 일이 일어나고 있는 걸까? 학생들이 저마다 취약한 영역에서 좋은 성과를 얻으려면 어떻게 해야 할까?

학습: 신경세포 사이에서 연결 고리를 만드는 과정

무슨 일이 벌어지고 있는지 이해하려면 우리 뇌의 기본 구성 요소인 신경세포를 살펴보아야 한다. 신경세포는 정말 많다. 사람마다 약 860억 개의 신경세포가 있다. 아무리 공부를 못하더라도 마찬가지다. 새로운 사실, 개념이나 절차를 배울 때마다 신경세포 사이에 새로운 연결 고리가 만들어진다.

신경세포의 구조는 생각보다 단순하다. 마치 선인장의 가시처럼 사방으로 뻗어 정보를 받아들이는 '가지돌기(수상돌기)'와, 긴 팔처럼 뻗어나가 다른 세포와 소통하는 '신경돌기(축삭돌기)'가 핵심 구조다. 그리고 가지돌기에는 가지돌기 가시가 많다.

학생들이 배우는 내용에 집중할 때 신경세포 사이를 연결하는 과정이 시작된다. 수업을 듣거나 책을 읽거나 농구에서 처음으로 레이업 슛을 시도하거나 새로운 컴퓨터 게임을 할 때 이런 연결 고리가 만들어진다. 새로운 지식을 배우는 과정에서 신경돌기가 이웃 신경세포의 가지돌기 가지를 향해 팔을 뻗는 것이다.

신경세포가 주변 신경세포와 충분히 가까워지면 두 신경세포 사이의 좁아진 간격(시냅스)을 뛰어넘으면서 신호가 전달된다. 신경세포에서 신경세포로 전달되는 그 신호가 우리의 생각을 형성한다. 이 과정이 학습의 토대다.

교육의 뇌과학

신경세포의 구조

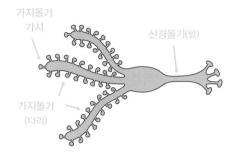

가지돌기
가시

신경돌기(팔)

가지돌기
(다리)

신경세포에는 가시가 달린 다리와 팔이 있다.

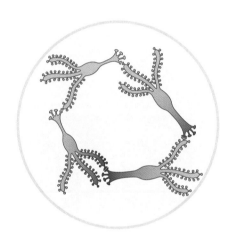

새로운 지식을 배울 때 신경세포들 사이에 연결 고리가 만들어진다. 한 신경세포의 가지돌기 가시가 다른 신경세포의 신경돌기와 맞닿는다.

이 과정을 단순화하면 점의 연결로 표현할 수 있다. 굵은 선은 강한 연결을, 얇은 선은 약한 연결을 의미한다. 점으로 표시한 신경세포와 연결 고리를 둘러싼 동그라미는 새로 배운 개념이나 지식을 상징한다.

배우고
연결하기

학습 과정에서 신경세포들이 연결되면서 강력해진다. 이 과정을 '배우고 연결하기'라고 부른다. 이 용어는 동시에 활성화하는 신경세포들이 연결되는 과정을 규명한 캐나다의 심리학자 도널드 헵의 학습 이론에서 유래했다.[2] 특정 신경세포들이 자주 함께 작동하다 보면 잘 연습한 합창단처럼 움직인다. 합창단이 화음을 맞추어 노래하듯 신경세포들은 서로 연이어 연결 고리를 형성한다.[3]

배우고 연결하는 과정

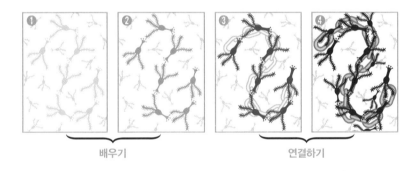

❶ 새로운 개념을 받아들일 때 신경세포들이 서로를 찾기 시작한다. 새로운 설명을 들을 때, 교과서를 읽을 때, 동영상을 볼 때가 대표적이다.

❷ 학생이 배우는 내용을 따라잡고 연습하면서 연결 고리가 만들어진다.

❸ 학생이 새로운 지식, 개념이나 기술을 적극적으로 활용하면 연결 고리는 장기 기억으로 확고해지고, 점차 능숙해진다.

❹ 더 많이 연습하면 학습한 내용을 새로운 영역으로 확장할 수 있다.

교육의 뇌과학

신경세포가 서로 어떻게 연결되는지 알고 싶다면 배우고 연결하는 과정을 설명하는 그림을 보자. 새롭게 지식을 배우기 시작하면 신경세포들이 서로 찾아서 연결하기 시작한다. 그림 ①, ②에서 그 과정을 엿볼 수 있다. 이를 '배우기' 단계라고 한다(실제로 신경세포들은 신피질의 더 복잡한 조직에 배치되어 있다. 신피질은 대뇌 피질 중 가장 최근에 진화한 부분으로, 고차원적인 생각과 관련된 영역이다).

학습을 강화하는 과정에서 더 강력한 연결 고리가 만들어진다. 그림 ③의 단계가 되면 그 지식에 능숙해진다. 새롭게 배운 내용을 더 연습하면 그림 ④처럼 연결 고리들이 강화되면서 더욱 확장한다. 이렇게 신경세포가 강화되고 확장하는 과정이 '연결하기' 단계다. 신경세포들이 폭넓게 얽히고설키기를 반복하다 보면 연결 고리가 점차 커지고 풍부해진다.

사람들은 장기 기억의 저장 용량이 제한되어 있다고 생각하지만, 이는 사실이 아니다. 두뇌의 정보 저장 용량은 1,000조 바이트 정도다(1,000조는 0이 15개나 붙은 숫자다. 억만장자 100만 명이 가진 돈을 모두 합했다고 생각해보라). 전 세계 모든 해변과 사막의 모래알보다 훨씬 더 많은 정보를 두뇌에 저장할 수 있다는 뜻이다.

문제는 얼마나 많이 저장할 수 있느냐가 아니라, 정보를 어떻게 기억하고 끄집어내 활용하느냐다. 모든 노래를 들을 수 있는 실시간 음악 스트리밍 앱을 가지고 있는 상황과 비슷하다. 핵심은 원하는 노래를 찾는 일이다. 일생에는 10억 초가 있고, 두뇌에는 100조에 달하는 시냅스가 있다. 계산하면 초당 10만 개의 시냅스를 사용할 여유가 있다는 뜻이다.

신경세포의 연결 고리가 장기 기억을 형성한다. 그런데 연결 고리를 만들기는 쉽지 않다. 한 신경세포에서 가지돌기 가시가 튀어나와야 하고, 다른 신경세포의 신경돌기가 어떻게든 그 가시와 잘 연결되어야 한다.[4]

게다가 신경세포들이 한 곳에서만 연결된다고 끝이 아니다. 학생이 외국어 단어 발음이나 5 곱하기 5처럼 비교적 간단한 내용을 배우고 있을 때조차 신경세포 덩어리들은 수십만, 때로는 수백만 개의 연결 고리를 만들어야 한다.

문제는 많은 학생이 공부할 때 장기 기억으로의 연결을 만들지 못하고, 작업 기억이라는 임시 저장소에만 의존한다는 점이다. 작업 기억은 마치 기울어진 선반과 같아서, 올려둔 정보는 금세 미끄러져 사라진다.

두 종류의 기억 시스템에 대해 자세히 살펴보기 전에, 먼저 여러분의 생각을 확인해보자.*

사전 평가

가장 효과적인 학습법은 무엇일까?(해답은 각주를 확인하라).**

- 다시 읽기
- 형광펜으로 표시하기
- 기억해내기(인출 연습)
- 개념도 만들기

---

* 이런 방식을 '사전 평가'라고 한다. 교육자가 수업 전에 학생의 지식, 태도와 관심사에 대한 정보를 모으는 활동이 이에 포함된다. 학생들의 강점과 약점을 파악하고, 불필요한 중복을 피하면서 적절하게 교육할 수 있기에, 본격적인 수업 전에 출발점으로 활용할 때가 많다. 사전 평가 결과는 기준을 정하고 학생들의 성장을 측정하기 위해서도 활용된다.

** 다른 방법보다 '기억해내기(인출 연습)'가 효과적이다(Karpicke and Blunt, 2011).

교육의 뇌과학

장기 기억 vs.
작업 기억

공에 관한 비유를 통해 장기 기억과 작업 기억의 차이를 탐구해보자.[*]

'장기 기억'은 말 그대로 몇 주, 몇 달 심지어 몇 년 전의 정보라도 다시 떠올려 유지할 수 있는 기억이다.[5] 학생들이 제대로 학습하면 장기 기억 신경세포 사이에 연결 고리가 발달하는데, 이는 신피질, 즉 깊게 주름진 뇌 표면의 얇은 신경 조직에 모여 있다.[6] 다양한 연습을 통해 장기 학습의 연결 고리를 강화하면 학습 상태가 좋아진다.[7] 여기서 말하는 '다양한 연습'이란 같은 내용으로 연습하지 않는다는 뜻이다. 새로운 외국어 단어를 반복해서 암기하는 데서 그치지 않고, 다양한 문장과 문맥에서 활용해보려고 하는 경우를 말한다.

그러나 생각을 일시적으로 저장하는 작업 기억은 문어가 공으로 저글링하는 상황과 비슷하다. 여기서 공은 뇌의 앞쪽에서 뒤쪽으로 계속 넘기는 생각들을 의미한다.[8] 일반적인 작업 기억은 4개의 공을 담을 수 있다. 그보다 많으면 생각들이 미끄러져 나가기 시작한다. 다리가 4개인 문어와 같다. 덧붙이자면, 문어 다리의 개수를 늘릴 수는 없지만, 연습을 통해 각각의 정보를 더 크게 만들 수는 있다.

작업 기억에는 별난 점이 있다. 문어가 공을 던지고 잡는 데 집중하지

---

[*] 단기 기억 대신 작업 기억이라고 부르는 이유는 이 둘이 미묘하게 다르기 때문이다. 단기 기억은 짧은 문장을 보면서 일시적으로 마음에 담는 기억이다. 작업 기억은 단기 기억뿐 아니라 그 정보를 저장하고 처리하는 능력도 포함한다. 예를 들어, 문장을 거꾸로 말해야 한다면 그 문장을 단기 기억으로 계속 저장하면서 작업 기억으로 처리해 거꾸로 말하게 된다.

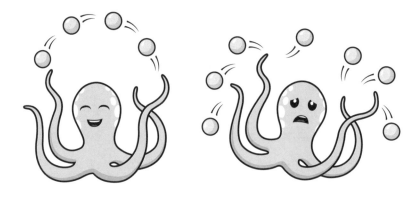

대부분은 한 번에 최대 4가지를 작업 기억에 담을 수 있다. 그런데 집중하지 못하거나 한 번에 너무 많은 공을 유지하려 하면 그 생각들마저 모두 떨어져 나간다.

못하면 공이 사라진다는 점이다. 이 때문에 우리는 장기 기억에 무언가를 확실히 저장했다고 자주 착각한다. 새로운 단어 10개가 적힌 목록을 뚫어지게 쳐다보다가 '다 외웠어!'라고 생각하는 식이다.

복잡한 수학 문제의 해답을 훑어볼 때도 비슷한 문제가 생긴다. 해답을 보면 다 이해한 것 같은 느낌에 문제를 '스스로' 풀어보려고 시간 낭비할 필요가 없다고 생각하는 경우가 많다. 하지만 부분적으로는 이해했을지 몰라도, 이는 작업 기억의 일시적인 상태일 뿐이다. 시험을 치를 때 이미 알고 있다고 생각했던 지식들이 하얗게 사라지는 현상이 대표적이다.

이런 작업 기억의 '믿을 수 없는 친구' 같은 특성 때문에 반복해서 읽고 밑줄을 그으면서 공부하는 사람도 많다. 내용을 한 번 더 눈으로 훑어보면서 밑줄을 긋는 방법보다 더 나은 방법은 없을까?[9]

새로운 정보를 장기 기억으로 옮기기란 쉽지 않다. 이 문제는 3장에서

교육의 뇌과학

인출 연습: 새로운 정보를 장기 기억으로 옮기는 법

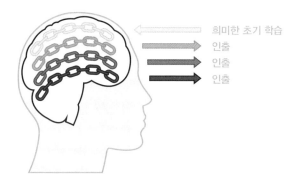

인출 연습은 장기 기억에서 신경세포 연결 고리들을 강화하는 가장 좋은 방법이다.

더 자세히 탐구할 예정이지만, 새로운 정보를 장기 기억으로 옮겨 강화하려면 '인출 연습'이 가장 좋다.[10] 인출 연습은 답을 훑어보는 데서 그치지 않고, 배운 개념들을 머리에서 *끄집어내는* 과정이다. 학습용 카드를 재빨리 넘기면서 보여주는 방법이나 교재에서 눈을 떼고도 핵심 개념들을 떠올릴 수 있는지 확인하는 경우가 대표적이다.

인출 연습은 아무 생각 없이 단순 암기를 반복하는 방법과는 완전히 다르며, 개념을 깊이 이해하는 데도 도움이 된다. 하지만 학생들이 인출 연습을 하게 하려면 방법을 따로 가르쳐야 한다. 어려워 보이는 방법이 유익하다는 사실을 스스로 깨닫기가 어렵기 때문이다.[11]

작업 기억을
믿지 마라

배우는 과정은 저마다 다르지만, 배우는 도중에는 작업 기억이나 장기 기억에 뭐가 있고 뭐가 없는지조차 모르는 경우가 많다. 카티나도 책을 볼 때는 '아, 이해했어'라고 생각한다. 그러나 실제로는 작업 기억 수준에서만 그 내용을 공부한 것이다.

카티나 같은 학생이 시험을 잘 보지 못하는 이유가 여기에 있다. 카티나는 작업 기억을 사용해 학습한다(시작하기에는 아주 좋은 방법이다). 그러나 막상 시험을 치를 때가 되면 장기 기억에 남아 있는 정보가 거의 없다. 불안해서 쩔쩔맬 수밖에 없다.

공부에 상당한 시간과 노력을 쏟는데도 왜 이런 일이 벌어질까? 먼저 카티나가 수학을, 재러드가 스페인어를 공부하는 방법을 살펴보자. 둘 모두 공부를 잘하려고 노력하지만 시험을 치를 때마다 힘들어한다.

카티나는 교실에서 수학 개념을 배울 때, 정보를 흡수하고 작업 기억으로 선생님의 논리를 따라간다. 그리고 집으로 돌아가 숙제를 하려고 앉아 오늘 배운 내용을 빠르게 훑어본다. 예제를 보니 잘 이해하고 있는 것 같다. 그래서 곧장 연습 문제로 넘어가 방금 읽고 학교에서 배운 내용과 비슷한 문제를 풀고, 예제를 따라가며 해답을 쓴다. 문제가 예제와 비슷해 보이지 않으면 예제 중 하나의 유형에 끼워 맞춰보려고 최선을 다해 추측한다.

교육 심리학자 존 스웰러 등의 연구에 따르면, 예제를 활용하는 공부법 자체는 매우 유용하다. 폭넓고 다양한 문제를 이해하고 해결하는 토대를 만들어주기 때문이다.[12]

진짜 문제는 카티나가 공부 과정에서 해답을 보지 않고 스스로 능동적이고 적극적으로 문제를 풀어보려고 노력하지 않았다는 점이다. 카티나는 그저 작업 기억만 활용해 문제를 풀었을 따름이다. 시험 전날 필기 노트를 반복해 읽는 것만으로는 좋은 성적을 기대하기 어렵다.

재러드는 스페인어 공부를 할 때 눈앞의 단어 목록을 읽으면서 다 안다고 생각한다. 바로 눈앞에 있으니 모를 리가 없다. 연습 문제를 풀 때는 예문을 보면서 빈칸을 채운다. 그리고 가득 채운 빈칸을 보며 공부가 끝났다고 만족한다.

이 두 학생의 문제는 효율적인 학습법을 배우지 못했다는 데 있다. 두뇌의 작동 방식을 모르는 상태에서 나름대로 최선을 다해 공부했지만 결과는 만족스럽지 못하다.

다음 장부터 신경세포의 연결 고리와 다양한 기억을 만들어내는 방식을 살펴보려 한다. 이를 통해 시험 때만 되면 길을 잃는 학생들을 위한 방법을 알아볼 것이다. 또한 학습 속도가 유난히 빠른 학생들의 경우도 함께 살펴보려 한다. 여러 사례를 들여다보면, 학습 속도가 빠르다고 해서 제대로 학습한다는 의미가 아님을 알게 될 것이다.[13]

기억해내기
학습법

학생들은 작업 기억과 장기 기억의 차이를 모른다. 그래서 공부한 내용을 다 익혔다고 쉽게 착각한다. 이 문제를 해결하려면 기억해내기 학습법(심리학에서 '인출 연습'이라고 부르는 학습 유형[14])을 통해 학습 대상을 적극적으로 훈련시켜야 한다.

1. 먼저 학생들에게 작업 기억과 장기 기억의 차이에 대해 설명한다(이 책에 실린 그림을 이용해도 된다. barbaraoakley.com에서 받을 수 있다). 작업 기억은 정보를 기억하기 위해 끊임없이 저글링 하는 문어와 같다고 설명한다. 문어는 최대 4가지 정보만 기억할 수 있고 금방 사라진다. 반면 장기 기억은 두뇌의 연결 고리가 단단하게 잘 연결되어 있다면 쉽게 끄집어낼 수 있다(문어와 작업 기억, 연결 고리와 장기 기억 개념을 각각 연관시켜 보여주면 개념 이해가 쉽다).[15]
2. 그다음 학생들을 2인 1조로 짝지어, 서로에게 작업 기억과 장기 기억의 차이에 대해 방금 배운 내용을 설명하라고 한다.
3. 학생들이 서로 설명을 마치면 방금 기억해내기 학습법을 활용했다고 설명한다. 핵심 개념을 이해하고 기억할 수 있는지 짝에게 개념을 설명하려고 노력하면서 확인한 것이다.

4. 혼자서도 기억해내기 학습법을 활용할 수 있다고 설명한다. 책에서 눈을 떼고 핵심 개념을 떠올릴 수 있는지 확인한다. 아니면 단어를 기억할 수 있는지 혹은 처음부터 문제를 풀어낼 수 있는지 스스로 시험해볼 수도 있다. 인지과학자 푸자 아가월과 퍼트리스 베인은 저서 『강력한 교육 *Powerful Teaching*』[16]에서 이런 유형의 기억해내기를 '잃을 게 없는 시험'이라고 부른다. 이는 공부 내용이 장기 기억에 제대로 자리 잡았는지 확인하는 방법이다.

기억해내기 학습법은 다시 읽기, 밑줄이나 형광펜으로 강조하기, 개념도 그리기 등 다른 어떤 방법보다 효과적인 것으로 밝혀졌다[17] (이유는 2장에서 설명할 것이다).

적으면서
기억해내는 연습

교육 과정에 '적으면서 기억해내기'를 자연스럽게 포함시키자. 학생들이 배운 내용을 작업 기억에서 장기 기억으로 제대로 옮겼는지, 밝은 목소리로 상기시켜주는 것만으로도 큰 도움이 된다.

- **간단히 요약하기**: 수업에서 중요한 부분을 가르칠 때 잠시 멈추고 학생들에게 새 종이나 접착식 메모지를 꺼내라고 한다. 그리고 필기한 내용을 보지 않고 배운 내용 중 가장 중요한 개념들을 간단히 적게 한다. 그동안 교실을 돌아다니면서 학생들을 살핀다. 교사가 전달하려는 핵심 개념을 학생들이 이해하고 있는지 재빨리 확인할 수 있다. 대부분 학생이 끝마친 후에 시간이 넉넉하면 3~4명씩 모여 각자 생각했던 핵심 개념을 서로 비교하면서 이야기해보라고 한다.

- **간단히 그려보기**: 학생들에게 이해한 내용을 간단히 요약해 그림으로 표현해보라고 한다. 이렇게 창의력을 발휘할 기회를 주면 그 내용을 더 깊이 이해하면서 관심이 더 커질 수 있다. 글쓰기를 배우는 중인 어린 학생들이라면 글 대신 그림을 그리는 게 효과적이다.

- **읽고 있는 내용을 간단히 적기**: 교재를 한 챕터씩 넘기기 전에 잠시 멈추라고

한다. 그런 다음 교재를 다시 보지 않고도 핵심 개념을 떠올릴 수 있는지 확인

해본다. 그리고 그 핵심 개념을 간단히 적어본다(집에서도 연습할 수 있다고 설명

한다). 시간이 남으면 짝을 지어 각자 찾아낸 핵심 개념을 비교하면서 이야기해

보라고 한다.

- **이전에 배운 내용을 간단히 적기:** 학생들에게 전날 혹은 전 주나 전 달에 배운

  내용을 떠올려 간단히 적어보라고 한다(이것이 간헐적 반복이다. 학생이 그 내용

  을 배울 때와 그 정보를 기억해내야 할 때 사이에는 시간차가 있다).

KEY IDEAS

- 학습은 신피질의 장기 기억에서 신경세포 연결 고리들을 연결하고 강화하고 확장하는 일을 포함한다. 이 과정을 '배우고 연결하기'라고 부른다.

- 학생이 연습하면서 연결 고리들을 더 단단히 강화하는 과정을 '헵의 학습 Hebbian learning'이라고 부른다.

- 기억의 종류는 목적과 유형에 따라 다양하다. 학습에서 가장 중요한 기억 유형은 작업 기억과 장기 기억이다. 작업 기억 정보는 몇 초 안에 사라진다. 장기 기억 정보는 더 끈질기고, 때로는 평생 지속된다. 이 장기 기억 정보는 미묘하게 바뀌기도 한다.

- 평균적인 작업 기억은 개념들이 머리에서 떨어져 나가기 시작하기 전에 최대 4개의 정보 '공'을 담을 수 있다.

- 학생들은 작업 기억에 정보를 담으면서 장기 기억에 담았다고 착각하는 경우가 많다. 이를 깨닫지 못하면 나중에 장기 기억에서 끄집어낼 정보가 없어서 시험 성적이 좋지 않다.

- 인출 연습은 장기 기억의 신경세포들이 더 단단히 연결되도록 강화하면서 학생들이 작업 기억에 속지 않도록 한다.

교육의 뇌과학

제 2 장

작업 기억이
학습 속도를
결정한다

이 책의 공동 저자인 오클리는 대학에서 전자기학을 가르친다. 고급 미적분학을 이용해 춤을 추듯 얽히는 자기장과 전기장의 상호작용을 정량화하는 어려운 내용이다. 대부분의 학생은 이 강의를 힘겨워한다.

그러나 학기마다 어김없이 한두 명의 '스타' 학생이 있다. 이런 학생은 전자기학을 간단하게, 심지어 아주 쉽게 이해한다. 패리드 같은 학생은 어려운 개념을 금방 이해하고 질문에 답하면서 더 깊은 질문을 던지고,* 그때마다 다른 학생들은 은밀하게 당황한 눈빛을 주고받는다. 그런 질문에 대답할 수 있을 만큼 머리 회전이 빠른 학생은 거의 없다.

두뇌 회전이 빠른 학생들은 경주용 자동차 같은 두뇌를 가져서 결승선(정답)에 아주 빨리 도달한다. 다른 학생들은 등산객 같은 두뇌를 가졌다. 결승선에 도착은 하지만, 속도는 느리다.

학습자들은 어떤 주제에서는 경주용 자동차 같고, 어떤 주제에서는 등산객 같다. 아니면 그 중간이거나. 대학생을 가르치든 유치원생을 가르치든 학생 유형이 다양하기에 일괄적인 수업을 하기 어렵다. 오늘날 교육자가 모든 학생을 제대로 가르치려면 수업을 차별화해서 가르칠 방법을 고

---

* 이런 학생이 항상 가장 높은 성적을 받는 것은 아니다. 패리드는 대부분의 공학 수업에서 B에서 B+ 정도를 받았다.

안해야 한다.

그러나 학습 속도가 빠르다고 반드시 좋지만도 않다. 경주용 자동차 운전자는 결승선에 빨리 도착하지만, 모든 풍경이 흐릿하게 지나간다. 등산객은 훨씬 느리게 올라가지만, 손을 뻗어 나뭇잎을 만지고, 공기에 퍼진 소나무 냄새를 맡으며, 작은 토끼의 자취를 좇거나 새 소리를 감상할 수도 있다. 경주용 자동차 운전자와는 완전히 다르지만, 어떤 면에서 훨씬 더 풍부하고 깊은 경험을 얻을 수 있다.

노벨상을 수상한 경제학자 프리드리히 하이에크는 동료들과 달리 더디고 힘들게 자료를 파악하는 과정에서 획기적인 실마리를 발견했다. 통념을 자신만의 방식으로 표현하는 방법을 찾는 과정에서 다른 사람들이 놓친 불일치와 근거 없는 가설을 찾아낸 것이다.[1]

더딘 학습의 장점에 대해 더 잘 이해하기 위해 산티아고 라몬 이 카할의 사례를 알아보자. 카할은 느리게 학습하는 유형으로, 천천히 어렵게 배워나갔다.[2] 카할은 예술가가 되고 싶었지만, 아버지는 그를 의사로 만들고 싶어 했다(무려 1860년대의 이야기다. 어떤 것들은 절대 바뀌지 않는다). 작업 기억력이 좋지 않아 새로운 정보를 장기 기억에 담는 데 어려움을 겪었으며, 터무니없는 행동으로 몇몇 학교에서 퇴학당하기까지 했다. 결국 아버지는 카할에게서 손을 뗐다.

그런데 놀랍게도 카할은 의학 박사학위를 받았다. 또한 획기적인 연구로 신경 해부학계에서 엄청난 명성을 얻었고, 심지어 노벨상까지 받았다. 현재 그는 신경과학의 아버지로 불린다.

어떻게 그렇게 많은 일을 이루어낼 수 있었을까? 스스로의 성공에 대한 그의 생각은 놀랍다. 그는 자신이 성공한 이유 중 하나가 천재가 아니었기 때문이라고 설명한다.[3] 다른 사람보다 더 느리고 유연하게 생각하는 방식 덕분에 과학적 돌파구를 찾아낼 수 있었다는 것이다. 카할은 자신이 틀렸다는 사실을 깨달으면 유연하게 생각을 바꿀 수 있었다. 반면 함께 연구하던 천재들은 자신이 옳을 때가 많았기 때문에 오류를 인정하고 고치는 연습을 해보지 못했다. 이 경주용 자동차 같은 두뇌를 가진 사람들은 빨리 해답을 찾아 결론을 내렸지만, 자신이 틀렸을 때 오류를 수정할 수 없었다. 대신 그 뛰어난 지능을 활용해 왜 자신들이 옳을 수밖에 없는지 합리화할 방법을 찾아냈다.

작업 기억에는 한계가 있다

앞에서 말한 것처럼 작업 기억은 두뇌에서 저글링을 통해 떨어지지 않는 공(생각)과 비슷하다. 공은 두뇌의 여러 부분을 넘나든다. 작업 기억 문어(중앙 관리자)가 두뇌의 앞쪽에 있다고 상상하면 이 과정을 더 확실하게 이해할 수 있다. 작업 기억 문어는 공(정보)을 두뇌의 뒤쪽으로 던지면서 공이 계속 두뇌 안에 머무르게 한다. 공은 반사면(주의 집중)에 부딪치고, 청각과 시각 조직에 튕겨 다시 앞으로 돌아온다.[*]

두정엽(특히 두정엽 뇌구)은 주의 집중 네트워크의 중심축 역할을 한다. 작업 기억 저글링은 신경세포 연결 고리를 통해 이루어진다. 정보가 두뇌

---

[*] 청각 체계(즉 음운 고리)는 왼쪽 측두 두정 부분, 시각 체계(시공간 메모장)는 오른쪽 측두 두정 부분에 자리 잡고 있다. 중앙 관리자는 두뇌의 앞쪽에 있고, 주의 집중과 협력해 생각을 정리하도록 도와준다.

작업 기억과 장기 기억

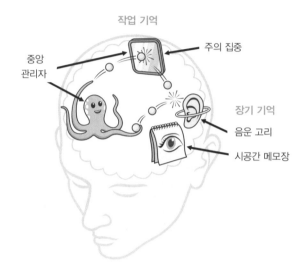

작업 기억
주의 집중
중앙 관리자
장기 기억
음운 고리
시공간 메모장

작업 기억은 두뇌의 앞에서 뒤로 생각을 던지는 문어와 같다. 집중하면 생각이 두뇌의 앞으로 되돌아오며, 그런 식으로 활성화 상태를 유지한다.*

를 앞뒤로 왔다 갔다 하는 동안에는 작업 기억이 계속 살아 있다. 그래서 방금 만난 친구의 이름이나 웹사이트에 입력해야 하는 인증번호를 조용히 되뇔 수 있다.

핵심은 정보의 공들이 두뇌에서 앞뒤로 오가는 동안에만 작업 기억에 남아 있다는 사실이다. 작업 기억은 두뇌 안에서 정보가 왔다 갔다 하는 왕복 운동으로, 한 번에 처리할 수 있는 정보량은 제한적이다. 더 많은 정보를 처리하려 할수록 각각의 정보를 유지하는 시간은 짧아지고, 결국 너무 많은 정보를 한꺼번에 처리하려 하면 모든 정보를 놓치게 된다.

경험이 많은 교육자는 과제의 복잡도에 따라 한 가지를 지시하고 학생

교육의 뇌과학

들이 끝마칠 때까지 기다렸다가 다음 지시를 내린다. 또는 칠판에 지시할 내용을 써놓기도 한다. 그러면 학생들의 작업 기억에서 그 정보가 사라져도 칠판을 보며 확인할 수 있기 때문이다.

작업 기억 신경세포는 장기 기억 신경세포와 다른 종류다. 작업 기억 신경세포는 정보를 오래 유지할 수 없지만, 장기 기억 신경세포는 정보를 오랫동안 저장할 수 있다.

학생들이 주의를 집중하게 하기 위해 지시 내용을 칠판에 적지 않는 경우도 있다. 그러나 주의 집중보다 작업 기억 용량의 한계가 더 중요하다.

학습한 정보를 장기 기억에 저장하면 그 정보는 작업 기억과 연결되어 더욱 견고해진다. 이는 마치 합창단에서 솔리스트(작업 기억)가 노래를 시작하면 코러스(장기 기억)가 즉시 화답하는 것과 같다. 이런 방식으로 우리 뇌는 새로운 정보를 기존 지식과 연결하며 학습을 강화한다.[5]

작업 기억의 차이가
학습 능력을 결정한다

작업 기억에 한계가 있다는 점은 어린아이들의 큰 매력이자 단점이다. 아이들에게 무언가를 말해주면 그 정보는 몇 초 만에 휙 사라진다. 아이들이 성장하면서 작업 기억도 늘어난다. 14세가 되면 대체로 성인과 비슷한 용량의 작업 기억을 가지게 된다. 4세 때보다 2배 이상 늘어난 용량이다. 작업 기억 용량 성장 곡선에서 확인할 수 있다. 성장 곡선은 연령에 따른 아이들의 작업 기억 용량을 보여준다.

학생들의 작업 기억 용량이 가지각색이므로 수업도 달라져야 한다. 작

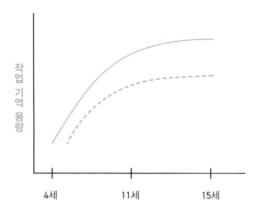

작업 기억 성장 곡선: 아이가 일반적으로 성장하면서 변화하는 작업 기억 용량을 실선으로 표시했다. 작업 기억 용량이 작은 아동의 수치는 점선과 같다.[6]

업 기억 전문가 수전 개더콜과 트레이시 앨러웨이는 이렇게 설명한다.

> 같은 나이의 아이들도 작업 기억 용량이 크게 다르다. 7~8세 아이 30명이 모인 일반적인 학급을 보면, 최소 3명은 4세 수준의 작업 기억을, 다른 3명은 거의 어른 수준인 11세 수준의 작업 기억 용량을 가지고 있다.[7]

작업 기억 용량을 문어의 다리 개수에 비유하면, 청소년이나 성인은 평균적으로 다리가 4개 정도 된다. 최대 4가지 정보를 동시에 유지할 수 있다는 의미다. 6가지 이상, 혹은 3가지 정보만 유지할 수 있는 사람도 있다. 하지만 작업 기억 용량은 학습 능력을 결정짓지 않는다.

교육자라면 작업 기억 용량이 평균보다 훨씬 작은 학생을 종종 마주친다. 학생이 주의력결핍 과잉행동장애ADHD 수준의 적신호를 보내지 않는다면, 바쁘고 정신없는 교육자는 그저 자주 버벅거리는 학생이라고만 생각할 수 있다. 다른 학생들은 지시를 문제없이 잘 따른다면 특히 더 그렇다. 작업 기억 용량이 모자라는 학생들은 과제가 어려워질 때, 복잡한 활동을 해야 할 때 길을 잃는다. 문장을 쓸 때도 단어를 빼먹거나 똑같은 단어를 반복하기도 한다.

이런 학생들은 나이가 어릴수록 간단한 과제나 요구도 자주 잊어버린다. "녹색 탁자 위에 종이를 올려놓고, 화살 카드들을 상자에 넣고, 연필들을 치우고, 카펫에 와서 앉아요" 같은 연이은 지시를 벅차다고 느낀다.[8] 본격적으로 수업에 들어가기에 앞서, 한 번에 여러 생각을 담기 어려워하는 학생들의 작업 기억을 시험해보면 앞으로 발생할 수 있는 학습 문제를 조기에 파악하는 데 큰 도움이 된다.[9]

장기 기억으로
작업 기억을 강화하는 법

작업 기억working memory이란 말 그대로 지금 '작업 중인' 기억이고, 지능intelligence이란 말 그대로 '지식을 연결하는' 능력이다.[10] 작업 기억 용량이 작은 사람이 학습에서 더 어려움을 겪는 것은 사실이다. 그러나 인출 연습을 이용하면 장기 기억을 작업 기억의 일부로 사용할 수 있다. 작업 기억 용량이 작은 사람이 장기 기억 신경세포 연결 고리를 만들고 강화하면, 그 연결 고리가 작업 기억을 확장한다.[11] 다시 말해 장기 기억에 저장된 선행 지식의 도움을 많이 받을수록 작업 기억 용량이 작은 학습자가 새로운 내용을 배우기 쉬워진다.

배경 지식 훈련은 매우 중요하다. "초록색 펭귄이 사과를 먹고 있다"는 문장을 예로 들어보자. 1분 안에 이 문장을 파악하고 쓰기는 어렵지 않다. 하지만 "Зеленый пингвин ест яблоко"은 어떨까? 같은 내용의 문장이지만, 러시아어를 할 수 있는 사람이 아니라면 1분 안에 모든 글자를 기억해서 쓰기 어렵다. 장기 기억에 어떤 언어가 뿌리내려 있는지에 따라 작업 기억 용량이 커질 수도 작아질 수도 있는 것이다.

배경 지식 훈련으로 작업 기억이 다룰 수 있는 정보 '공'(신경과학에서는 '덩어리'라고 부른다)의 크기는 커진다. 배경 지식을 익힌다고 주의력 문어에 달린 다리가 많아지지는 않지만, 그 주제에 대한 기초 지식 훈련을 많이 할수록 작업 기억에 더 많은 정보를 담을 수 있다.

인지 부하 관련 이론으로 유명한 연구자 존 스웰러가 지적했듯, 작업 기억과 장기 기억 사이의 복잡한 관계는 인간 인지에서 가장 중요한 요소이며, 두뇌의 작동 방식을 이해하는 데 큰 도움이 된다.[12] 장기 기억은 작업 기억을 슬며시 조절하기도 한다. 장기 기억의 내용이 작업 기억의 용량을 크게 바꾸어놓기 때문이다.

안타깝게도 훈련으로 작업 기억 용량이 늘어난다는 확실한 연구 결과는 없다. 그러나 연습을 거듭하는 특정 영역에서는 작업 기억이 증가하는 것처럼 보인다[13](훈련으로 정보를 장기 기억에 강력하게 정착시키면, 주의력 문어의 다리 개수가 늘어나지 않아도 더 큰 정보 공으로 저글링을 더 쉽게 할 수 있기 때문이다). 다시 말해, 기하학이든 프랑스어든 피아노 연주든, 각각을 연습하면 그에 대한 작업 기억 용량이 커진 것처럼 보일 수 있다.

물론 의욕이 꺾일 정도로 반복 연습을 하고 싶은 사람은 없을 것이다. 하지만 반복 연습이 무조건 나쁘지는 않다. 제대로 계획하고 시간을 들여

때로는 학생의 작업 기억 용량을 짐작하기 어려울 수도 있다. 최소한 필기를 할 수 있는 나이가 된 학생들의 작업 기억 용량 측정에 도움이 되는 경험적 방법을 소개한다.[14]

- 복잡한 수업 설명을 이해하면서 동시에 필기까지 할 수 있다면 작업 기억 용량이 뛰어난 학생일 가능성이 높다.
- 설명을 들으면서 필기를 할 수는 있지만, 어려운 내용이 나올 때 설명을 잘 파악하지 못한다면 작업 기억 용량이 평균인 학생일 가능성이 높다.
- 비교적 쉬운 내용을 들을 때조차 설명을 알아들으면서 필기까지 하기 버거워한다면 작업 기억 용량이 평균보다 작은 학생일 가능성이 높다.

학생의 상황(특정 주제에 관심이 많다거나 스트레스를 많이 느끼는 가정환경 등)에 따라 작업 기억 용량이 더 크게도, 더 작게도 보일 수 있다.[15]

연습하면 작업 기억 용량이 작은 사람도 전문 분야에서 작업 기억 용량이 큰 사람만큼 혹은 그보다 더 잘해낼 수 있다.[16]

교육은 작업 기억 용량을 늘리는 것이 아니라,* 장기 기억에 저장된 지식의 양을 늘린다. 장기 기억에 저장된 지식이 많을수록 지식을 더하기가 쉬워진다(이것이 전문성 역설 효과로, 어떤 주제에 대해 많이 알수록 지도받을 필요가 적어진다. 이런 상황에서 너무 많이 지도하면 오히려 학습을 방해할 수 있

---

* 하지만 읽고 쓰는 능력을 키우면 전반적인 작업 기억 용량이 확장되는 것으로 보인다. 문맹에서 벗어나 문해력을 갖추면, 단순히 글자를 읽고 쓰는 것을 넘어 뇌의 정보 처리 능력 자체가 향상되는 것이다(Kosmidis, 2016).

다).[17] 장기 기억에 올바른 정보를 심어놓으면 작업 기억 용량이 크지 않아도 엄청난 양의 정보를 힘들이지 않고 처리할 수 있다. 따라서 사전 지식을 쌓으면 큰 도움이 된다.

정보를 장기 기억에 저장하는 방법은 여러 가지다. 그중 한 가지인 서술적 경로declarative pathway는 작업 기억을 사용한다. 이 방법은 다음 장에서 더 자세히 설명하려고 한다. 그보다 더 놀라운 절차적 경로procedural pathway는 6장에서 탐구하려고 한다.

개인의 학습 속도에 맞춘 차별화 교육

'포용성inclusivity'이란 소외되거나 배제된 사람들을 받아들이기 위해 다가간다는 의미다. 그러나 미국의 교육 현장에서 통용되는 '통합 교육inclusive classroom'이라는 용어에는 더 구체적인 의미가 있다. 특수 교육을 받는 학생[18]과 일반 교육을 받는 학생을 같은 교실에서 가르친다는 의미다.

통합 교육을 할 때는 일반 교육 교사와 특수 교육 교사, 그리고 다른 전문가들이 협력해서 장애가 있는 학생과 없는 학생을 함께 가르친다. 한 교사가 학급 전체의 수업을 책임지고, 보조 교사가 학생들이 공부하는 모습을 지켜보면서 도와주는 형태가 일반적이다.[19] 일반 교육 교사가 교육 내용과 방식을 주도하면서 특수 교육을 받는 학생을 위해 교육 자료와 방법을 조정하는 등 특수 교사의 전문성을 활용하는 경우가 많다. 이런 공동 교육 방식은 모든 학생에게 도움이 된다.[20]

모든 사람이 같은 방식으로 학습하지는 않는다. 어떤 두뇌를 가진 학생이든 효율적으로 배울 수 있는, 누구에게나 다 맞는 교육법은 없다. 작업 기억 용량과 배경 지식은 학생마다 완전히 다르기 때문에 교육자의 교육도 학생에 따라 달라져야 한다.

차별화differentiation란 모든 학생에게 똑같은 내용의 지식과 기술을 가르치지만, 각자의 필요를 위해 각기 다른 방법을 활용한다는 의미다.[21] 차별화는 통합 교육을 할 때뿐 아니라 모든 학생을 위해 필요하다. 그런 점에서 차별화는 학습 내용, 학습 방식, 그리고 학습 결과를 표현하는 방식을 학생별로 조정하는 것을 의미한다.[22] 때로는 학생들의 관심사를 반영하는 정도로 간단하게 수업을 조정할 수도 있다. 스포츠처럼 학생들이 좋아하는 주제를 섞어서 설명하면 학생들의 작업 기억 용량이 커지는 것처럼 보인다. 좋아하는 스포츠 팀의 승률 통계 이야기가 나오면 학습 속도가 빨라진다.

차별화 교육을 위해 수업, 자료, 숙제를 조정해야 할 때도 있다. 이때 학생의 학습 준비를 돕는 비계飛階가 중요한 역할을 한다. 『학습 능력이 가지각색인 반에서 차별화 수업을 하는 법How to Differentiate Instruction in Academically Diverse Classrooms』의 저자 캐럴 톰린슨 교수는 "비계가 차별화 수업의 핵심"[23]이라고 지적한다. 빌딩을 짓는 건설 노동자들이 공사 기간 동안 비계를 딛고 올라서듯, 비계가 되는 수업은 작업 기업 용량이 모자라거나 다른 학습 장애가 있는 학생들을 일시적으로 받쳐준다.*

먼저, 학습 속도가 느린 학생을 위한 수업의 구체적인 예시로 다음과

---

* 어느 부분에서 도움이 필요한지 판단하기 위해 그 내용에 대한 학생들의 지식과 기술 수준을 미리 가늠해볼 수도 있다. 퀴즐렛Quizlet 같은 일상적인 학습 앱을 사용하면 부담 없이 학생들의 수준을 진단할 수 있다.

학생들은 수업을 비계로 이용해 처음에는 불가능하다고 생각했던 높이까지 서서히 올라갈 수 있다.

같은 방법이 있다.

- 일대일 또는 소규모 그룹 지도를 통해 개념이나 기술을 다시 가르친다. 교육자와 일대일로 만날 때나 적은 인원만 있는 자리에서는 '바보 같은 질문'이라고 생각했던 것도 자연스럽게 물어볼 수 있어 학습 효과가 높아진다.
- 학생이 과제를 끝마치거나 기술을 단련할 수 있도록 시간을 더 준다.
- 난계별로 세분화된 목표를 설정하여 진도를 확인한다.
- 학생 개개인의 수준에 맞는 기준을 활용한 다음, 수준을 높여간다. 다양한 난도의 질문을 준비하는 방식이 대표적이다.

교육의 뇌과학

반면 학습 속도가 빠른 학생에게는 다음과 같은 방식이 도움이 된다.

- 단순 사실을 묻는 수준을 뛰어넘어 더 깊이 있는 질문을 하면서 개념들이 어떻게 연결되는지 탐구하게 한다.
- 그들끼리 협력하면서 생각을 주고받으며 다양한 관점으로 서로를 자극할 수 있는 기회를 준다.
- 이들에게는 같은 유형의 문제를 많이 풀게 하지 않는다. 벌칙처럼 느낄 수도 있기 때문이다. 대신 복잡하고 다층적인 과제를 주거나 학생 스스로 문제를 만들어보라고 한다.
- 수업을 시작할 때나 마칠 때 학생들이 여유 시간을 활용할 활동을 선택하게 한다. 그날의 배운 내용에 대한 원문 읽기 등을 할 수 있다. 혹은 이를 확장하여 학생이 개발하고 교육자가 지켜보는 활동을 할 수도 있다.
- 개별적으로 수업할 수 있는 동영상 게임 같은 컴퓨터 소프트웨어를 활용할 수 있게 해서 학습을 촉진한다.

학생마다 다양한 작업 기억 용량에 맞춰 수업을 차별화하기가 벅찰 수도 있다. 하지만 관심이 필요한 학생에게 격려의 말을 건네거나 영어를 배우는 학생에게 단어의 의미를 설명하는 등 간단한 방법으로도 수업을 차별화할 수 있다. 글쓰기를 어려워하는 학생에게는 글쓰기를 시작할 수 있도록 문단의 뼈대를 제시하는 방법도 있다.[24]

주제에 따라 학생들이 지닌 사전 지식의 양과 작업 기억 용량이 각기 다르다는 사실을 기억하자. 이런 차이로 인해 학생들의 학습 속도가 달라진다. 이러한 개인차를 반영한 효과적인 수업 전략으로 3가지가 있다. 첫째, 학습 스테이션은 교실 안에 특정 공간을 마련해 학생들이 개별 또는 그룹으로 다양한 과제를 수행하는 방식이다. 둘째, 목록 방식은 정해진 시간 내에 완수할 과제를 목록화하여 제시한다. 셋째, 궤도 학습은 교육과정의 특정 측면을 중심으로 학생이 개별적으로 연구하며 깊이 있게 탐구하는 방법이다. 이때 중요한 것은 속도가 아닌 도달이다. 캐럴 톰린슨이 제시한 것처럼, 높은 목표를 설정하고 모든 학생이 그 수준에 도달할 수 있도록 단계적 지원을 제공하는 것이 바람직하다.[25]

성공적으로 학습을 마치기 위해 학생들은 장기 기억 안에 강력하고 다양한 연결 고리를 만들어서 부족한 작업 기억 용량을 보완할 수 있다. 이런 연결 고리가 작업 기억 능력을 확장하고 강화한다. 학생들에게 수업 시간에 필기한 내용을 요약해 학습용 카드로 만들라고 하면 연결 고리가 강력해진다. 또한 수업 시작 시 자기 질문이나 상호 질문을 통한 인출 연습은 학습 내용을 견고하게 다지는 강력한 도구가 된다.

정보를 장기 기억에 안전하게 저장하려면 상당한 노력을 기울여야 하지만, 이는 작업 기억 용량이 작은 학습자에게 특별히 도움이 된다. 장기 기억 연결 고리는 개념을 단순화하고 구체화한다.[26] 다시 말해, 작업 기억 용량이 작아도 열심히 공부하는 학생은 작업 기억 용량이 큰 학생에게서 보기 어려운 '우아한 단순화'를 만들어낼 수 있다(비슷한 맥락에서, 지쳐서 작업 기억 용량이 일시적으로 감소할 때 창의적인 통찰력이 필요한 문제 해결 능력이 향상되는 것처럼 보인다).[27]

교육의 뇌과학

공부할 때
음악을 들어도 될까

학생들은 공부 방법에 대해 자주 의문을 품는다. 공부할 때 음악을 듣지 말아야 한다는 충고를 자주 듣지만, 즐겁게 음악을 들으면서 공부해도 좋은 성적을 얻는 학생도 있다. 누구는 음악을 들으면서 공부해도 좋은 점수를 받는데, 왜 누구는 음악을 피해야만 할까?

최신 연구 결과로 그 수수께끼가 풀렸다. 음악이 공부에 끼치는 영향은 작업 기억 용량에 따라 달라진다.[28] 작업 기억 용량이 작은 사람은 공부할 때 음악을 아예 듣지 않아야 좋다. 반면 작업 기억 용량이 큰 사람은 음악을 들으면서도 공부를 잘할 수 있다. 작업 기억 용량이 커서 더 쉽게 집중할 수 있기 때문이다. 그러나 어떤 학생이든 수학 공부를 할 때는 음악을 듣지 말아야 한다. 수학과 음악이 사용하는 두뇌 영역이 겹치기 때문이다.* 참고로 ADHD가 있는 학생들에게는 백색 소음이나 음악이 도움이 되는 듯하다.[29]

필기는 어떨까? 이 영역에서는 또다시 작업 기억이 중요해진다.[30] 작업 기억 용량이 큰 학생은 느긋하게 필기하면서 복잡한 설명을 흡수할 수 있다. 그러나 작업 기억 용량이 작은 학생은 설명을 이해하면서 동시에 필기까지 하는 데 어려움을 겪는다. 이런 학생이 교육자의 설명을 제대로 이해하려면 수업이 끝난 다음에도 많은 시간을 들여 노력해야 한다. 대학생의 경우, 작업 기억 용량이 작은 학생은 새로운 내용을 배우는 동안에

---

* 모든 법칙에는 예외가 있다. 대표적으로, 수학자 존 폰 노이만은 프린스턴 대학 연구실에서 행진곡을 너무 크게 틀어서, 근처 연구실을 쓰던 아인슈타인을 짜증 나게 했다(Macrae, 1992, p. 48).

는 교수의 설명에만 집중하고, 이후 다른 학생의 필기를 활용해 복습하면 효과가 좋다.[31]

하지만 경험에 따르면 의욕이 없는 학생은 필기를 하지 않아도 된다는 핑계로 수업에 집중하지 않을 수도 있다. 학생들이 보다 적극적으로 학습에 참여할 수 있게 수업을 구성하는 방식으로, 노트 필기를 이용하는 방법이 있다. 구체적인 절차는 64쪽을 참고하자.

수업 내용을 세분화하라

당연하지만 작업 기억 용량이 큰 학생에게 효과가 좋은 교수법은 작업 기억 용량이 작은 학생에게는 적합하지 않다.

수학 수업을 예로 들어보자. 작업 기억 용량이 아주 큰 학생은 어떤 유형의 수업(학생이 주도하든 교육자가 주도하든)을 받아도 잘 배운다. 심지어 자기 주도적 학습을 할 때 더 높은 성과를 보이기도 한다. 그러나 수학 공부에 어려움을 겪는 학생(작업 기억 용량이 작은 학생이 흔히 그렇다[32])은 자기 주도 학습을 할 때 성적이 떨어지고, 교육자 주도 수업을 할 때 성적이 올라가는 경향이 있다.[33] 이 두 유형의 수업에 대해서는 5장에서 더 자세히 살펴볼 것이다.

연구에 따르면, 학습에 어려움을 겪는 학생은 연습을 통해 가장 큰 도움을 받는다.[34] 연습을 많이 하면 절차적 학습 경로를 통해 장기 기억에 정보를 쌓아 더 빠르고 자동적으로 활용할 수 있기 때문이다. 이런 식으로 자동성automaticity을 중시하면 장기 기억이 작업 기억을 강화해서 학습 능력이 떨어지는 학생도 그 주제를 잘 이해하게 된다(자동성이란 문장에 구두점을 찍거나 생각할 필요 없이 간단한 숫자 둘을 더하는 등의 능력을 말한다). 학생들이 기본 개념에 익숙해지면 학생 주도 방법을 통해 독립적으로 공부할 수 있다.

마찬가지로 읽기 수업도 학생들의 작업 기억 용량에 따라 효과가 달라진다.[35] 교육자가 주도하는 낭독 학습은 모든 학생에게 도움이 되지만, 읽기 능력이 부족한 학생에게는 반드시 필요한 과정이다. 처음부터 잘 해내는 학생들은 낭독 훈련을 통해 학습 속도를 높인 후 총체적 언어교육을 통해 더 발전할 수 있다.[36] 즉, 학생이 숙달하면 더 학생 주도적이고 독립적인 수업이 가능하다.

이처럼 같은 교실에서 수업을 받는 학생들의 작업 기억 용량이 제각각이라는 사실은 중요한 문제다. 많은 교사가 활용하는 전형적인 혼합 교수법(교육자가 주도하는 방식과 학생이 주도하는 방식이 혼합된 방법)은 작업 기억 용량이 큰 학생에게 효과적이다. 작업 기억 용량이 작은 학생은 연습을 많이 하고 교사의 지도를 많이 받은 다음에야 학생 주도 학습법을 시도할 수 있다.

학생들은 수업 시간에 교사가 무언가를 설명하는 모습을 지켜보면서 작업 기억을 활용해 내용을 이해하려고 노력한다. 그러나 이때 장기 기억은 거의 활동하지 않는 상태다. 그래서 방금 배운 내용을 활용해보라고 하면 학생들은 그제야 어떻게 해야 할지 모른다는 사실을 깨닫는다.

따라서 가르치는 내용을 세분화해서 여러 번 연습하는 수업이 매우 중요하다.[37] 이런 적극적인 연습을 거치면 기억 형성과 학습에 결정적인 해마의 도움을 받아 정보를 작업 기억에서 장기 기억으로 옮길 수 있다. 또한 적극적인 연습을 통해 새로운 정보를 견고하게 다질 수 있다.

두뇌가 어떤 생각이나 개념을 이해하는 동안 새로운 신경세포 연결 고리를 만들어 강화하는 과정을 응고화consoildation라고 한다.[38] 이를 무리 지어 날아다니는 새떼에 비유할 수 있다. 학생이 적극적인 연습을 시작하거나 잠시 정신적으로 휴식을 취하기만 해도 정보 새들은 비행 중에 줄을 다시 맞추고 질서정연하게 착륙할 수 있다. 응고화에 대해서는 3장에서 더 자세히 이야기할 예정이다.

교육의 뇌과학

작업 기억 용량이 작은 학생을 위한 효과적인 수업 전략

작업 기억 용량이 작은 학생을 돕는 방법을 소개한다.[39]

- **가능한 한 짧고 간단한 말로 지시한다.** 말을 길게 늘어놓으면 잊어버리기 쉽다.
- **학생들과 자주 시선을 마주친다.** "이쪽으로 몸을 돌리세요" 같은 말이 도움이 된다.*
- **과제는 한 번에 하나씩 단계별로 지시한다.** 과제를 끝냈을 때 옆자리 친구에게 "잘했어!"라고 말하라고 하면 자연스럽게 단계 확인이 된다.
- **지시 사항을 칠판에 써놓는다.** 과제를 할 때 참고할 수 있도록 잘 보이게 쓴다.
- **암기법(암기 요령)을 알려준다.** 암기법을 사용하면 많은 정보를 더 쉽게 기억해 낼 수 있다.
- **어려운 단어의 철자를 알려준다.** 철자를 고민하느라 글쓰기가 중단되면 속도가 느려져서 전체 과정이 버거워진다.

---

* 자폐 스펙트럼에 속하는 학생은 교사를 똑바로 바라보지 못하거나 불편해할 수 있다. 그러니 반드시 그대로 해야 한다고 강요하지 말아야 한다(Hadjikhani et al., 2017).

작업 기억 용량이 작은 학생을 위한 필기 수업 요령

- **빈칸이 있는 개요나 필기용 인쇄물을 나누어 준다.** 학생들이 교육자의 설명을 들으면서 빈칸을 채워 넣게 한다.[40]
- **천천히 설명한다.** 말하는 속도와 판서 속도가 너무 빨라지지 않도록 주의한다.
- **체계적으로 필기할 수 있는 단서를 준다.** "5가지 항목을 살펴볼 거예요. 첫 번째는…"처럼 단서가 있으면 학생들이 체계적으로 필기하기 쉽다.
- **잠시 쉬는 시간을 준다.** 새로운 내용을 설명하는 도중에 짧게 숨돌릴 틈을 준다. 학생들이 필기한 내용을 다시 읽어보면서 궁금한 내용에 대해 옆자리 학생이나 교사에게 물어볼 시간을 준다.
- **수업 중간에 잠시 멈춘다.** 학습 내용에 대해 다양한 답변이 나올 수 있는 질문을 던진다. 학생들이 짝을 지어 30초 동안 한두 가지 답을 생각해내도록 하는 식이다. 새로운 정보를 인출 연습하는 데 도움이 된다.
- **인출하기 방법을 이용한다.** 아가월과 베인이 『강력한 교육』에서 제시하는 방법은 다음과 같다. 학생은 교사가 이야기하는 동안 필기하지 않는다. 대신 잠시 멈추었을 때 요점을 쓴다. 개념을 다시 한번 명확하게 설명하거나 토론을 거친 뒤에 이야기를 계속한다.

짝지어
바로잡기

수업 사례

문법 오류를 찾아 수정하는 수업은 흔히 볼 수 있다. 교사가 잘못된 문장을 보여주고 수정 사항을 묻는 방식이다.

보통은 학습 속도가 빠른 학생들이 재빨리 답하고, 그러면 교사는 문법을 설명하면서 나머지 부분을 수정해 학생들에게 보여준다.

학생들의 머릿속에서는 무슨 일이 벌어질까?

그런 교사를 바라보는 학생들의 두뇌에서 무슨 일이 벌어지는지 생각해보자. 교사가 설명하는 정보는 학생들의 작업 기억으로 들어간다. 학생들이 다른 생각에 빠지지 않는다면 말이다. 이때 교사가 지루하게 설명하면 학생들은 다른 생각에 빠져들기 쉽다.

무엇이든 작업 기억에 집어넣으면 거기서부터 학습이 시작된다. 그러나 그 과정에서 학생들을 제대로 지도하지 않고 제멋대로 내버려두면 문제가 생긴다.[41]

피해야 할 일

교사가 먼저 잘못된 예시 문장을 수정한 후에 학생이 쓴 문장을 함께 검토할 때가 많다. 학습 속도가 빠른 학생들은 금방 손을 든다. 학습 속도가 느리며 소심하고 남의 시선을 의식하는 학생은 손을 들지 않으려고 한다. 그리고 의욕이 없는 학생은 한눈을 판다.

어떻게 해야 할까?

해답을 주기 전에 먼저 학생들이 잘못된 문장을 스스로 수정해보게 해야 한다. 그다음에 옆자리 친구가 수정한 문장과 비교해보라고 한다. 이런 과정을 통해 학생들의 책임감이 커지고 단조로워지기 쉬운 작문 연습에 의욕이 생긴다.

한발 더 나아가기

시간이 허락한다면 연습을 많이 시키고 그 자리에서 고쳐주는 방법도 좋다. 교실을 돌아다니면서 규칙을 잘 익힌 학생뿐 아니라 어려움을 겪고 있는 학생에게도 관심을 기울여야 한다. 그다음에는 제각각인 학생의 수준에 맞춰 차별화한 문장으로 연습하게 할 수도 있다.

학생들이 잘못된 문장에서 스스로 오류를 찾아내려고 애쓰는 초기 과정에서는 그 내용이 장기 기억이 아니라 작업 기억에 들어간다. 그래서 처음 연습 과제를 풀어볼 때는 상당히 어려워하는 경우가 많다. 궁극적으로는 학생들이 글쓰기 규칙을 생각할 필요조차 없이 자동으로 사용할 수 있어야만 제대로 익혔다고 할 수 있다.

학생들이 연습을 거듭하며 점점 더 규칙에 익숙해지면 교사의 감독에서 벗어나 독립적으로 연습할 때가 된 것이다. 그 단원뿐 아니라 1년 내내 학생들이 겪는 실수 유형들을 섞어서 연습시키자. 그러면 학습에 필수적인 끼워넣기, 시간을 두고 반복하기를 모두 할 수 있다. 이 두 방법에 대해서는 6장에서 더 자세히 알아볼 것이다.

모든 과목에 적용 가능한 원칙

오류 분석은 어떤 과목에든 적용할 수 있다.[42] 교사는 자신이 생각하는 과정을 말로 표현하면서 잘못된 문장을 바로잡을 수도 있다. 그다음 학생들 스스로 바로잡을 수 있도록 오류가 많은 연습 문제를 제시하고 수정한 내용을 서로 맞춰보며 연습할 시간을 준다. 학생들의 학습 능력 수준에 따라 별도의 연습 문제를 주어야 한다. 이는 장기 기억 형성에 도움이 된다.

숙제를 내기 전에는 반드시 학생들의 이해도를 확인해야 한다. 기초가 부족한 상태에서의 과제는 학생과 학부모 모두에게 좌절감을 줄 수 있기 때문이다.

KEY IDEAS

· 작업 기억 정보는 문어가 저글링하는 공과 같다. 한 번에 너무 많은 공을 다루려고 하면 문어가 쩔쩔맬 수 있다.

· 장기 기억의 신경세포 연결 고리는 작업 기억을 활성화하고 확장한다.

· 같은 교실에 있는 학생들의 작업 기억 용량은 천차만별이다.

· 학생들의 서로 다른 학습 속도를 고려해 다양한 교수법을 활용하면 모든 학생이 적절한 수준으로 배울 수 있다.

· 작업 기억 용량이 작은 학생을 위해 준비한 교육 전략이 모든 학생에게 도움이 되기도 한다.

· 정보와 활동을 작은 단위로 나누어 전달하면 학생들의 작업 기억 부담이 줄어든다.

· 주기적으로 수업을 잠시 중단하고 학생들이 다시 읽거나 못다 한 필기를 할 기회를 주자. 작업 기억 용량이 작은 학생에게 특히 더 중요하다.

· 작업 기억 용량이 작은 학생이나 새롭고 낯선 정보를 배우는 학생에게는 교사 주도 수업이 효과적이다. 학생들이 능숙해지면 보다 독립적이고 학생이 주도하는 방식으로 바꿔나간다.

· 새로운 신경 연결망을 구축할 때는 정보 설명과 실제 연습을 적절히 섞어가며 진행하는 것이 효과적이다. 이런 방식으로 두뇌가 새로운 정보를 단단히 저장하고 체화하는 '기억 응고화' 과정을 돕는다.

제 3 장

서술적 경로 강화하는 법

공부는 열심히 하지만 성적이 잘 나오지 않는 사람이 많다. 그래서 많은 이들이 이해력과 성적을 높이는 검증된 방법을 찾아 헤맨다.

대학 수준의 STEM(과학, 기술, 공학, 수학 융합 교육) 수업에 대한 광범위한 메타 분석을 통해 그에 대한 답을 얻을 수 있었다.[1] 교사가 칠판에 분필로 쓰고 설명하는 전통적인 수업을 받는 학생들은 능동적 학습 수업을 받는 학생들보다 낙제할 가능성이 1.5배 더 높았다. 또한 전통적인 수업을 받은 학생들에 비해 능동적 학습을 하는 학생들은 성적이 6퍼센트나 높았다. 난도 높은 공학 분야 학습에서 이 정도는 눈에 띄는 차이였다.

그렇다면 무조건 능동적인 학습을 해야 할까?

이는 다소 성급한 결론이다. 하지만 교육계에 큰 영향을 끼친 이 연구 결과를 살펴보면 새로운 관점을 찾아낼 수 있다.

능동적 학습에 대한 오해

능동적 학습에 대한 큰 착각이 있다. 공부하는 내용을 바탕으로 학생들이 능동적인 활동을 해야만 능동적 학습이라는 생각이다. 그리스 문화와 역사를 가르칠 때 종이 반죽으로 그리스풍 항아리를 만드는 활동을 하는 식이다. 이런 유형의 능동적 학습은 좋은 방법처럼 보인다.

그러나 인기 블로그 '교육 예찬Cult of Pedagogy'을 운영하는 제니퍼 곤잘레스는 이렇게 지적한다.

신문지로 풍선을 감싸 항아리를 만드는 활동은 사회 및 문화에 대한 이해와 아무런 관련이 없다. (…) 나는 종이 반죽으로 만든 '그리스풍 항아리'를 많이 봤다. 창의적으로 보이고 손을 움직이는 체험 수업이면서 동시에 교과목 통합 교육, 과제 중심 수업, 예술과 기술을 결합한 수업이라고들 하지만, 학생들은 배워야 할 지식을 제대로 얻지 못한다. 더군다나 시간을 많이 빼앗는 이런 활동 때문에 학생들은 더 어려운 다른 과제를 할 시간을 내지 못한다.[2]

능동적 학습이란 무엇일까? 동물학자인 스콧 프리먼은 능동적 학습 분야도 연구했는데, 앞에서 소개한 메타 분석이 대표적이다. 프리먼은 교수와 강사를 대상으로 설문조사를 실시해서 다음과 같은 정의를 내렸다.

능동적 학습은 수업 중 활동이나 토론을 통해 학생들의 참여도를 높인다. 전문가의 말을 그저 앉아서 수동적으로 듣고만 있지 않는다. 능동적 학습은 고차원적인 사고를 강조하고, 집단 활동을 포함할 때가 많다.[3]

신경과학적 관점에서 보면 능동적 학습은 배우는 내용을 잘 이해하게 해주고, 고차원적 개념 이해를 가능케 하는 장기 기억 신경세포 연결 고리를 만들어내며 기억 응고화에도 도움이 된다. 특히 뇌가 쉽게 학습하지 못하는 지식(5장 참조)에 대한 능동적 학습은 '연결하기' 단계에서 꼭

교육의 뇌과학

필요하다. '배우기'는 신경세포들이 서로를 찾아 연결을 시작하는 단계지만, '연결하기'는 신경세포 연결 고리를 강화하고 확장하는 단계다. 집단 활동을 통하면 능동적 학습을 쉽게 할 수 있지만, 그것만이 유일한 방법은 아니다. 또한 모든 학습이 능동적 학습에 속하는 것도 아니다.

모든 학습은 기초적이고 사실적인 지식과 고차원적인 개념을 모두 강조한다. 신경과학 연구에 따르면, 공부를 잘하려면 개념 정의와 예시처럼 사소해 보이지만 필수적인 정보가 장기 기억에 들어 있어야 한다. 이 신경세포 연결 고리가 개념 이해의 토대이자 창조적 사고의 발판이 된다. 나탈리 웩슬러는 저서 『지식 격차*The Knowledge Gap*』에서 이렇게 지적한다.

> 개별 정보 자체보다는 '지식의 네트워크'가 중요하다. 새로운 정보를 받아들이고, 유지하고, 분석할 수 있는 풍부한 연결망을 구축하려면, 먼저 기본적인 사실들이 단단히 자리 잡고 있어야 한다는 것이다.

기초 학습의 중요성을 이해하기 위해 능동적 학습의 잘못된 사례를 살펴보자. 학생들이 이전에 남북 전쟁의 개념에 대해 (능동적으로!) 토론해본 적이 있다고 가정해보자. 질문과 정보, 설명으로 풍부한 토론이었다.

그러던 어느 날 사회적으로 중대한 사건이 벌어지고, 그에 대한 즉흥 토론을 하던 중 교사는 문제를 감지한다. 학생들은 남북 전쟁과 민권 운동을 혼동하는 데다, 링컨과 마틴 루서 킹 주니어가 같은 시대 인물이라고 생각하고 있었다!

이는 능동적 학습의 잘못된 사례다. 토론으로 장기 기억에 새로운 지식을 저장하지 못했기 때문이다. 인출 연습에 필요한 필기도 전혀 하지 않았다. 학생들이 남북 전쟁의 핵심을 장기 기억에 저장할 수 있도록 제대로 지도하지 못했기 때문이다.[6] 학생들은 노예제나 각 주의 권리states' right 같은 고차원적인 개념은 전혀 알지 못했다.

능동적 학습에는 인출 과정이 포함된다. 이는 장기 기억에서 개념을 끄집어내는 과정이다. 심리학자 제프리 카피크와 인지과학자 필립 그리말디는 이 과정을 다음과 같이 설명한다.

인출 과정은 지식을 표현하는 과정이다. 학습자들이 사실을 묻는 질문에 답변하고, 개념을 설명하고, 추론하고, 새로운 문제에 지식을 적용하고, 창의적이면서 혁신적인 발상을 해내야 하는 상황 등이 이에 포함된다. 이런 상황에서 학습자들은 지금의 과제를 위해 과거에 배운 지식을 활용한다.[7]

그렇다면 능동적으로 공부할 때 두뇌에서는 무슨 일이 일어날까?

서술적 학습 체계:
새로운 정보를 받아들이는 가장 빠른 방법

학습과 관련된 두뇌의 핵심 부분은 작업 기억, 해마와 신피질이다.[8] 작업 기억, 해마와 신피질*이 함께 작용해서 서술적 학습 체계를 형성한다. 학생들은 대체로 서술적 학습 체계를 통해 배우고 있는 내용을 의식한다. 국어 시간에 배우는 서술 문장과 마찬가지다.

---

* 신피질은 대뇌 피질의 바깥쪽 끝에 있는 얇은 층이다. 편의상 신피질이라고 지칭하지만, 실제로 정보는 신피질과 이종 피질을 모두 포함하는 영역에 광범위하게 저장된다.

두 가지 기억 체계

- **서술적 기억**: 의식적으로 떠올리거나 분명히 설명할 수 있는 사실과 사건이 이에 속한다. 1930년대 미국 중남부가 가뭄에 시달린 원인 중 하나가 잘못된 농업 관행이라거나, 2차 방정식 같은 명확한 사실을 의미한다. 작업 기억, 해마와 신피질 안의 장기 기억과 관련이 있다.
- **절차적 기억**: 키보드 치기, 신발 끈 묶기나 수학 문제 풀이 과정처럼 무언가를 실행하는 방식에 해당된다. 신피질뿐 아니라 기저핵과도 관련 있다.

곧 살펴보겠지만, 이 두 가지 기억 체계 덕분에 같은 개념을 각각의 방식으로 학습할 수 있다. 결과적으로 학생들은 배운 내용을 풍부하게 이해할 수 있다.

해마는 뇌의 양쪽에 하나씩, 총 두 개가 있다. 해마는 커다란 강낭콩만한 크기로, 양쪽 귀 위에서 3.8센티미터 정도 안쪽에 자리 잡고 있다. 해마 가까이에는 서술적 학습과 관련된 해마 형성체라는 피질 부위가 있는데, 여기서는 이 부위까지 묶어서 해마라고 부르려 한다.

신피질은 우리 두뇌의 표면 대부분에 퍼져 있으며, 가로세로 60센티미터 정도의 얇은 식탁보와 비슷하다. 이 신피질 '식탁보'는 울퉁불퉁한 두뇌 표면의 곡선과 주름에 펼쳐져 있고, 신피질의 대부분은 주름에 묻혀 있다. 신피질은 고작 수 밀리미터 정도로 얇지만, 해마보다는 훨씬 크다. 장기 기억을 저장하는 저장소이기 때문이다.

서술적 학습 체계에서는 작업 기억으로 들어온 정보가 신피질의 장기 기억으로 이동한다. 그런데 신피질은 엄청나게 크다! 그 정보가 필요해지면 작업 기억은 넓은 신피질 안에서 이를 다시 찾아내야 한다. 그럼 어떻게 이것이 가능할까?

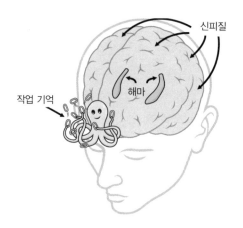

신피질

해마

작업 기억

두뇌에서 작업 기억을 통한 학습을 주관하는 핵심 조직은 해마와 신피질이다.

답은 색인index이다.[9]

책을 떠올려보자. 책의 모든 정보는 본문 안에 있다. 색인은 그 정보를 책의 어디에서 찾을 수 있는지 알려준다.

뇌에서는 해마가 색인 역할을 한다. 해마는 새로운 정보를 저장하지 않는다. 단지 신피질에 정보가 저장된 곳으로 연결할 뿐이다. 해마에서 보낸 신호는 신피질에 흩어져 있는 정보를 인출하고 연결한다.* 그래서 학습자가 정보를 인출할 때마다 해마는 신피질 여기저기에 저장된 정보 사이의 연결 고리를 강화한다. 신피질에서 기억을 강화(주로 잠자는 동안, 수개월에 걸쳐 지속된다)한 다음에는 작업 기억이 해마를 이용하지 않고도

---

* 정보는 작업 기억, 해마, 신피질을 연결하는 긴 신경돌기(신경세포의 '팔')를 통해 전달된다.

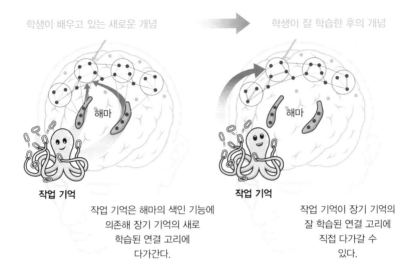

색인 역할을 하는 해마

학생이 배우고 있는 새로운 개념 → 학생이 잘 학습한 후의 개념

해마

해마

작업 기억

작업 기억

작업 기억은 해마의 색인 기능에
의존해 장기 기억의 새로
학습된 연결 고리에
다가간다.

작업 기억이 장기 기억의
잘 학습된 연결 고리에
직접 다가갈 수
있다.

각각의 점은 신경세포를 나타낸다. 신경세포 연결 고리를 둘러싼 동그라미는 학습
해서 장기 기억에 저장한 새로운 개념을 의미한다. 작업 기억은 주로 해마를 이용해
장기 기억의 점 연결 고리로 정보를 보낸다. 내용을 잘 학습하면 작업 기억이 해마
를 사용하지 않고도 장기 기억 정보에 직접 손을 뻗어 움켜잡을 수 있다.

신피질에서 정보를 곧장 인출할 수 있다.[10]

   해마가 연결할 수 있는 기억의 용량은 제한적이다. 기껏해야 몇 달 분
량의 사건과 상황, 경험이 전부다. 피질에서 연결 고리가 단단해지는 데
걸리는 시간과 같다. 정보를 장기적으로 유지하는 부분, 즉 우리의 장기
기억을 저장하는 부분은 신피질이다.

   정보가 작업 기억에서 해마, 신피질로 흘러가는 과정은 조금 복잡하다.
이때 머릿속에서 어떤 과정이 진행되는지 중창단에 빗대어 알아보자.

장기 기억
확장하는 법

정보가 작업 기억에서 장기 기억으로 옮겨가는 과정(서술적 학습)을 은유적으로 설명해보겠다. 여기 재능과 결점이 각기 다른 3명의 인물이 있다.

해마hippocampus를 의미하는 힙과 신피질neocortex을 의미하는 네오는 작은 중창단의 일원이며, 작업 기억이 이 중창단의 지휘자다.

지휘자는 노래를 부르지 않는다. 언제 어디에서 노래를 부를지 네오에게 지시할 뿐이다(지휘자는 배우는 내용에 대한 연결 고리를 장기 기억에 집어넣는다). 지휘자는 동시에 그 장기 기억 연결 고리를 네오 안의 어디에서 찾을 수 있는지 색인 정보를 힙에게 알려준다.

알다시피 작업 기억, 즉 지휘자는 리허설을 진행하는 사람이면서도 몇 초 전에 네오와 힙에게 한 말을 쉽게 잊어버린다.

불쌍한 네오는 지휘자가 시키는 대로 잘 따라 하지 못한다. 네오는 갈팡질팡하는 아마추어처럼 보인다. 지휘자는 신피질 여기저기에 정보를 넣어두라고 이야기하지만 네오는 정신이 산만해서 지휘자가 들려주는 노래를 여러 번 반복해서 들어야만 겨우 따라 부를 수 있다. 네오는 계속 "다시 들려주실 수 있어요?"라고 요청한다.

반면 힙은 빠르고 세심하다. 힙은 지휘자가 알려주는 색인 노래 대부분을 기억하고 부를 수 있다. 그러나 힙에게도 약간의 문제가 있는데, 노래가 짧고 깊이가 없다는 점이다. 힙의 노래는 색인에 불과해서, 네오가 배우는 내용에 대한 수많은 연결 고리 중 일부는 강화하고 관련이 없는 연결 고리는 약화하도록 알려주는 역할을 맡고 있다.

정리하자면 성악가 둘이 지휘자의 지휘를 받는데,[11] 힙은 신속하게 배우지만 피상적인 색인 측면에만 집중한다면, 네오는 새로 연결해야 할 연결 고리가 어마어마하게 많기 때문에 배우는 속도가 느리고 과정도 지난하다. 대신 네오는 더 많은 내용을 배울 수 있고, 아주 잘 배울 수 있으며, 부를 수 있는 노래가 엄청나게 많다.

힙과 네오는 많이 다르지만, 서로의 학습을 돕는 친구다. 힙은 새로운 색인 정보를 받아들이느라 바쁜 틈틈이 뒤돌아서 네오에게 노래를 불러준다. 네오는 여기저기에 흩어진 정보를 가지고 있어서, 힙은 네오에게 정보를 인출해서 서로 연결하는 법을 알려준다. 해마가 신피질에 가르쳐주는 이 과정이 서술적 학습의 핵심으로, 잠자는 동안 진행된다. 이 과정 덕분에 신피질은 견고한 신경세포 연결 고리를 만들 수 있다.

신피질은 일부 정보를 작업 기억에서 직접 가져오기도 한다. 하지만 신피질이 작업 기억을 실시간으로 따라잡을 만큼 빠르지 않기 때문에 해마가 주로 서술적 학습을 통해 가르친다. 힙은 네오에게 몇 번이나 반복해서 어떤 연결 고리를 강화하고 어떤 연결 고리를 약화할지 속삭여준다. 해마가 신피질에 연결 고리를 만드는 과정은 짧으면 며칠, 길면 몇달이 걸린다. 이 과정이 기억 응고화다.[12]

그렇다면 지휘자가 중창단에게 새로운 정보를 가르치지 않고 그저 노래하라고만 하면 어떤 일이 벌어질까? 다시 말해 작업 기억이 정보를 가르치는 대신 인출하려고만 한다면 어떻게 될까?

작업 기억이 최근에 배운 노래를 부르라고 지시하면 네오는 복잡한 노래를 제대로 통제하지 못한다. 그래서 힙이 끼어들어 노래의 각 부분이 어디에 있는지 일깨워준다. 그러나 네오와 힙이 함께 특정 노래를 충분히 연습하고 나면 힙의 도움은 점점 필요 없어진다. 네오는 곧 혼자 힘으로 멋지게 노래하기 시작한다. 새로운 지식을 잘 학습한 상태가 된 것이다.

정보를 인출하기 위해 더는 해마의 도움을 받지 않아도 된다. 작업 기억은 해마의 도움 없이도 신피질에 곧장 다가가 그 내용을 가져올 수 있다.

해마는 일종의 디딤돌 같은 역할을 한다. 시험 전날 밤 벼락치기로 좋은 성적을 내는 학생은 시험이 끝나면 대부분을 잊어버린다. 작업 기억이 해마에 수많은 색인 연결 고리를 만들어냈지만, 신피질에는 약한 연결 고리만 만들었기 때문이다. 해마의 색인 연결 고리는 비교적 생생해서 학생들이 시험을 통과하게 하는 데는 분명 효과가 있다. 그러나 반복 연습을 통해 강화하지 않으면 금방 사라진다. 한두 달 후 신피질에서 정보를 인출하고 싶어도 해마의 색인 연결 고리가 사라져 장기 기억의 연결 고리를 찾을 방법이 없다.

네오가 노래를 제대로 부르려면 반복해서 연습해야 한다. 그러나 충분히 듣고 반복 연습하면 그 노래가 몸에 배어 큰 소리로 잘 부를 수 있다. 무엇보다 네오는 엄청나게 많은 노래를 알고 있다. 새로운 정보를 채우면서도 과거에 저장한 기억을 평생 떠올릴 수 있다. 네오는 피상적인 힙과는 완전히 다른 방식으로 뛰어난 재능을 가졌다.

그렇다면 이 지식을 수업에 어떻게 응용할 수 있을까?

수업 중 짧은 휴식으로
해마를 쉬게 하라

신피질과 해마의 관계를 들여다보면, 수업 중 정신적으로 쉴 수 있는 짧은 '두뇌 휴식 시간'이 중요하다. 이 조용한 정신적 막간에 해마는 신피질에게 새로 배운 내용을 다시 속삭여준다. 해마가 신피질에게 속삭이면 그

교육의 뇌과학

내용을 반복해서 강화할 수 있고, 또한 해마는 색인 연결 고리를 천천히 제거할 수도 있다.[13]

두뇌 휴식 시간은 어느 정도가 적당할까? 두뇌는 밤에 잠을 자면서 8시간 동안 휴식하고, 이때 기억이 전체적으로 견고해진다.* 그러나 대부분의 준비는 하루 중 잠깐잠깐 짧은 휴식 시간 동안에 이루어진다. 한 연구에 따르면, 학습 후 15분 동안 눈을 감고 휴식을 취하면 휴식 없이 다음 과제로 넘어갔을 때보다 방금 배운 내용을 훨씬 더 잘 기억했다.[14] 하지만 교실에서 15분이나 눈을 감고 휴식할 수는 없는 노릇이다.

다행히도 훨씬 짧은 휴식 역시 학습에 도움이 된다는 증거가 있다. 학습 중 1분 미만으로 쉬어도 학생들이 새로운 내용을 더 잘 받아들일 수 있다. 휴식을 통해 신경세포의 연결을 강화할 수 있기 때문이다. 인지 신경과학자 에린 왐슬리는 이렇게 말한다.

활동 사이사이에 여러 차례 짧게 휴식하면 기억 응고화가 일어난다. 실제로 학습 중 단 몇 초만 휴식해도 기억 활동을 자극해서 이후 시험 결과에 영향을 주는 것으로 나타났다. 그러니 깨어 있는 동안의 '휴식'은 전혀 시간 낭비가 아니다. 휴식은 일상생활에서 장기 기억을 형성하는 데 결정적인 역할을 하지만 자주 과소평가된다.[15]

20~40초의 짧은 시간 동안에도 두뇌는 휴식을 취할 수 있다. 조별 활

---

* 수면 중 오프라인 모드가 되는 두뇌에서는 수리, 보수, 대규모 재구성 작업이 이루어진다. 시냅스를 새로 만들어내고 확장하기 위해 단백질과 다른 재료를 합성하는 생화학 반응이 일어나는 것이다. 대대적으로 집수리를 할 때 다른 곳으로 잠시 옮겨 지내는 것과 비슷하다.

동 중 잠시 다른 학생에게 시선을 돌릴 때나 활동이 끝난 후 교사가 학생들을 다시 집중시키는 과정에서 그 정도의 여유를 확보할 수 있다. 협동 작업 자체가 사회적 유대를 형성할 뿐 아니라 학생들이 "이 문제를 어떻게 풀어야 하지?"라고 혼자 중얼거리는 식으로 중요한 인출 연습을 자주 하게 만들어 도움이 된다.

너무 오랫동안 정보를 계속 접하면 지루함과 동시에 긴장감마저 느낄 수 있다. 경험적으로, 학생들은 보통 자신의 나이에 1을 더한 만큼 집중력을 지속할 수 있다. 7세 어린이는 8분 정도 집중한 후 휴식 시간을 가져야 한다. 물론 나이와 집중 지속 가능 시간(유치원생은 5분만 집중해도 다행이다)뿐 아니라 배우는 내용의 난도에 따라서도 달라진다.

조별 활동으로 전환하기 전 짧은 여유 시간은 학생들에게 매우 귀중하다. 그러나 협동 작업을 하는 동안 계속 잘 지켜봐야 한다. 교실을 돌아다니면서 학생들이 무슨 이야기를 하는지 듣고 필요하면 명확히 설명해주어야 한다. 그런데 안타깝게도 이 시간에 이메일을 확인하거나 수업의 다음 부분을 준비하는 교사도 많다. 그러면 학생들도 집중력을 잃고 과제를 소홀히 한다. 교사가 학생들에게 집중하지 않으면, 학생들은 이를 과제를 하지 않아도 괜찮다는 신호로 받아들인다. 설상가상으로 학생이 잘못된 정보를 지닌 채 다음 수업으로 넘어갈 수도 있다.

요약하자면, 능동적 학습을 할 때는 학생이 새로운 내용을 인출하면서 씨름하는 막간이 정말 중요하다. 두뇌를 잠시 쉬면서 기억을 강화할 수 있는 시간도 필요하다. 남북전쟁이나 시민권 같은 중요한 문제를 '그리스풍 항아리' 만들기처럼 피상적으로 다루지 말아야 한다. 능동적 학습을 수업에 잘 접목하면 강력한 효과를 발휘할 수 있다.

교육의 뇌과학

기억 응고화 과정

개념을 처음 접할 때는
장기 기억 신경세포 사이의
연결 고리가
뒤죽박죽이어서
배열이 간단하지 않다.

장기 기억 신경세포가
해마의 도움으로 재배열하면서
더 간단하고 효율적으로
연결되고, 시간이 흐르면서
강화된다.

신피질에서 강화된
장기 기억은
이제 해마의
도움 없이도
불러올 수 있다.

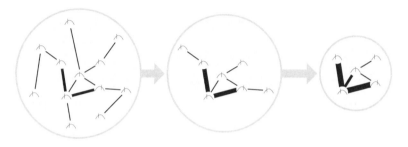

무언가를 처음 배울 때는 신경세포 연결 고리가 약하고 뒤죽박죽이다. 안정적으로
연결되려면 최대 수 개월이 걸린다. 그동안 기억 응고화 과정을 통해 연결 고리가
서서히 조정되면서 재배열되며, 해마가 이 과정을 이끈다.
처음의 내용(가장 큰 원)이 핵심(가장 작은 원)으로 좁혀지는 모습을 볼 수 있다. 교육
자는 학생이 자신만의 연결 고리를 만들 수 있게 도와주어야 한다.
기억은 시간이 지나면서 '의미화'된다. 즉, 기억이 형성될 때의 전후 사정은 지워지
고 의미만 남는다. 팔찌를 가지고 있다는 사실(의미론적 지식)은 알지만, 팔찌를 어떻
게 얻었는지 구체적인 상황은 잊어버린 것과 같다. 이런 기억은 보통 신피질의 장기
기억 속에 깊이 박혀 있다.

* 해마는 신피질의 일부 연결 고리는 강화하고 다른 연결 고리는 약화해서 기억을 견고하게 한다
  (1장의 미주 2번 "스파이크 타이밍 의존 가소성" 참조). 각 점 안 곡선과 수직선은 해마가 신피질에
  게 이야기하는 방식을 의미한다. 스파이크가 발생하는 시점이 연결의 강화 또는 약화를 결정한
  다. 이러한 기억 강화 과정은 주로 수면 중에 일어난다. 특히 2~4단계 수면 상태에서 발생하는
  0~14헤르츠 수면 방추(진폭이 낮은 10~14헤르츠 뇌파)가 두뇌를 순환하면서 특정 연결은 강화
  하고 다른 연결은 약화한다(Muller et al., 2016).

벼락치기 공부가
오래가지 못하는 이유

학생들은 지난달, 심지어 지난주에 배운 내용조차 기억하지 못하는 경우가 많다. 해마의 피상적인 행동 때문이다. 해마가 신피질에게 색인 노래를 불러주면서 어떤 연결 고리를 강화하고 어떤 연결 고리를 약화할지 알려주지 않으면 새로운 정보는 곧 사라진다.

시험 전날 벼락치기를 하면 신피질에서 연습할 시간이 없다. 학습 속도가 느리다면 작업 기억에 과부하가 걸려 해마와 신피질로 정보가 거의 전달되지 않는다. 반면 학습 속도가 빠르다면 해마에 색인 정보를 채워서 신피질에 희미하게나마 정보를 전달하는 약한 연결 고리를 만들 수 있다. 그래서 성적은 잘 나오지만, 뒤따르는 문제를 피할 수는 없다.

첫째는, 시험 이후 학습 정보를 강화하지 않으면 학습 속도와 관계 없이 신피질의 정보와 해마의 색인 연결 고리 모두 쉽게 사라진다는 점이다.

두 번째 문제는 조금 더 심각하다. 잠잘 때는 깨어 있을 때와는 다른 신경 화학 물질이 풍부하게 분비되고, 이 화학 물질은 장기 기억에 새로 형성된 연결 고리를 밀봉하는 역할을 한다.[16] 따라서 벼락치기로 밤을 새우면, 신피질에 유입된 정보가 제대로 고정되지 못한다.

교육자는 학생들이 신피질에 견고한 연결망을 구축하도록 도와야 한다. 이를 위해서는 일시적인 색인 연결에 의존하지 않는 학습 방법이 필요하다.

간단한 시험이나 숙제, 연습 등으로 공부한 내용을 자주 떠올리게 하면 신피질의 연결 고리가 강화된다.[17] 여러 연구에 따르면, 이런 인출 연습은 신피질 연결 고리를 더 빨리 견고하게 해서 해마도 더 빨레 제 역할을 마칠 수 있다. 복잡한 내용을 여러 날에 걸쳐 능동적으로 공부하면 장기 기억의 연결망이 발달하고 강화된다. 연습을 거듭하면 강력한 절차적 학습 체계도 이용할 수 있게 되어 학습 효과도 높아진다.

인지과학자 푸자 아가월과 퍼트리스 베인은 저서 『강력한 교육』에서 이렇게 말한다.

> 우리는 일반적으로 정보를 학생의 머릿속에 집어넣는 데 집중한다. 하지만 인지과학 연구에 따르면 학생의 머리에서 정보를 빼내는 일이 더 중요하다. 한 세기에 걸친 연구를 종합하면, 학습을 혁신하려면 정보를 빼내는 (…) 인출 연습에 초점을 맞춰야 한다. 연구 결과에 따르면, 인출 연습은 강의, 다시 읽기나 필기 같은 흔한 방법보다 효과가 더 강력하다.[18]

능동적 학습에 포함된 인출 연습은 신피질에 형성 중인 장기 기억 연결을 지속적으로 확인하는 과정이다. 진정한 숙달을 위해서는 해마가 아닌 신피질에 학습 내용을 저장해야 한다. 그러면 해마는 기존의 색인 정보를 비우고 새로운 학습에 대비할 수 있다.

그러나 그 내용이 의미 있는 정보여야만 한다. 교육 저널리스트 나탈리 웩슬러는 이렇게 말한다. "초등학교의 읽기·쓰기 수업은 본질적인 내용보다는 이해력이라는 허상을 좇는다. 요점 찾기가 대표적이다. 4학년 학생에게 '추론'의 정의를 외우게 한다고 아이들이 추론을 할 수 있는 것도 아니며, 그 개념을 설명할 수도 없다."[19]

열심히 공부하지만 성적이 나쁜 카티나와 재러드가 놓치고 있는 부분이 인출 연습이다. 두 학생은 배운 내용을 머릿속에서 끌어내면서 적극적으로 공부하지 않았다. 그저 눈앞에 있는 내용을 옮겨 적거나 해답을 보

수면 전   수면 후

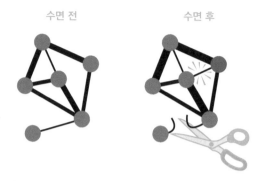

잠자는 동안 신경세포 사이에 새로운 시냅스(연결 고리)가 만들어진다. 일부 연결 고리는 강화하고, 다른 연결 고리는 약화하여, 일부는 잘려나간다.[20] 이처럼 수면은 강화 과정을 촉진하며, 그 과정의 일부다.

면서 그 내용을 머릿속에 넣었다고 착각한 것뿐이다.

핵심 개념을 기억하려고 노력하거나 해답을 보지 않고 문제를 푸는 등 능동적으로 학습하면 가지돌기 가시가 튀어나와 신경돌기와 단단하게 연결된다.* 이를 다양한 맥락에서 반복 연습하면 신경세포들이 단단하게 연결될 뿐 아니라, 다른 신경세포 무리로 확장하는 데도 도움이 된다.

---

* 기억에서 핵심 개념을 능동적으로 인출하면 그 기억을 다른 관련 기억과 구별하는 데도 도움이 된다. 능동적인 인출은 단순히 같은 내용을 다시 공부하는 게 아니라 장기 기억 연결 고리를 견고하게 만든다. 단순 재학습으로는 관련 기억들의 동시 활성화가 적게 일어나기에 해마─신피질 기억 구조를 능동적 인출만큼 효과적으로 형성하지 못한다.(Antony et al., 2017)

좋은 교육의
모순

지금까지 살펴본 것처럼, 해마와 신피질의 성질을 이용해 제대로 학습하는 두 가지 방법은 서로 모순되는 측면이 있다.

1. **머리를 움직이게 하라**: 신피질에 연결 고리를 만들고 강화하려면 인출 연습을 활용해야 한다. 이는 두뇌를 힘들고 치열하게 사용하는 과정이다.
2. **머리를 쉬게 하라**: 해마가 정보를 신피질로 넘기려면 두뇌를 심하게 사용하는 활동을 피해야 한다.

이 두 가지를 어떻게 동시에 달성할 수 있을까? 수업을 쉽게 구성해서 학생들이 잘 쉴 수 있게 해야 한다는 뜻일까, 아니면 두뇌를 더 치열하게 사용하는 연습을 시켜야 한다는 뜻일까?

답은 둘 다. 가르치기는 운동 코칭과 비슷하다. 운동선수들은 격렬하고 고된 신체 훈련 후에 적절히 쉬고 회복하는 과정을 거치면서 발전한다. 짧고 격렬한 운동 사이에 중간 강도의 긴 운동을 섞는 인터벌 트레이닝이 이 원리를 이용한 것이다. 학습자도 집중적인 학습과 적절한 휴식을 균형 있게 배치할 때 가장 효과적으로 성장한다. 결국 운동 코치가 선수의 체력 소모를 조절하듯, 교육자도 학생의 인지적 부하를 적절히 조절하며 지도하는 것이 핵심이다.

신체 운동의
중요성

효율적인 학습에 신체 운동은 매우 중요하다. 운동은 두뇌에서 비료와 같은 뇌유래신경영양인자brain-derived neurotrophic factor, BDNF를 만들어낸다. BDNF는 새로운 가지돌기 가시 형성에 관여하는데, 가지돌기 가시가 많아지면 새로운 신경세포 연결 고리를 더 쉽게 만들 수 있다(뜨개질을 하기 전에 미리 실을 갖춰두는 것과 같다). 한 번만 운동해도 BDNF 수준이 높아지지만, 규칙적으로 운동하면 더욱 높아진다.[21]

운동은 학습과 기분 개선에 중요한 새로운 신경세포 형성에도 도움이 되며,[22] 스트레스로 인한 인지 기능 저하도 막아준다. 이런 효과를 얻으려면 중고강도 신체 활동을 하루에 최소 1시간 이상 하는 것이 좋다.[23] 따라서 수업 시간을 늘리기 위해 쉬는 시간을 없애겠다는 발상은 좋지 않다. 운동을 하면 집중력이 높아져 효율적으로 학습할 수 있기 때문이다. 또한 기분 전환에도 도움이 된다.

운동이 만들어내는 BDNF의 효과

BDNF가 없을 때

BDNF가 있을 때

운동하면 BDNF가 만들어져서 새로운 가지돌기 가시가 형성되고, 신경세포들이 확장되어 다른 신경세포들과 쉽게 연결된다. 학습에 운동이 중요한 이유다.[24]

교육의 뇌과학

이상적인
능동적 학습 비율

학생들이 수동적으로 설명을 듣거나 보는 시간 대비 능동적으로 학습하는 시간이 얼마나 되어야 하는지는 아직 연구자들도 정확하게 알지 못한다. 학생의 나이, 학습 내용, 이전에 그 내용을 접한 정도, 그 밖의 많은 요인에 따라 달라지기 때문이다.

능동적 학습이 설명과 칠판 중심의 전통적 수업보다 훨씬 성과가 좋다는 메타 분석 결과는 이미 한번 소개했다. 그러나 각 연구에서 '능동적 학습'에 들이는 시간은 전체 수업 시간의 10퍼센트에서 100퍼센트까지 다양했고, 연구자들은 어느 정도가 적당한지 판단하지 않았다![25]

다시 말해, 앞의 메타 분석 논문의 내용은 "수업 중 능동적으로 쉬는 시간을 주면 학생들이 학습을 더 잘할 수 있다" 정도로 요약할 수 있다. 이는 신경과학에 근거를 둔 중요한 연구 결과이며, 이를 통해 수업과 학습 방식을 개선할 수 있다.

학생의 정신적 재충전을 돕는
간단한 활동

해마는 필요한 정보를 신피질로 보내고, 필요 없는 정보는 지운다. 이때 조별 활동은 학생들이 편안한 분위기에서 그 주제에 관한 기억을 강화할 수 있어서 도움이 된다. 너무 많은 내용을 전달하려고 서두르다 보면 해마가 신피질에 정보를 넘겨줄 기회가 사라진다. 또한 조별 활동 시작 전과 마친 후의 여유 시간은 서술적 학습 중인 해마의 부담을 줄이는 데도 도움이 된다.

- **생각하고 짝지어 이야기 나누기**: 1~2분 생각한 다음 짝을 지어 서로의 생각을 이야기한다. 이때 조용히 생각하는 시간이 해마의 부담을 줄여준다. 눈앞의 과제에 집중하기 전 정신적으로 휴식하는 시간을 가지면 더 효과적이다.
- **1분 동안 요약하기**: 방금 배운 내용 중 자신이 이해한 내용을 적는다.
- **1분 동안 어려운 내용 파악하기**: 가장 이해가 되지 않는 내용을 적는다.
- **서로 가르쳐주기**: 방금 배운 내용을 다른 학생이나 짝에게 가르친다. 그다음 역할을 바꾸는 식으로 모든 학생이 짝과 학습 내용을 살핀다.
- **간단한 역할 연기**: 초등학생이라면 태양 주위를 도는 지구나 원자핵 주위를 도는 전자를 몸으로 표현하며 역할 연기를 할 수 있다.

차례차례
대답하기

학급 학생들에게 질문을 던지고 차례차례 답하는 수업은 해마와 신피질이 핵심 정보를 분류하고 기억하는 데 도움이 된다.

1. '예/아니오'나 단답이 아니라 다양한 답변을 이끌어낼 수 있는 질문을 던진다 (모두가 같은 대답을 반복하면 금방 흥미가 사라진다).

2. 학생들이 답을 생각할 시간을 준다. 답을 떠올린 학생은 엄지손가락을 올려 표시하라고 해서 모두 발표할 준비가 되었는지 확인한다. 온라인 수업의 경우 발표할 준비가 되면 음소거를 해제하라고 할 수도 있다.

3. 학생들이 질서 정연하게 차례차례 답변하게 한다(줄마다 앞에서 뒤로, 온라인 수업이라면 대답할 학생의 이름을 순서대로 보여주는 식으로). 교사를 포함해 누구도 중간에 끼어들어 흐름을 방해하지 말아야 한다.

학생이 30명이어도 차례차례 답변하는 데 4분이 걸리지 않는다. 경험상 학생들은 몇 단어나 한 문장만 발표해도 재미를 느끼고 친구들 앞에서 편안하게 이야기할 수 있게 된다. 답을 고쳐주려고 흐름을 끊어서는 안 된다. 확실한 정답과 오답에 대해서는 엄지손가락을 올리거나 내리면서 즉각 비언어적으로 반응한다. 모든 학생이 발표한 후 오답을 수정한다. 차례차례 대답하면 학습 효과가 높아지고, 모든 학생이 '이해했는지' 확인할 수 있다. 난도를 높이려면 앞에서 이야기한 답변은 되풀이하지 말라는 조건을 더한다. 앞의 답을 활용해야 한다면 독특하게 변형하거나 달리 설명하도록 지도하자.

질문의 예시는 다음과 같다.

- 실생활에서 각도와 평행선, 수직선을 어떻게 활용할까?
- 신체의 뼈, 뼈의 유형(형태에 따른 구분 등)에는 무엇이 있을까? (난도를 더 높이려면 기능까지 설명하게 한다.)
- 집안의 생활용품 이름은 무엇이고 어디에 있는가? (이 질문은 우리말이 익숙하지 않은 어린 학생에게 특히 효과가 좋다.)
- 생물은 시간이 지나면서 어떻게 진화해왔을까?
- 이야기에서 문학적 장치(의인화, 직유, 은유, 의성어, 과장법)는 무엇이며 어떻게 활용되었을까?
- 식민지 시대 미국의 발전에 지리적 요소는 어떤 영향을 주었을까?

생각하고 짝지어 이야기 나누기

수업 사례

인간이 어떻게 자연의 순환을 방해하는지에 대한 수업을 하는 날이다. 시작할 때 우리 지구는 폐쇄된 생태계라고 설명한다. 지구에는 물, 산소, 탄소, 질소가 있고, 그 밖의 다른 원소도 있다. 질량 보존 법칙에 따르면 물질(이 경우 지구의 자원)의 형태가 재배열되거나 변화할 수는 있지만, 새로 만들어지거나 파괴될 수는 없다.

학생들의 사전 지식을 활용하고 능동적 학습으로 신경세포 연결 고리를 만들고 강화하기 위해 다양한 답변이 나올 수 있는 질문을 던졌다.

"지구의 모든 물 중 민물은 1퍼센트도 되지 않는데, 우리는 이 물을 마시고, 요리하고, 식량을 재배할 때 사용해요. 그렇다면 민물은 왜 바닥나지 않을까요?"

학생들이 곧바로 손을 든다. 제나를 지목하자 갑자기 할 말을 잊었다고 한다. 레이는 우스꽝스러운 대답을 하고 반 아이들은 웃음을 터뜨리기 시작한다. 결국 교사는 수업의 흐름을 유지하기 위해 직접 답을 이야기한다. "대자연은 재활용을 엄청 잘해요. 물의 순환이 그중 가장 좋은 사례예요."

계속해서 순환의 구성 요소인 강수, 증발, 증산, 응축을 설명한다. 칠판에서 학생들 쪽으로 눈을 돌리면 멍한 표정이 눈에 들어온다. 학생들이 듣고는 있지만 배우는 내용을 흡수하지 못하는 것이다.

어떻게 달리 가르칠 수 있을까?

학생들과 무엇을 해야 할까?

메릴랜드 대학의 프랭크 라이먼 교수는 1981년에 "생각하고 짝지어 이야기 나누기think-pair-share"[26] 기법을 고안했다.

이 방법은 학생들이 둘씩 혹은 소규모 집단으로 모여 함께 질문에 대한 답을 찾거나 문제를 푸는 방식이다. 교육자가 여러 가지로 대답할 수 있는 질문을 던진 후 학생들이 답변을 머릿속으로 생각하게 한다. 이 단계에서 학생들은 필기한 내용을 점검하고 생각을 정리한다. 처음 떠올린 답변을 메모하게 하면 더 책임감 있게 참여한다. 각자의 생각을 서로 이야기하면서 어떤 생각이 가장 좋은지, 더 좋은 생각은 없는지 결정한다. 마지막으로 각 모둠이 최종 답변을 발표한다. 대면 수업을 하면 학생들이 옆 친구와 짝을 짓기 쉽다. 온라인 수업에서는 몇 번의 클릭만으로 학생들을 소규모 모둠으로 나눌 수 있다.

이 방식에서 가장 중요한 것은 학생 개개인의 생각하기 시간이다. 학생들은 이 시간 동안 배운 내용을 천천히 떠올리고 정리하면서 두뇌가 정보를 처리할 여유를 갖는다. 타이머를 맞춰 집중적으로 생각하는 시간을 가진 다음, 짝을 지어 서로의 생각을 이야기하는 방법도 있다.˙

˙ 언어 교육을 할 때는 "생각하고 둘씩 짝지은 뒤 다시 4명이 모여 이야기 나누기"로 변형한다. 할 말이 많지 않은 학생과 짝이 되었을 때 도움이 된다. 학생이 4명으로 늘어나면 언어를 여러 유형으로 다양하게 사용할 수 있다.

학생들이 서로의 생각을 이야기하는 시간을 가지면 두 가지 면에서 좋다. 첫째, 다른 학생의 관점을 접할 수 있고, 학습 장애물을 극복하며, 유창하게 말하는 연습을 할 수 있다. 둘째, 많은 사람 앞에서도 답을 이야기하거나 도움을 요청할 수 있는 자신감이 생긴다(많은 학생이, 심지어 성인들도 일대일 상황에서도 도움을 요청하기 어려워한다).

둘씩 혹은 여럿이 모여 이야기하는 학생들 사이를 돌아다니면서 올바른 방향으로 이야기하는지 때때로 확인한다. 그리고 반 전체의 토론이 매끄럽게 진행되도록 정답을 정확하게 아는 모둠의 학생에게 발표해보라고 권한다. 그 모둠에서 가장 수줍어하고 평소 발표를 꺼리는 학생이 이야기하게 하자. 답이 정확하다는 사실을 알고, 교사가 지목하면 용기를 낼 수 있다.

약간 틀린 점이 있더라도 기꺼이 나서서 답을 이야기하려는 학생에게 발표를 시켜도 도움이 된다.[27] 학생들은 틀린 점을 함께 고치면서 문제 해결법을 익힐 수 있고, 한걸음 물러나 자신의 생각을 가늠할 시간을 가질 수 있다. 결정적으로, 실수해도 괜찮고 수업 분위기가 따뜻하다는 경험을 하게 된다.

학생이 틀린 답을 이야기하면 교사가 곧바로 고쳐주려고 하지 말고, 반전체 학생들에게 어떻게 생각하느냐고 먼저 물어보아야 한다. 학생들의 생각을 듣기 전의 짧은 침묵이 답답할 수도 있지만, 이때 진정한 학습이 이루어진다.

피해야 할 일

학생들이 서로 답을 이야기는 도중에 교사가 자신의 책상으로 돌아가 이메일을 확인하거나 자료를 정리하지 않도록 주의해야 한다. 교사가 논의 중인 학생들 사이를 돌아다니면 진행에 도움이 될 뿐 아니라 교사가 학생에게 관심을 기울인다는 사실을 보여주고 친밀한 관계를 형성할 수 있다.

모든 과목에 적용 가능한 원칙

"스스로 생각하고 짝지어 이야기 나누기"는 모든 교과에서 학생들의 자발적 사고를 이끌어내는 효과적인 방법이다. 이미 인문학, 사회 과학, STEM 등 다양한 분야에서 널리 활용되고 있다. 처음 시작할 때는 다음과 같은 문장들을 참고하면 도움이 될 것이다.

- 동생이나 친구가 이해할 수 있는 말로 _____ 을 설명해보세요.
- 1분 안에 _____ 을 할 수 있는 사례나 방법을 최대한 많이 생각해보세요.
- 만약 _____ 을 하면 무엇이 잘못될 수 있는지 설명해보세요.
- 이야기 속 주인공을 한 단어로 설명해보세요. 그 주인공의 구체적인 생각과 행동을 통해 그 단어의 의미를 설명해보세요.

교육의 뇌과학

- 능동적 학습이란 수업 중에 활동이나 토론을 통해 학생을 적극적으로 참여시키는 수업이다. 전문가의 말을 수동적으로 듣기만 하는 학습과 달리, 어떤 형태로든 인출하는 연습이 포함된다. 능동적 학습에서는 고차원적 사고가 중요하고, 둘씩 짝지어서 혹은 소규모로 모이는 활동도 포함된다.

- 신경과학적으로 능동적 학습은 고차원적 개념 이해의 바탕이 되는 장기 기억에 필요한 신경세포 연결 고리를 형성하고 강화한다. 이는 '배우고 연결하기' 중 '연결하기' 단계에 속한다. 그러나 모든 학습이 능동적 학습은 아니다.

- 작업 기억에서 시작되는 서술적 학습은 두 갈래로 나뉜다. 하나는 해마로 가서 정보를 색인하고, 다른 하나는 신피질로 가서 장기 기억에 저장된다. 작업 기억으로부터의 정보 유입이 멈추면, 해마는 신피질로 방향을 돌려 어떤 연결을 강화하고 약화할지 반복적으로 알려주며 학습을 공고히 한다.

- 학생들이 "스스로 생각하고 짝지어 이야기 나누기" 같은 방법으로 함께 연습하거나 배운 내용을 스스로 조용히 생각할 때 두뇌는 자연스럽게 쉰다. 운동할 때 격렬한 활동과 휴식을 번갈아 하듯, 학습도 힘든 정신노동과 정신적 휴식을 번갈아 할 때 발전한다.

- 학생들에게 인출 연습을 시키면 신피질의 연결 고리가 강화된다. 인출 연습을 통해 작업 기억은 해마를 거치지 않고 직접 장기 기억에 저장된 정보에 다가갈 수 있다.

제2부

두뇌 발달에 맞춘 효과적 공부법

제 4 장

미루는 습관
고치기

교실에 긴장감이 감돈다. 얼리셔는 공책을 꺼내서 마지막으로 한 번 더 살펴본다. 얼리셔가 불안해서 연필로 책상을 치자 마이클이 짜증을 낸다. 디에고는 손가락 관절을 꺾고, 타미카는 긴장해서 손빗질을 한다.

그러나 샘은 피곤한 얼굴이다. 샘은 시험 직전마다 졸려 보인다. 시험 중 잠들기도 하는데, 그러면 얼마 쓰지도 않은 답안지가 침으로 번진다.

집안에 문제가 있어서 피곤한 학생도 있지만, 샘은 그렇지 않다. 샘의 부모는 전문직 종사자이고, 일 때문에 바쁘긴 해도 아들을 사랑하며 가족 관계 역시 원만하다. 샘은 똑똑하지만, 실용적이라고 생각하는 일에만 관심을 가진다. 수학 공식은 몰라도, 자동차 엔진을 새로 조립해야 한다면 열세 살 샘이 적임자다.

샘에게는 어떤 문제가 있는 걸까?

미루기, 최대의 적

이 장의 제목에서 짐작할 수 있듯, 샘은 미루기의 달인이다. 그러나 부모를 실망시키고 싶지도 않다. 갈등하면서 마지막까지 공부를 미루다가 새

벽이 되어서야 벼락치기를 한다. 아무리 똑똑한 아이라 해도 스트레스를 많이 받는 상황에서는 제대로 머리에 들어올 리가 없다.

샘보다 더 심하게 미루는 학생들도 많다. 진심으로 공부하려고 하지만, 마지막 순간까지 모든 일을 미룬다. 그러다가 어찌할 도리가 없다는 사실을 너무 뒤늦게 깨닫는다. 그 시점에서는 벼락치기조차 소용없다. 결국 포기뿐이다.

미루는 습관은 학생들의 가장 큰 문제다. 심리학자 피어스 스틸의 연구에 따르면, 대학생의 80~95%가 미루는 습관이 있고, 75%는 스스로를 '미루는 사람'으로 인식한다. 더 심각한 것은 약 50%가 지속적인 미루기로 문제를 겪는다는 점이다. 이런 습관은 초등학교 때부터 형성되어 대학 시절까지 이어진다. 이 미루는 습관을 일찌감치 고쳐준다면 학생들의 삶은 크게 달라질 수 있다.

미룰 때
뇌에서 벌어지는 일

해야 할 일을 미루는 가장 근본적인 이유는 하기 싫거나 하고 싶지 않은 일을 생각하면 두뇌에서 고통 신호를 처리하는 부분인 대뇌섬 피질에서 고통스러운 감정이 활성화 되기 때문이다. 샘처럼 일을 잘 미루는 사람들은 이 불편한 감정을 회피하는 식으로 처리한다. 뭐든 다른 일을 생각하는 것이나. 회피는 마법처럼 순간의 고통을 없애준다. 그러나 해야 할 일은 사라지지 않는다. 그래서 밤새 스트레스를 받다가 시험 때 꾸벅꾸벅 조는 대가를 치른다.

고통 신호를 처리하는 대뇌섬 피질

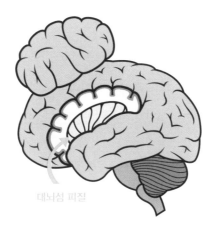

대뇌섬 피질

싫어하거나 하고 싶지 않은 것을 생각만 해도 두뇌의 고통 처리 중추인 대뇌섬 피질에서 불편하고 고통스러운 감정이 올라온다.

더 심각한 문제는, 배우고 연결하는 과정이 제대로 이루어지지 않는다는 점이다. 새로 입력한 정보를 강화해서 새로운 신경세포 연결 고리를 만들려면 시간이 필요하다. 시험 전날 잠을 제대로 자지 못하면 두뇌는 밤늦게까지 학습한 내용과 관련된 새로운 가지돌기 가시를 고정시킬 수 없다. 결국 밑 빠진 독에 물을 붓듯 급하게 습득한 정보는 금세 사라진다.

학습 속도가 빠른 학생들의 미루기

특히 주목할 점은 학습 속도가 빠른 학생들의 미루기 습관이다. 어릴 때부터 공부가 수월했기에 마지막 순간의 벼락치기로도 좋은 성적을 거둘 수 있었다. 그러나 이런 학생들도 내용이 어려워지면 성적이 급격히 떨어진다. 중학교에서 고등학교 혹은 고등학교에서 대학교로 진학할 때 특히 어려움을 겪는다. 다른 학생들과 비슷한 속도로 공부하는 방법을 배우지 못했기 때문이다.

학습 속도가 느린 학생들의 미루기

작업 기억 용량이 작아 학습 속도가 느리더도 장기 기억에 폭넓은 연결 고리를 많이 만들어놓으면 학습 속도가 빠른 학생보다 좋은 성적을 낸다. 장기 기억의 탄탄한 연결망이 작업 기억의 한계를 보완하기 때문이다. 학습 속도가 느린 학생들도 빨리 배우는 학생들과 똑같이 어려운 공부를 할 수 있다. 새로운 지식을 작업 기억보다 장기 기억에서 훨씬 많이 처리한다는 점만 다르다.

학습 속도가 느린 학생들은 연습이 더 필요하다. 장기 기억 연결 고리를 만드는 데 시간이 많이 걸리기 때문이다. 그 때문에 느리게 배우는 학생이 미루는 습관이 생기면 상황은 더 어려워진다.[4] 다행히 느리지만 의욕적인 학생이라면 미루기가 위험하다는 사실을 일찌감치 깨닫는다. 반면 학습 속도가 빠른 학생은 미루는 습관을 고치기 어려워, 더 늦게까지 미루기의 위험을 감지하지 못할 수도 있다.

미루는 습관을 고치는 동기 부여 방법

동기 부여에 관한 신경과학적 해결책은 없을까? 연구 결과, 학습을 재미있게 만든다고 하는 여러 '상식적인' 동기 부여 방식은 오히려 역효과를 낳는다는 사실이 밝혀졌다. 상세한 내용은 7장에서 살펴보겠다.

교육의 뇌과학

학습 동기 부여는 자전거 타기와 비슷하다. 처음 자전거 타는 법을 배우려면 쉽지 않다. 넘어져서 상처가 생길 수도 있다. 그러나 남들처럼 자전거를 잘 타고 싶다는 열망이 강하면 고통을 극복하게 하는 동기가 생긴다.

학생들이 배우는 과정에서 직면하는 어려움을 극복할 수 있도록 중간중간 자극을 주고, 금방 보상받을 수 있다고 느끼게 하고, 하루하루의 성과를 가치 있게 여길 수 있도록 가르쳐야 한다. 그래야만 학생들이 새로운 지식을 완전히 익혔을 때의 느낌을 알 수 있다.

학생들은 왜 미룰까?

우리 모두가 미루기의 천재들이지만, 학생들은 특히 더하다. 국어 수업을 듣는 중학교 1학년 학생들에게 "왜 미루나요?", "미루면 어떻게 되나요?" 두 가지 질문을 했더니, 이렇게 답했다.

- 과제를 어떻게 해야 할지 몰라서 자꾸 미루게 돼요.
- 쉬운 것부터 하고 어려운 과제는 미룹니다. 너무 어려우면 "해봤는데 안 됐다"고 말해요.

시작 자체를 어려워하는 학생들도 있지만, 이 경우에는 일대일이나 소규모 그룹으로 공부하면 방향을 잘 찾아간다.

흔히 겪는 또 다른 어려움은 힘든 과제를 계속해야 하는 상황이다. 따라서 과제가 어려워지면 학생들의 상황을 확인하고 필요한 도움을 주어야 한다.

- 숙제를 하지 않고 미뤄요. 멍해지면서 집중력을 잃죠. 미루고 있다는 걸 깨달으면 정신을 차리고 다시 시작하려고 마음을 다잡아요.
- 자리에 앉아서 해야 할 일을 보다 보면 다른 일들이 생각나요. 보통 선생님이 잔소리를 하셔서 과제를 다시 시작하게 됩니다.

해야 할 일은 알지만 집중하지 못하는 경우에는 포모도로 기법(114쪽 참조)이 도움이 된다. 집에서든 학교에서든 마찬가지다. 친구들과 이야기하거나 유행하는 춤 동작을 뽐내거나, 간식을 먹거나 짧은 유튜브 동영상을 보는 등 짧은 휴식이 기다리고 있으면 과제에 집중하기 쉬워진다.

포모도로 기법만으로는 충분하지 않다. 교육자는 학생이 과제를 잘하고 있는지 더 자주 확인해야 한다. "첫 번째 문제를 2분 안에 풀어야 해" 같은 방법으로 더 작은 목표들을 제시하는 것도 도움이 된다. 그다음 제대로 했는지 확인해야 한다.

- 학교 과제를 자주 미뤄요. 마감 전날 밤까지 아무것도 안하면 엄마가 호통을 치는데, 그 덕분에 제시간에 끝내긴 해요.

외부의 도움으로 위기에서 벗어날 수 있다는 사실을 몇 번 경험하면 미루는 습관이 더 심해진다. 과제 마감일 전까지 자습시간에 혹은 집에서 매일 조금씩 해나갈 수 있도록 목표를 잘게 쪼개보면 도움이 된다. 학생이 초등학교 고학년이나 중학생이라면 매일매일 해야 할 과제를 학부모와 교사가 숙제장이나 이메일을 통해 소통하면서 학생이 책임감을 느끼게 할 수 있다.

과제를 미루는 이유는 수없이 많다. 심지어 "압박감을 느낄 때 더 잘 해

교육의 뇌과학

낼 수 있다"라고 믿는 사람도 있다. 그러나 되는 대로 급히 끝마친 숙제를 많이 본 교사는 그렇지 않다는 사실을 잘 안다.

요즘 학생들은 바쁘다. "해야 할 일이 너무 많아요"라는 변명이 억지는 아니다. 학교생활 외에도 스포츠, 동아리, 댄스, 여행, 소셜 미디어, 유튜브, 아르바이트 등에 치이고 있기 때문이다. 어린아이들도 많은 활동을 한다. 그런 생활에 짓눌리다 보면 마지막까지 과제를 미루는 것도 당연하다. 지금 당장 눈앞에 닥친 일을 처리하느라 바쁘기 때문이다. 며칠 후, 몇 주 후까지 미리 생각할 여유가 없다.

미루는 습관이 특히 학생들에게 해로운 이유

중요한 시험 직전에는 학생들이 학교 식당, 자습실, 심지어 복도에 줄을 서서 미친 듯이 메모장을 외우고 있는 모습을 볼 수 있다. 미국 헌법 수정조항 27개 조를 모두 알고 있는지 확인하는 시험에 대비해 공부한다고 생각해보자. 어떤 학생들은 며칠 전부터, 심지어 시험 직전까지 공부하면서 문제를 풀어본다. 이 방면의 슈퍼스타 같은 학생들은 시험 전날까지 미루다 고작 몇 시간 만에 내용을 모두 외우고 좋은 성적을 받는다.

그런데 이런 학생들도 민주주의나 대법원의 기능 등에 대해 깊은 이해가 필요한 시험에서는 낙제한다. 제대로 된 학습은 장기 기억에 연결 고리를 만들면서 이루어지는데, 그 과정은 용어 암기처럼 간단하지 않기 때문이다. 깊이 있는 공부에는 어려운 개념 이해가 포함될 때가 많고, 이런 시직을 얻으려면 시간이 많이 걸린다.

깊이 있는 공부에 시간이 많이 걸리는 이유는, 그 과정에서 새롭고 창의적인 신경세포 연결 고리를 만들어야 하기 때문이다. 아무 신경세포나 옆에 있는 만만한 세포와 연결하는 과정이 아니다. 이 과정은 매우 격렬하다. 새로운 신경세포 연결 고리를 시험해보고 그 연결 고리가 개념을 이해하는 데 도움이 되지 않으면 다른 고리를 만들어야 한다. 때로는 어려운 개념을 이해하기 위해 완전히 다른 고리가 필요할 때도 있다! 학생들이 새롭고 어려운 뭔가를 배우는 동안 신경계 안에서는 무의식적으로 수많은 분류 작업이 진행된다.

두뇌가 완전히 새로운 연결 고리를 찾아서 만들려면 집중focused 모드에서 산만diffuse 모드로 바꾸어야 한다.[5]

짐작하겠지만, 문제를 풀려고 애쓰면서 집중할 때(혹은 떠들썩한 학생이 아이패드를 손에 쥐자마자 집중할 때)가 집중 모드다. 집중 모드에서는 작업 기억이 해마와 신피질의 신경세포 사이에 연결 고리를 만든다. 반면 산만 모드는 두뇌가 잠시 쉬고 있는 상태다. 산만 모드에서는 작업 기억이 빠지고 두뇌가 무의식적으로 무작위 연결 고리를 만든다.

어려운 내용을 처음에는 이해하지 못하는 게 지극히 정상이다. 학생들은 공부하다 벽에 부딪히면 처음에는 더 열심히 노력한다. 어쨌든 선생님들이 포기하지 않는 게 중요하다고 강조했기 때문이다. 그러나 결국 "나는 수학과는 거리가 멀어" 라든가 "난 수학을 못해" 혹은 더 심하게 "나는 수학이 정말 싫어" 라며 넌더리를 내며 포기한다. 흔히 말하는 '성장 마인드셋'이 끼어들 여지는 없다. 감정에 휩쓸려 이성을 잃는 것이다. 학생들은 좌절감을 느끼며 포기하고 대뇌섬 피질에서 튀어나오는 고통스러운 감정을 회피하기 위해 다른 일에 몰두하려 한다.

그러나 좌절감이 들 때 한발 물러나 거기서 관심을 돌리면 된다. 그 문제에 집중하지 않아야만 산만 모드로 전환할 수 있다. 공상을 하거나 복도를 걸을 때, 샤워할 때, 잠들 때 아무렇게나 하는 생각을 확산적diffuse 사고라고 한다. 확산적 사고를 하면 두뇌가 배후에서 작동한다. 휴식을

교육의 뇌과학

집중 모드 vs. 산만 모드

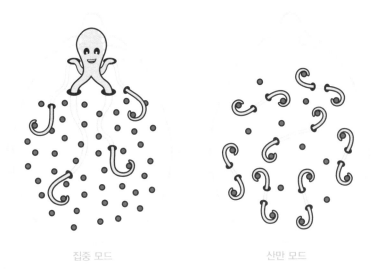

집중 모드   산만 모드

집중 모드는 작업 기억이 장기 기억 연결 고리를 향해 손을 뻗으며 집중하는 상태
다. 산만 모드에서는 무작위로 연결 고리가 생기는데, 이때 새롭고 어려운 개념을
더 쉽게 이해할 수 있다.

취하거나 점심을 먹거나 쉬는 시간에 장난치는 동안 무작위로 새로운 연
결 고리들을 찾아낸다. 나중에 좌절감을 느꼈던 부분을 다시 보면 마법이
일어난 것처럼 느껴질 수도 있다. 이전에는 전혀 이해되지 않았던 내용이
갑자기 쉽게 느껴지기 때문이다!

학습 중에 우리 두뇌는 집중 모드와 산만 모드 사이를 오간다(어쩌면 호
흡법 등을 활용한 상태 전환 방법이 연구를 통해 밝혀질 수도 있다). 집중 모드
와 산만 모드에 대해 알고 있다면 좌절로 인한 포기를 막을 수 있다. 좌절
감을 느끼기 전까지 학습해보고, 안 될 것 같으면 잠시 쉬어보자. 몇 시간

시험 잘 보는 법

열심히 공부한 만큼 시험을 잘 보는 방법이 있다. 시험지를 받자마자 가장 어려운 문제를 찾아 재빨리 훑어보고, 그 문제를 맨 먼저 풀어보는 것이다. 어려워서 막힌다고 느끼면 바로 그 문제에서 손을 떼야 한다. 여기까지가 시험 시작 1~2분 안에 해야 할 일이다.

어려운 문제에 막히면 바로 쉬운 문제로 넘어가야 한다. 쉬운 문제를 푸는 동안 산만 모드가 배후에서 더 어려운 문제를 해결한다. 나중에 그 문제에 다시 집중하면 풀 수 있는 경우가 많다. 바로 풀리지 않더라도 최소한 처음보다 더 진전할 수는 있다.

시험을 볼 때 쉬운 문제부터 풀고 제일 어려운 문제를 마지막으로 미루는 것보다 이 방법이 훨씬 더 효과적이다. 시험이 끝나갈 때는 이미 정신적으로 지친 데다가 남은 시간이 짧아 스트레스를 받기 때문이다. 산만 모드를 활용하면 두뇌를 일종의 이중 처리기로 활용해 어려운 문제를 배후에서 풀 수 있다.

물론 시험 준비를 제대로 하지 않았다면 쉬운 문제부터 풀기 시작해 최대한 점수를 많이 얻는 것이 좋다.

후나 다음날쯤 좌절감을 느꼈던 부분을 다시 보면, 잠자는 동안 뇌에서 분비된 화학 물질이 학습 과정을 도와줄 것이다.

이처럼 집중 모드와 산만 모드 사이를 오가려면 적지 않은 시간이 필요하다. 어려운 개념을 만나면 일단 한계에 부딪힐 때까지 도전해보자. 그 지점에서 잠시 다른 과제로 넘어가거나 휴식을 취하면 산만 모드에서 새로운 연결이 생긴다. 그 뒤에 문제를 다시 보면 놀라운 진전을 이룰 수 있다. 종이비행기 날리기와 비슷하다. 종이비행기가 스스로 날아오르려면 우선 종이비행기를 공중에 띄우려고 노력해야 한다.

교육의 뇌과학

좌절감이 최고조에 달하자마자 그 사실을 알아차리고 잠시 다른 일을 하거나 휴식을 취하는 요령을 익혀야 한다. 이는 학습할 때 매우 귀중한 메타 기술이다. 한 문제가 막히면 벗어나기 힘든 시험 상황에서 특히 유용하다.

포모도로 기법으로
미루는 습관 고치기

미루는 습관을 고치는 가장 좋은 방법은 포모도로 기법이다. 집중에 방해가 되는 멀티태스킹을 피할 수 있게 도와주는 방법이기도 하다. 이탈리아인 프란체스코 치릴로가 1980년대에 이 방법을 개발했다(포모도로는 이탈리아어로 '토마토'라는 뜻이다. 치릴로는 토마토 모양의 타이머를 활용했다). 치릴로의 방법은 집중력 조절에 대한 신경과학 연구 결과와도 일맥상통한다.

포모도로 기법은 간단하다. 중요하지만 미루고 싶은 일이 있다면 누구나 이 기법을 활용할 수 있다.

1. 모든 방해 요소, 특히 스마트폰은 알림을 끄고 멀리 치운다.
2. 타이머가 25분 후에 울리도록 설정하고, 25분 동안 과제에 최대한 집중한다.
3. 5분 동안 쉰다.
4. 필요한 만큼 이 과정을 반복한다. 서너 차례 반복한 후 30분 동안 쉰다.

이 기법을 쓰면 짧고 집중적으로 공부할 수 있을 뿐만 아니라 중독성 높은 소셜 미디어의 유혹을 피하는 연습도 할 수 있다.

포모도로 기법에서는 긴장을 푸는 시간이 특히 중요하다. 집중할 때만 학습이 이루어진다고 생각하기 쉽지만, 중창단의 비유로 설명했듯, 해마가 신피질을 가르치려면 짧은 휴식 시간을 자주 가져야 한다. 쉬고 있는 것 같아도 두뇌는 새로운 정보를 정리하면서 학습을 계속하고 있다.

긴장을 풀고 쉬는 시간을 활용하는 방식도 중요하다. 쉴 때 스마트폰으로 문자 메시지나 소셜 미디어를 확인하면 해마가 신피질로 정보를 넘기지 못한다. 대신 스마트폰으로 본 내용이 방금 학습하면서 해마에 들어온 내용을 덮어쓸 우려가 있다.[6] 열차에 새로 밀려든 승객들이 기존 승객들을 반대편으로 밀어내 엉뚱한 정류장에 내리게 하는 상황과 비슷하다.

눈 감기, 복도에서 걷기, 물 마시기, 화장실 가기, 강아지 쓰다듬기, 간단한 그림을 그리거나 좋아하는 노래 듣기(춤을 춰도 좋다!) 등을 하면서 머리를 쉬는 일이 가장 좋다.

스마트폰 사용을 주의하라고 하지만, 포모도로 기법을 게임처럼 즐기게 하는 앱(포레스트Forest 앱이 인기가 좋다)도 많다.[7]

포모도로 기법은 보통 집에서 활용하지만, 수업 중에도 활용할 수 있다. 수업 시간에 조용히 과제를 한 다음, 다 끝나면 잠깐 휴식을 즐기게 하면서 포모도로 기법을 경험하게 하는 것이다. 물론 수업 시간과 학생들의 주도적인 학습 능력에 따라 시간을 조절해야 한다.

학생들이 아직 어려 25분 내내 집중하기 어렵다면 나이에 1을 더한 만큼 집중하게 한다. 학생이 아홉 살이라면 10분 동안 집중하게 하는 식이다.

교실에서 미루는 습관을
고치는 방법

1. **학생들과 함께 '해야 할 일' 목록을 만든다.** 과제를 하나씩 끝낼 때마다 목록에 표시하면 학생들이 자부심과 성취감을 느낀다. 과제의 우선순위를 정하고 일정을 배분할 때 도움이 필요한 학생들에게는 꼭 필요한 과정이다.

2. **학생들이 주변을 정리하게 한다.** 교실 여기저기에 물건을 흩어놓은 상태로는 제대로 공부하기 어렵다. 과제를 해놓고도 어디다 두었는지 몰라 제출하지 못하는 경우도 있다. 학교생활을 잘하려면 정리정돈이 중요하다. 10분이면 끝낼 수 있는 과제라도 뒤죽박죽인 사물함이나 컴퓨터를 뒤져 찾아야 한다면 1시간 이상 걸린다.

3. **학생들이 책임감을 느끼게 한다.** 규칙적으로 점검하지 않으면 학생들은 과제를 제대로 하지 않는다. 수업을 시작할 때 짝을 지어 혹은 몇몇이 모여 각자 해온 과제물을 서로 보여주면서 토론하게 하고, 교사는 교실을 돌아다니면서 확인한다. 교사와 반 친구들이 함께 과제물을 확인하면 과제를 우선시하게 된다. 다음 단원으로 넘어가기 전 학생들의 기억을 되살리는 이점도 있다. 과제를 잘한 학생에게 상을 주는 방법노 노움이 뇐다.

어려운 과제
잘게 나누기

수업 사례

제2차 세계대전의 주요 전투를 집중적으로 가르친 뒤, 2주 뒤까지 전쟁 결과에 중요한 영향을 준 두 사건을 골라서 에세이를 쓰는 과제를 냈다고 해보자.

교사는 군사 전략이나 문화, 기술이 주요 사건에 어떻게 영향을 주었는지, 다양한 사례를 포함해 정성 들여 설명한 긴 에세이를 기대한다. 며칠에 걸쳐 가르쳤고, 학생들 역시 필기를 성실하게 했으니 기대가 높을 만도 하다.

그러나 마감일이 되면 교사는 학생들이 제출한 에세이를 보고 충격을 받는다. 기억나는 내용을 이리저리 닥치는 대로 반복하며 빤한 내용만 나열하는 경우가 많기 때문이다. 학생들이 급하게 되는 대로 휘갈긴 글을 읽어나가는 것만으로도 상당히 힘들다.

학생들의 머릿속에서는 무슨 일이 벌어지고 있을까?

대부분의 학생은 과제가 주어지면 시간이 충분하다고 생각한다. 과제를 당장 제출하지 않아도 된다면 더 그렇다. 그러나 미루는 습관이 있는 학생들은 시간이 늘 부족하다. 이런 학생들은 전날까지 미루거나, 더 심하게는 수업 시작 직전에 급하게 마무리하려고 허둥댄다.

어떻게 해야 할까?

미루는 습관은 성적 저하의 주요 요인이다. 이를 막기 위해서는 학생들이 하는 대로 내버려두어서는 안 된다(에세이를 쓰는 일보다 소셜 미디어를 보는 편이 훨씬 재미있기 때문이다). 에세이 쓰기를 여러 단계로 나누어 제출 날짜를 따로따로 정하자.

교사는 학생들에게 중간중간 피드백을 주어 에세이 쓰는 과정을 지도해야 한다. 채점이 끝난 에세이를 돌려받은 뒤에야 내용과 수준에 더 신경 써야 했다고 후회해봤자 이미 늦다.

중간 단계를 활용한 에세이 쓰기 사례

마감일	분류	사례
3월 6일	과제	• 두 가지 사건을 통해 주장하고 싶은 주제문 초안 작성
	과제 목표	• 조사하고 싶은 사건 두 사건 선정
	조별 활동	• 짝과 자유롭게 생각을 펼쳐나간다. • 연구하고 싶은 주제에 대해 차례차례 발표한다.
3월 7일	과제	• 참고문헌 3개 선정 및 인용문 발췌 • 각 인용문별로 맥락 설명 포함
	과제 목표	• 저마다 고른 사건과 관련된 참고문헌을 찾아 읽어보도록 한다. • 적절한 형식을 갖춰 참고문헌을 인용하는 방법을 알려준다.
	조별 활동	• 짝에게 참고문헌을 보여준다. • 필요 시 3개 이상 자료 추가

교육의 뇌과학

3월 10일	과제	• 에세이 개요 작성
	과제 목표	• 각 인용문을 정리해 논리적 주장을 펼 수 있도록 지도한다. • 교사의 시범을 통해 학생이 자료를 정리하는 법을 배우게 한다. • 다른 주제에 대한 에세이 예시나 개요를 보여준다. • 교사가 생각하는 과정을 말하면서 개요의 흐름을 짜서 학생이 따라할 수 있게 한다.
	조별 활동	• 교사처럼 개요를 짜면서 생각하는 과정을 짝에게 말한다. • 짝에게 도움이 되는 제안을 하면서 에세이의 각 부분을 어떻게 쓸지 논리적으로 토론한다.
3월 12일	과제	• 서론 초안 작성
	과제 목표	• 효과적인 도입부 작성법 학습 (역사적 일화, 통계, 비유 등 활용)
	조별 활동	• 모둠으로 나뉘어 선의의 경쟁을 벌인다. 모둠마다 가장 잘 쓴 서론을 골라 발표하고, 투표로 제일 좋은 서론을 뽑는다.
3월 14일	과제	• 전쟁 결과에 영향을 준 첫 번째 사건을 설명하는 본문 초안 작성
	과제 목표	• 인용문과 개요를 길잡이로 활용하는 법을 알려준다. 그러면 학생들이 편견에 사로잡히지 않고, 증거 자료를 중시하게 된다. • 에세이에서 인용한 부분을 표시하는 법을 지도한다. 그러지 않으면 표절 문제가 생길 수 있다는 점을 알려준다.
	조별 활동	• "제2차 세계대전은 많은 사람을 죽인 전쟁이었다" 같은 단순한 사실만 나열하지 않도록 자료에서 찾은 배경 지식을 짝에게 보여준다. 수업에서 다루지 않은 솔깃하고 독창적인 개념이 최소 둘 이상 포함된 자료여야 한다. • 이 단계에서 무심코 표절할 수 있으니 조심해야 한다. 학생들은 자료에 지나치게 의존할 때가 많다.
3월 17일	과제	• 두 번째 사건 분석 본문 초안 작성
	과제 목표	• 학생들이 에세이를 쓰면서 다양한 생각을 해볼 수 있게 앞의 연습을 반복한다.
	조별 활동	• 학생들은 내용을 구체적으로 설명하기 어려워한다. 짝에게 "뭐를 더 알고 싶어?"라고 묻고, 서로 대답한다.

	과제	• 결론 초안 작성
3월 19일	과제 목표	• 학생들이 독자의 흥미를 끌어야 하는 앞부분을 재검토하고, 개요에 어떻게 연결할 수 있는지 생각하게 한다. • 증거 자료를 확인하고, 개요에 포함할 인용문을 찾게 한다.
	조별 활동	• 짝과 함께 글의 흐름이 바뀌는 부분의 단어, 구절, 문장을 표시한다. 그러면 자신이 쓴 원고의 흐름을 파악할 수 있다. • 띄어쓰기, 마침표나 쉼표 같은 맞춤법 실수를 짝과 함께 찾아본다.
	과제	• 최종 원고 마감 및 제출
3월 21일	과제 목표	• 학생들이 교사가 원하는 형식대로 과제를 제출했는지 확인한다. 앞 장에는 이름을 쓰고 개요를 붙여야 한다. 정리가 되지 않아 엉망진창인 과제를 채점하기란 쉽지 않다.
	조별 활동	• 제출 준비가 끝났는지 짝과 함께 다시 확인한다.

학생들이 각각의 마감일을 지키고 있는지 확인하고, 그 과정 내내 도움이 되는 피드백을 하자. 매일 학생들 사이를 돌아다니며 과제를 점검할 때 학생들이 짝을 지어 그날의 과제를 서로 보여주게 한다. 학생들이 글을 쓰거나 서로의 글을 검토해줄 때 교사는 어려워하는 학생들을 도와줄 수 있다.

대부분의 아이들에게는 아직 큰 과제를 세분화해 차근차근 해나가는 시간 관리 능력이 없다. 비디오 게임, 스포츠, 문자 메시지나 다른 소셜 미디어에 대한 유혹을 끊임없이 느낄 때는 특히 더 그렇다. 따라서 전체 과제를 완성하기 위한 단계적인 숙제를 내주고 미루지 못하도록 효과적인 방법을 보여주어야 한다. 그러면 학생들은 제2차 세계대전의 주요 전투가 미친 영향뿐만 아니라, 큰 과제를 미루지 않고 해내는 방법도 배울

교육의 뇌과학

수 있다. 또한 교사는 학생들이 평생 활용할 수 있는 기술을 알려줄 수 있다. 학생들이 해내면 축하해주는 시간을 갖자! 일부 학생은 이런 과정을 여러 차례 경험해야 비로소 몸에 익힐 수 있다.

학생들이 단계별 과제를 하면서 계속 집중하도록 포모도로 기법을 활용하면 좋다. 준비가 되면 25분 동안 타이머를 설정하고, 시간이 지나면 보상으로 3~5분 동안 자유 시간을 준다. 반 전체가 요가를 하며 몸을 풀거나 옆자리 친구들과 이야기를 나누거나 잠깐 화장실을 다녀와도 된다. 적당한 시간 동안 집중해서 공부한 다음에는 쉴 수 있다는 사실을 알면 학생들은 다른 방해 요소에 흔들리지 않고 계속 집중하며 생산성을 높일 수 있다.

미루는 습관 예방이 이 과제의 핵심이다. 이를 위해서는 중간중간 단계를 나누어서 과제를 수행하게 하는 일정이 꼭 필요하다. 또한 수업에는 평가 기준과 예시가 반드시 필요하다. 주요 과제를 시작할 때 어떤 특성과 기술을 주로 평가할 것인지 그 기준을 미리 알려주면 도움이 된다. 그러면 학생들은 과제를 완성할 때 어디에 에너지를 집중해야 하는지 알 수 있다. 예시를 만들어 평가 기준을 구체적으로 제시해도 그 과정에서 학생들에 대한 기대 수준이 명확해지고, 학생들이 경험하게 될 어려움을 미리 알려주는 수업을 계획할 수도 있다.

평가 지침의 세 부분[8]

1. **평가 요소를 정한다.** 과제에서 제일 중요한 지식과 기술에 초점을 맞추어야 한다. 과제의 목적에 맞지 않는 사소한 기준(글꼴 크기 등)을 포함시키지 않도록 주의한다. 일반적으로 글쓰기 과제물의 평가 기준에는 초점, 내용, 구성, 결론, 맞춤법 등 여러 요소가 있다. 교사는 어디에 초점을 맞춰야 할지 금방 머릿속에 그려지지만, 학생들은 그러지 못할 가능성이 높다. 평가 기준을 명확하게 제시하자.

2. **각 항목에 대한 평가 기준을 명확하게 설명한다.** 서론에 글의 취지를 어떻게 설명했는지, 에세이 전체에서 주장을 어떻게 입증했는지, 본문의 논리성, 정보의 정확성, 참고문헌 인용 여부 등으로 평가할 수 있다. 각 기준을 명확하게 설명해야 한다. 그래야 학생들이 최종 결과물을 제출하기 전에 자신이 쓴 내용을 다시 훑어보면서 스스로 평가해볼 수 있다. 기대치를 구체적으로 제시할수록 학생들이 제출하는 결과물이 좋아진다.

3. **평가 척도를 차등화한다.** 모든 항목에 동일한 배점을 하기보다 인지적 난이도를 고려한다. 예를 들어 자료 종합과 논리 전개는 맞춤법보다 더 높은 배점을 받아야 한다. 4점 척도(기대 이상/충족/미흡/부족)를 사용할 때도 각 수준의 기준을 명확히 한다.

교사는 학생들이 평가 지침을 제대로 이해하고 있는지 파악할 때, 학생들에게 이를 말로 설명해보라고 하는 경우가 많다. 그러나 학생들이 교육자가 원하는 말을 하거나 글로 쓸 수 있다고 해서 그 말의 의미를 이해하는 것은 아니다. 평가 기준을 잘못 이해하면 자신의 성취도를 잘못 판단할 수 있기 때문이다.[9]

교육의 뇌과학

더 높은 수준으로 분석하기

학생들이 혼자 평가 지침을 읽으면 무엇을 어떻게 해야 하는지 이해하지 못하는 경우가 많다.[10] 학생들이 과제에 착수하기 전에 어떤 기준으로 평가하는지 설명하면서 예시문을 보여주면 도움이 된다. 예시는 많을수록 좋다. 하나만으로는 부족하고, 학생들이 그대로 따라할 위험도 있기 때문이다. 좋은 예시문과 좋지 않은 예시문을 함께 보여주면 좋다.

1. 학생에게 수업에서 완성할 과제와 비슷한, 평범한 수준의 에세이를 예시로 나누어 준다. 예시문에 학생들이 저지르기 쉬운 실수 유형을 포함시키고, 학생들이 교사의 평가 기준을 활용해 채점하게 한다.[11]
2. 학생들은 짝을 지어 각자의 평가 기준을 조정한다. 학생들이 느낀 일반적인 인상에 대해 반 전체가 함께 토론한다.
3. 똑같은 과제에 대해 교사가 줄 점수를 학생들에게 보여주고, 토론한다.

이 과정을 한 번만 거쳐도 큰 효과를 볼 수 있다. 물론 교사의 기대를 자주 뛰어넘는 상위권 학생들은 예외다. 이런 분석 활동을 해보면 교사가 무엇을 원하며 어떤 실수를 피해야 하는지 대부분 이해할 수 있다.

피해야 할 일

설명을 읽어주고 질문이 있느냐고 물은 뒤 바로 작문 숙제를 내는 식으로 수업을 진행해서는 안 된다. 그러면 학생들은 자동차 전조등을 본 사슴처럼 허둥지둥할 수밖에 없다. 놀라고 혼란스러워 손을 들어 질문할 생각조차 못한다. 아무도 질문하지 않으면 교사는 학생들이 안다고 착각하고 다음 단원으로 넘어간다.

모든 과목에 적용 가능한 원칙

어떤 과목이든 과제를 작은 단위로 나누어 수행하는 연습이 효과적이다. 예를 들어, 수학 시간에는 교사의 지도로 연습한 후 수업이 끝날 무렵에 학생들이 스스로 문제를 풀어보는 시간이 있다. 이때 포모도로 기법을 활용하면 학생들이 쉽게 연습해볼 수 있다. 타이머를 맞추고 일정 시간이 지나면 2~3분 정도 휴식 시간을 주어서 학생들이 수업이 끝날 때까지 과제에 계속 집중하도록 지도해보자.

학생들이 교사의 기대치에 점점 더 익숙해지면 과제를 내주고 스스로 중간중간 단계를 나누어 과제를 해내도록 지도한다. 최종 과제를 완성해 나가는 과정에서 학생들이 직접 마감일을 정해야 한다. 학생들이 수업 외 시간에 과제를 완성해야 한다면 책임감이 특히 중요하다.

미루는 습관은 천천히 퍼지는 독과 같아서 중·고등학교를 거쳐 대학 성적과 장기적인 경력에도 악영향을 줄 수 있다. 큰 과제를 작게 쪼개서 해내는 방법은 학생들이 평생 활용할 수 있도록 숙달시켜야 한다.

미루기는 교사도 예외가 아니다. 60개의 에세이 채점 앞에서는 누구나 망설일 수 있다. 이런 상황에서 교사도 같은 전략을 활용할 수 있다:

1. 우선 60개 과제 전체를 훑어본다. 단, 채점하고자 하는 유혹을 피하기 위해 연필은 들지 않는다.
2. 채점 난이도별로 분류한다.
3. 학교에서 한 묶음, 귀가 후 한 묶음, 다음 날 아침 한 묶음으로 나눈다.
4. 포모노로 기법(25분 집중, 3~5분 휴식)을 활용한다.

중간중간 학생들의 진행 상황을 확인하면 최종 채점의 부담도 줄고, 학생들도 교사의 기대치를 더 잘 이해하게 된다. 과제가 늘어난다고 걱정할 수 있지만, 첫 피드백을 받은 학생들은 과제의 중요성을 깨닫고 더 열심히 노력하는 경향이 있다.

KEY IDEAS

- 미루는 습관은 학생들이 가장 애먹는 문제다. 교육자는 미루는 습관을 고치는 방법을 구체적으로 가르쳐주어야 한다.

- 싫어하는 일이나 하고 싶지 않은 것을 그저 생각만 해도 고통스러운 감정이 생겨나고, 이를 회피하기 위해 다른 일을 생각하게 된다. 그 결과 해야 할 일을 미루게 된다.

- 학생의 나이가 많을수록 미루는 습관의 뿌리가 깊어서 고치기가 어렵다.

- 포모도로 기법은 과제를 시작하고 계속하며 산만해지지 않게 해주는 가장 유용한 방법이다.

- 학습할 때 두뇌는 집중 모드와 산만 모드를 오간다. 깊이 집중할 때가 집중 모드, 정신적으로 긴장을 풀 때가 산만 모드다.

- 학생들은 어려운 과제에 직면하면 특히 미루기 쉽다. 좌절감이 느껴질 때까지 열심히 노력한(집중 모드) 다음 쉬어보라고(산만 모드) 조언하자. 어려운 주제를 공부할 때는 두 모드 사이를 왔다 갔다 하면 불안감을 줄이면서 앞으로 나아갈 수 있다.

- 시험을 볼 때 맨 먼저 가장 어려운 문제부터 풀어본 후 막히면 바로 쉬운 문제로 넘어가는 방법을 활용하자. 그러면 산만 모드가 배후에서 작동해 다시 까다로운 문제로 돌아갔을 때 훨씬 더 쉽게 느껴진다.

- 학생들이 미루는 습관에서 벗어나도록 슬며시 유도하는 전략이 중요하다. 할 일 목록 만들기, 주변 정리 정돈하기, 책임감 높이기 같은 방법이 도움이 된다.

교육의 뇌과학

제 5 장

두뇌의 진화 과정이
공부에 중요한 이유

파울로는 운동 신경을 타고났다. 숨 쉬듯 자연스럽게 뒤로 공중제비를 한다. 몸을 휙 뒤집었다 자유자재로 깔끔하게 착지한다. 야구든 축구든 뭐든 잘 해낸다. 자전거 타기도 쉽게 배웠다. 5년 전 형 로버트가 새 자전거를 비틀거리며 타는 모습을 잠깐 지켜보고는, 형이 자리를 비운 사이에 한참 큰 자전거에 훌쩍 올라타 평생 자전거를 타왔던 것처럼 친구를 만나러 간 것이다.

파울로와 로버트 모두 결국 자전거 타는 법을 배우는 데 성공했다는 점이 핵심이다. 로버트는 배우는 속도가 느리고 자주 넘어졌지만, 한 번도 '나는 자전거에 소질이 없어'라고 생각하지 않았다. 자전거를 배우면서 무릎과 팔꿈치가 까지고 신경이 곤두서는 순간도 많았지만, 로버트는 자전거를 잘 탈 수 있을 때까지 고통을 견뎌냈다.

자전거를 배우는 속도가 각자 다르고 고통스럽게 느끼는 사람도 있지만, 모두가 연습하면 잘 탈 수 있다고 생각한다. 그런데도 어떤 과목이 어려워서 쉽게 배우기 어렵다고 생각하면 거기에 재능이 없다고 여겨 포기한다.

학습에는 다른 수수께끼도 있다. 모국어를 하는 사람들에 둘러싸인 아기는 언어를 쉽게 흡수한다. 그러나 책더미에 둘러싸여 있어도 읽는 법을 배우지는 못한다. 모국어는 스펀지처럼 흡수하는 학생들이 왜 읽기는 어려워할까? 학생들은 왜 수학 문제를 풀면서 어려워할까?

평생 두뇌가
발달하는 과정

학습 과정을 이해하려면 아기가 성인으로 성장하기까지 인간 두뇌가 어떻게 변화하고 성장하는지 알아야 한다.

태어난 지 얼마 되지 않은 아기의 신경세포는 철새처럼 움직인다. 신경세포들이 생겨난 다음 최종적인 자리를 찾아가고, 신경돌기들이 다른 신경세포를 찾아 연결하려고 팔을 뻗는다. 이렇게 신경돌기와 가지돌기가 얽혀 신경망이라는 풍부한 둥지가 형성된다. 그리고 신경망이 성장하면서 신경세포 사이 새로운 연결 고리(시냅스)가 풍성해진다. 이 모든 성장과 활동은 2세 전후에 절정에 이른다.

하지만 '겨울'이 시작되면 가지치기가 시작된다. 청소년기에 접어들면서 신경돌기가 잘려나가고, 연결 고리는 줄어든다. 이때는 환경이 중요하다. 건전하고 다채로운 환경에서는 튼튼한 신경세포 연결 고리가 살아남지만, 제한적이고 스트레스가 많은 환경에서는 나뭇잎 대부분을 잘라낸 식물처럼 많은 연결이 사라진다.

시각과 청각은 뇌의 뒤쪽에서 처리되는데, 이 맨 뒷부분이 아주 어릴 때 가장 먼저 성숙한다. 이 성숙 과정(가지치기와 유연성 상실)은 두뇌 뒤에서부터 앞쪽으로 점점 옮겨간다. 가장 마지막에 성숙하는 부분은 계획과 판단이 이루어지는 전전두엽 피질이다(중·고등학생이 놀랍도록 미성숙하게 행동하는 이유가 여기에 있다).

성숙한 다음에도 두뇌의 연결 고리는 계속 조정된다. 새로운 시냅스의 연결과 가지치기는 일생동안 계속된다.

교육의 뇌과학

배우지 않아도
모국어를 구사할 수 있는 이유

아기들은 금방 사람들의 얼굴을 알아본다. 이는 극도로 어려운 기술이다. 얼굴 인식 알고리즘은 수십 년의 연구 끝에 겨우 탄생했을 정도다.

마찬가지로 아기는 모국어를 빠르고 자연스럽게 익힌다. 아기의 자그마한 두뇌는 애쓰지 않아도 모국어 단어들을 쉽게 흡수한다. 생후 1세 무렵이 되면 단어를 몇 번만 들어도 이해하는 매핑mapping 과정을 통해 어휘 학습이 빨라진다.[1] 생후 20~24개월 사이에는 사용하는 어휘가 3배로 늘어난다는 추정치가 있다. 이때 문장 구조도 함께 익힌다!

얼굴 알아보기, 모국어 말하기는 '생물학적 기본 자료'라고 불린다.[2] 우리 두뇌는 이런 정보를 자연스럽게 배운다. 수천 세대에 걸친 진화적 선택에 의해 연마된 기술로, 신경세포들이 마법처럼 서로 연결되는 것처럼 보인다. 진화 과정에서 주변 사람들을 알아보고 대화할 수 있는 신경세포 조직을 가진 아기들만 살아남았기 때문이다.

반면 '생물학적 2차 자료'는 진화 과정에서 개발되지 않은 능력이다. 뉴스 읽기나 수학적 계산 같은 기술은 현대 사회에서 필수적이지만, 우리 두뇌는 이를 자연스럽게 처리하도록 설계되지 않았다. 따라서 지리, 정치, 경제, 역사는 물론 읽기, 쓰기, 수학 같은 복잡한 기술을 습득하려면 오랜 교육이 필요하다.

진화에는 이빨, 지느러미, 발굽, 부리 등의 도구 개발 과정이 포함된다. 이는 도박과도 비슷하다. 새로운 세대가 태어날 때마다 무작위로 유전자 주사위가 던져지고, 도구를 조금이라도 더 발전시킨 동물이 살아남을 확률이 높다. 유전자를 다음 세대로 물려줄 수 있다는 의미다. 두뇌 역시 도

쉬운 자료와 어려운 자료

우리 두뇌는 원래 특정 유형의 정보를 쉽게 학습하도록 설계되었다. 따라서 인간이 진화하는 과정에서 필요하지 않았던 다른 유형의 정보는 배우기가 더 어렵다. 두 범주(쉬운 자료와 어려운 자료)로 구분하기는 쉽지만, 실제로는 독립적으로 보이는 두 범주가 서로 겹치는 경우가 많다.

쉬운 자료(생물학적 기본 자료)

• 얼굴 인식하기

• 모국어 배우기

어려운 자료(생물학적 2차 자료)

• 읽기, 쓰기 배우기

• 산수

구다. 우리는 진화 과정에서 두뇌를 선택하고 형성해왔다.

진화 과정에서 인간의 두뇌는 유연한 다목적 인지 처리 능력을 발달시켰다. 이런 광범위한 유연성은 다른 동물에게서는 찾아보기 힘든 능력이다. 인간의 두뇌는 마치 변신의 달인처럼, 원래의 용도와 전혀 다른 일을 하도록 신경 회로를 재구성할 수 있다. 예를 들어, 본래 얼굴을 알아보는 데 사용되던 뇌 영역이 읽기를 배우는 데 활용될 수 있다는 사실은 이러한 놀라운 유연성을 보여주는 대표적인 예시다.

다시 말해 어려운 일(2차 자료)을 배우려면 우리 두뇌가 인류 진화 과정에서 필요하지 않았던 방식으로 확장되고 재구성되어야 한다.

뛰어난 신경과학자 스타니슬라스 드핸이 연구한 신경세포 재활용 가설 역시 비슷한 결론에 이른다.[3] 읽기와 산수 같은 능력을 기르려면 두뇌에

교육의 뇌과학

서 다른 용도로 사용하던 부분을 재구성해야 한다. 그러나 드핸의 결론은 한 걸음 더 나간다. 두뇌는 새로운 기능을 습득할 때, 그 기능과 가장 유사한 역할을 하던 영역을 선택적으로 활용한다는 것이다. 중국어 같은 표의 문자를 배울 때는 두뇌에서 사물과 장면을 감지하는 부분인 후두측두골 피질이 활성화된다. 표의 문자 읽기를 전 세계 어느 문화권, 어디에서 배웠든 마찬가지다. 숫자 읽기는 두뇌에서 수량에 대한 기초적인 감각을 부호화하는 부분인 양쪽 두정 피질을 활성화한다.

다시 말해, 두뇌는 유연하지만 새로운 기술이 아무 부분에서나 발달할 수 있는 것은 아니고, 기존의 신경세포 연결 고리 및 해부학적 조건에 따른 제약을 받는다고 드핸은 결론 내렸다. 제한적인 유연성 때문에 어떤 부분의 뇌 손상은 다른 부분으로 기능을 옮겨서 회복할 수 있지만, 어떤

숫자, 문자를 처리하는 두뇌 영역

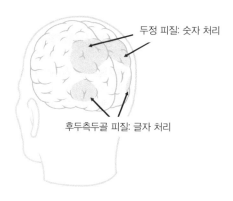

두정 피질: 숫자 처리

후두측두골 피질: 글자 처리

글자는 사물과 장면의 특성을 감지하는 후두측두골 피질을 활성화시키며, 숫자는 수량에 대한 기초적인 감각을 부호화하는 두정 피질을 활성화시킨다. 어떤 문화권에서 성장했든 활성화되는 두뇌 영역은 같다.

뇌 손상을 회복하려면 많은 재구성이 필요하다.[*]

어려운 자료일수록
교육자 주도 수업으로

신경세포 회로의 용도를 바꾸기란 쉽지 않다. 새로운 개념이나 기술을 배우려면 지도를 받으면서 며칠 혹은 몇 주 동안 의도적으로 연습해야 한다. 그리고 수학, 교육이나 의학 등의 분야에서 전문가가 되려면 여러 해가 걸린다. 전 세계에서 교육 제도가 발전해온 이유가 여기에 있다. 교육을 통해 두뇌 기능의 용도를 더 쉽게 바꿀 수 있기 때문이다. 학교 공부가 어려워지기 시작하면 아이들은 학습에 대한 흥미를 잃고, 부당하게도 교사들이 그에 대한 비난을 받는다.

가정 또는 문화적 환경 등으로 좋은 교육의 혜택을 받지 못한 아이들은 현대 사회에서 큰 불이익을 겪는다. 좋은 교육의 핵심인 두뇌 '용도 변경' 훈련을 받지 못했기 때문이다. 이 상태가 지속되면 좋은 교육을 받은 학생들은 쉽다고 생각하는 개념과 기술을 익히는 데도 어려움을 겪는다.

점점 더 어려운 자료와 씨름해야 하는 학생들의 두뇌를 효과적으로 재구성하려면 어떻게 해야 할까? 생물학적 2차 자료, 즉 진화적으로 준비되

---

[*] 그럼에도 뇌졸중 환자 치료 방식에는 혁명이 일어났다. 과거에는 환자들에게 회복될 때까지 누워 쉬라고 했지만, 오늘날에는 가능한 한 빨리 물리 치료를 시작해야 더 빨리 회복할 수 있다고 밝혀졌다. 빨리 활성화할수록 손상된 신경세포를 되살릴 가능성이 높기 때문이다. 다양한 뇌 손상에서 회복하는 방법, 더 나아가 새로운 감각까지 얻을 수 있는 방법을 알고 싶다면 데이비드 이글먼의 『우리는 각자의 세계가 된다』(알에이치코리아, 2022)를 참고하자.

지 않은 능력을 익힐 때는 교육자의 전문적인 지도가 더욱 중요하다는 것이다.[4]

먼저 교육자 주도 수업이 정확히 무엇인지부터 알아보자.

교육자 주도 수업에서 학생 주도 수업으로

교육자 주도 수업이란?

교육자 주도 수업에서 교육자는 학생들이 그 내용을 완전히 익힐 때까지 수업을 이끌면서 단계적으로 지도한다. 말하자면 교육자는 대본을 이용해 배우에게 대사를 알려주며 지도하는 영화감독과 같다. 감독은 배우들이 어디에 서거나 앉을지 알려주고, 때로는 감정을 이끌어내기 위해 본보기를 보여주기도 한다. 감독과 마찬가지로 교육자는 직접 보여주며, 솔직하게 말하고, 주의 깊게 관찰하며, 명확하게 설명한다. 물론 학습이 잘 이루어진다면 대본을 뛰어넘어 학생 스스로 공연하는 즉흥 연극이 된다. 학생이 잘해나가면 교육자의 지원은 서서히 줄어들어야 한다.

'직접 지도'와 '교육자 주도 수업'을 같은 의미로 사용할 때가 많다.[5] 흔히 그 방법을 "내가 하고, 우리가 하고, 네가 한다"로 표현한다. 교육자

---

* '직접 지도'라는 말은 두 가지 다른 의미로 사용된다. 1960년대 미국의 교육학자 시그프리드 엥글맨이 개발한 직접 지도는 매우 체계적인 교육 모델을 뜻한다. 이는 개념 중심의 커리큘럼 구성, 명확한 예시 활용 그리고 빈틈없이 계획된 교수 지침을 특징으로 한다. 반면 일반적으로 말하는 직접 지도는 엥글맨의 원칙을 기반으로 하되, 좀 더 유연하게 적용하는 교수법을 의미한다.

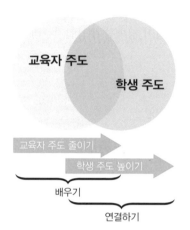

교육자 주도 vs. 학생 주도

교육자 주도
- "내가 하고, 우리가 한다."
- 정보를 짧게 나누어 설명
- 교육자의 시범
- 보여주며 설명
- 지도 받아 연습, 인출 연습
- 수정 피드백

교육자 주도

학생 주도

교육자 주도 줄이기

학생 주도 높이기

배우기

연결하기

학생 주도
- "네가 한다."
- 학생의 독립성 높음
- 교육자의 안내
- 문제 중심
- 조사
- 탐구
- 경험을 통해 배움
- 웹퀘스트

교육자 주도 수업과 학생 주도 학습이 완전히 반대되는 방법이라고 생각하는 경우가 많지만, 교육자 주도 수업을 잘 받아야 학생 주도 학습을 제대로 해낼 준비가 된다. 더 어려운 자료(생물학적 2차 자료)를 배울수록 독립적으로 공부(학생 주도)하기까지 지도(교육자 주도)가 더 많이 필요하다. 학생들의 신경세포 연결 고리가 강화되면 자율적인 학습을 할 수 있다.

는 전문적으로 지도하면서 새로운 내용이나 기술을 소개하고 가르친다. 학생들이 쩔쩔매지 않도록 새롭고 어려운 정보를 더 쉽게 소화할 수 있는 작은 부분으로 나누고, 학생들이 연습하는 과정을 감독한다.

직접 지도는 '배우고 연결하기' 방법을 활용한다. 배우는 단계에서 교육자는 새로운 개념이나 기술을 제시한다('내가 한다' 단계). 그러면 흩어져 있던 신경세포들이 연결 고리를 만들기 위해 서로를 찾는다. 그러나 직접 지도는 단순히 교육자가 개념을 설명하는 수업이 아니다. 그러면 단순한 강의가 되어 신경세포들 사이에 연결 고리가 형성되지 못한다. 직접 지도에서는 교육자가 다양한 사례와 시범을 통해 새로운 내용을 설명하

교육의 뇌과학

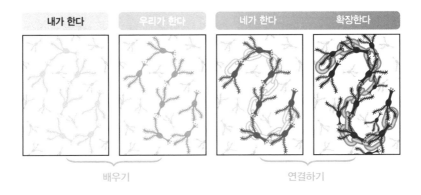

'배우고 연결하기' 과정에서 신경세포 연결 고리가 강화되는 과정이 어떻게 직접 지
도 단계와 연관되는지 알 수 있다.

고, 학생들은 따라하면서 연습할 기회를 충분히 가진다. 학생들이 연습하
는 동안 교육자는 조심스럽게 바로잡으면서 지도한다('우리가 한다' 단계).
그래서 배우기 단계에는 직접 지도의 '내가 한다'와 '우리가 한다' 단계가
모두 포함된다.

  학생들은 '네가 한다' 단계에서 스스로 여러 번 연습하고, 자신이 얼마
나 제대로 이해했는지 보여준다. '연결하기'는 직접 지도의 '네가 한다' 단
계에서 시작되지만, 거기에서 멈추지 않는다. 교육자는 학생이 신경세포
연결 고리를 강화하는 데서 그치지 않고 더욱 확장해 나가기를 원한다. 학
생들은 여러 조건에서 연습하면서 새로운 정보를 더하고, 다양한 관점으
로 생각한다.[6] 이러면서 연결 고리가 추가되어 신경세포 경로는 강화되고
확장된다. 데이비드 기어리는 "연결 고리는 원래부터 강하지 않다. 따라
서 새로운 연결 고리가 계속 이어져 있도록(새로운 지식을 오랫동안 유지하

도록) 긴 시간에 걸쳐 연습, 2차 학습을 해야 한다"라고 지적한다.[7]

이 "내가 하고, 우리가 하고, 네가 한다" 방법은 더 어려운 자료를 가르치는 발판이 되고, 점차 학생이 학습을 책임지게 한다. 처음에는 교육자가 책임지고 문제나 개념, 기술을 가르친다. 그리고 학생들을 지도하며 연습시키면서('우리가 한다') 서서히 학생에게 책임을 넘긴다. 단계를 너무 빨리 뛰어넘으면 새로 배운 정보가 신피질(장기 기억)에 쌓여서 강화되는 과정이 일어나지 않는다. 숙제를 하면서 좌절을 느끼거나 시험을 보다가 갑자기 얼어붙는 학생이 나오는 이유다. 이 경우에는 '우리가 한다' 단계에서 교육자의 지도를 더 오래 받아야 한다.

학생들이 개념을 잘 익혔다고 판단되면 대표 문제를 숙제로 내주는 게 좋다. 수업이 끝나고 몇 시간 뒤, 혹은 다음날 자습 시간에 숙제를 끝마치는 방식이 이상적이다. 숙제를 통해 새로 배운 지식을 잊지 않고 단단하게 다질 수 있기 때문이다.

직접 지도에도 능동적 학습이 포함된다. 직접 지도는 특히 처음 배우는 학생이나 작업 기억 용량이 작은 학생에게 효과적이다.[8] 이 방법을 활용하면 집중력이 약한 학생도 수업의 핵심 개념에 집중할 수 있다. 화학 방

1시간 수업 중 '직접 지도' 사례

설명	능동적 학습	설명	능동적 학습	설명	능동적 학습	설명	능동적 학습

직접 지도는 설명(혹은 보여주기)과 능동적 학습을 뒤섞는다. 나중에 살펴보겠지만, 교육 효과를 높이려면 설명과 능동적 학습을 예측하기 어렵게 뒤섞어야 한다.

교육의 뇌과학

정식을 푸는 방법이나 냉전이 끝난 요인을 설명하고 싶다면 직접 지도가 좋다. 많은 양의 정보를 이해하기 쉽게 세분화해 학생들이 활용하고 인출하고 연습해보게 하자. 교육은 학생들의 머리에서 무언가를 끌어내는 일이지, 집어넣는 일이 아니다.

효과적인 지도의 원칙

교육심리학자 버락 로젠샤인[9]은 효과적인 교육자 주도 수업에 필요한 요소를 다음과 같이 정리했다.

- 이전에 공부한 내용을 짧게 복습하면서 수업을 시작한다.
- 새로운 자료를 단계별로 조금씩 보여주고, 각 단계가 끝날 때마다 연습한다.
- 학생들이 한번에 받는 자료의 양을 제한한다.
- 명확하고 자세하게 설명하고 지도한다.
- 질문을 많이 하면서 이해했는지 확인한다.
- 많은 예를 보여주면서 모든 학생이 높은 수준의 능동적 연습을 하게 한다.
- 학생들이 연습을 시작할 때 지도한다.
- 생각을 입 밖으로 내어 말하면서 단계들을 제시한다.
- 예제의 본보기를 제시한다.
- 학생들에게 배운 내용을 설명하라고 한다.
- 모든 학생의 대답을 확인한다.
- 체계적으로 바로잡아주면서 지도한다.
- 필요하면 내용을 다시 가르친다.
- 독립적으로 연습할 수 있도록 학생들을 준비시킨다.
- 학생들이 각자 연습할 때 잘 살펴본다.

수동적 활동을 피하라

스누피로 유명한 찰리 브라운 만화를 보면 강의의 비효율성을 알 수 있다. 찰리의 선생님은 풍부한 지식을 전달하지만, 학생들 귀에는 "와 와와 와와" 하는 소리로 밖에 들리지 않는다. 그렇다고 학습 과정에서 설명을 듣고 보는 일이 쓸모없지는 않다. 설명 듣기는 치열한 인지 처리 과정이다. 그 과정이 너무도 극심한 나머지 학생들은 금방 지쳐 한눈을 판다. 그래서 강의 듣기를 수동적인 활동이라고 부른다. 학생들은 주의를 기울이는 것처럼 보이지만, 전혀 수업을 따라가지 않는다.

강의를 직접 지도로 바꾸려면 교육자가 강의의 핵심 개념을 작은 토막으로 나누어야 한다. 이 토막에는 인출 연습, 훈련, 소규모 모둠 토론 등 학생이 능동적으로 학습할 수 있는 방법이 고루 포함되어야 한다.

복잡한 생물학적 2차 자료를 배우려면 학생들이 그 자료와 능동적으로 씨름해야 한다. 단순한 스포츠 관람과는 다르다. 5~7분 정도 설명을 듣고 짝과 함께 필기 내용을 복습하기처럼 간단한 방법으로도 가능하다.

또한 학생들이 장시간 시청각 자료를 시청 또는 청취하면서 수동적으로 받아들이지 않도록 조심해야 한다. 「햄릿」을 읽고 분석한 후 실연 영상을 보면 훌륭한 휴식처럼 보이지만, 실제로는 귀중한 수업 시간을 낭비하는 꼴이다. 동영상은 집에서도 볼 수 있다. 게다가 학생들이 장시간 수동적으로 무언가를 보거나 듣다 보면 슬금슬금 딴짓을 하기 시작한다.

직접 지도를 하면서 동영상을 봐야 할 때는 그 목적을 분명히 정해 잠깐만 보여주고, 교육에 도움이 되는 질문지(빈칸 채우기, 객관식 또는 단답형 질문)를 나누어 주면 좋다.[10] 학생들이 동영상을 보면서 질문지에 답을 써넣게 한다. 중간중간 동영상을 멈추고 추가로 설명하거나 헷갈리는 부분들을 명확히 알려주고, 학생들이 의견과 소감을 이야기하게 해도 좋다.

교육의 뇌과학

후속 조치로 동영상에서 본 내용에 대해 어떻게 느꼈는지와 관련해 추가 활동을 할 수도 있다.

다시 한번 강조하지만, 강의와 직접 지도는 같지 않다. 많은 사람이 두 가지를 혼동한다. '직접 지도'라는 용어를 사용하면 보통 "강의 말이죠?"라고 반응하는 교육자가 많다. 또는 "네, 저도 직접 지도를 활용해요. 수업 시간 내내 내용을 설명하고, 그다음 숙제를 내서 연습하게 하죠"라고 대답하는 경우도 많다. 그러나 일방적으로 긴 시간 강의만 하는 수업은 직접 지도가 아니다. 그저 학생에게 좌절감을 안겨주는 독백일 뿐이다. 그러고는 학생들을 내팽개쳐 혼자 연습하게 만든다. 학생(특히 느리게 배우는 학생)이 공부가 너무 어렵다고 느끼는 것도 당연하다!

직접 지도 vs. 학생 주도 학습

교육법을 스펙트럼으로 정리하면, 한 극단에는 직접 지도 혹은 교육자 주도 수업이 있다. 학생 주도 학습은 그 스펙트럼의 반대편 끝에 있으며, 교육자가 최소한으로만 지도하는 여러 방법을 한데 묶어 지칭한다. 발견하고, 탐구하고, 문제 중심적이며, 실험적인 학습, 또는 구성주의 학습(학습자가 자신의 경험과 이해를 바탕으로 능동적으로 지식을 구성해나가는 학습 방식—편집자) 등이 학생 주도 학습에 속한다. 요즘은 '학생 중심'이라는 용어를 많이 사용하지만, 개인적으로는 '학생 주도' 학습이라는 용어를 더 선호한다. 그편이 상황을 더 잘 설명하기 때문이다.

학생 주도 방법에서는 학생을 전문가처럼 대우한다. 학생은 이 과정에서 조사하고, 발견하고, 스스로 의미를 만들어가야 한다. 교육자는 학생에게 학습에 필요한 자료를 제공하지만, 구체적인 지도, 정보나 대답은 선뜻 제공해주지 않으려고 한다.[11]

직접 지도와 학생 주도 학습 모두 능동적 학습이 필요하다. 직접 지도에서는 학생이 내용을 하나하나 익히도록 교육자가 도와주고, 그 과정에서 학생들이 숙달된 모습을 보여주게 한다. 반면 학생 주도 학습에서는 학생에게 많은 독립성을 부여한다. 교육자는 옆에서 안내자 역할을 하고, 학생은 경험이나 실험을 통해 의미를 찾아낸다.

문제는 학생 주도 방법을 너무 일찍 시작하는 경우가 많다는 점이다. 그러면 학생은 잘 모르는 복잡한 자료를 처음부터 스스로 배우려고 애써야 하기에 쉽게 좌절감을 느낀다. 비유하자면 말로 개념을 배우는 것만으로는 부족하고 도로의 규칙을 이해하고 적절한 운전 기술을 발휘할 수 있게 된 뒤에야 학생 스스로 운전대를 잡고 학습을 주도할 수 있다.

직접 지도와 학생 주도 학습 모두 적절한 때가 있다. 직접 지도에서 '내가 한다'와 '우리가 한다' 단계는 학생이 배우는 단계다. 학생이 스스로 잘할 수 있다는 사실을 보여주면 그 뒤에는 학생 주도 방법이 적절하다. 안정적이지는 않더라도 자료가 신피질 안에 있기 때문이다. 이 시점에서 학생은 연결할 준비가 되어 있다. 즉, 신경세포 연결 고리를 독립적으로 강화하고 확장할 수 있다. 이런 식으로 직접 지도와 학생 주도 학습이 서로 어우러질 수 있다. 교육의 궁극적인 목표는 학생에게 새로운 정보와 기술을 가르쳐 독립적으로 학습할 수 있게 만드는 일이다.

자료를 완전히 익힌 학생은 웹퀘스트WebQuest* 같은 학생 주도 방식의 추가 학습으로 넘어갈 수 있기 때문에, 교육자는 아직 그 내용을 이해하느라 씨름하는 느린 학생을 집중적으로 돕는 시간을 확보할 수도 있다.

직접 지도가 필요한 이유

생물학적 기본 자료는 쉽고 재미있게 배울 수 있다. 많은 학생이 자연스럽게 친구를 알아보고 사귄다. 마찬가지로 친구들과 수다를 떨거나 장난감을 가지고 놀거나 어울려 노는 일 모두 우리가 태어나면서부터 자연스럽게 해온 활동이다. 이런 기본 활동은 편안하고 재미있기 때문에 모든 학습이 언제나 쉽고 재미있어야 한다고 생각할 수 있다.

그러나 2차 자료는 본질적으로 학습하기 어렵다.[12] 집중적으로 노력하면서 더 많이 공부해야 한다. UCLA의 인지심리학자 로버트 비요크는 이런 어려움을 긍정적으로 봐야 한다고 주장한다. 그의 '바람직한 어려움'에 관한 연구에 따르면, 집중적인 노력이 오히려 더 효과적인 학습을 가능하게 한다.[13] 가장 어려운 부분을 공부함으로써 더 빨리 학습할 수 있게 하는 '의도적인 연습' 개념도 마찬가지다.[14]

2차 자료 학습이 교육자에게는 쉬워 보이지만, 새로 배우는 학생들에게는 그렇지 않다. 수천 년에 걸쳐 간단한 산수조차 그 풀이법이 제대로

---

* 웹퀘스트는 교사가 미리 설계한 인터넷 기반 학습 활동으로, 학생들이 실제 문제를 해결하는 과정에서 필요한 정보를 찾고 분석하며 종합하는 능력을 기를 수 있게 한다. 예를 들어, "지속가능한 도시 설계하기" 같은 과제가 주어지면, 학생들은 제공된 웹 리소스를 활용해 환경, 교통, 에너지 등 다양한 측면을 고려한 해결책을 찾아나간다.

알려지지 않았던 이유가 바로 여기에 있다.[15] 학생들의 작업 기억에는 한계가 있고, 이는 2차 정보를 배울 때 장애물로 작용한다. 학생들은 문제를 처음 보면 어떻게 풀어야 할지 모른다. 잘못된 방법은 수천 가지지만, 올바른 방법은 3~4가지밖에 되지 않는다. 학생 주도 방법을 너무 일찍 활용하면 학생들이 정답을 찾는 방법을 하나하나 검토하느라 엄청나게 오랜 시간이 걸린다. 좌절감에 빠져 공부를 포기할 수도 있다.[16]

기본 학습은 저절로 형성되는 신경세포 경로에 기초한다. 잘 꾸며놓은 공원처럼 정돈된 곳에서는 어느 길로 가야 할지 쉽게 알 수 있다. 그러나 2차 학습은 나무가 빽빽하게 들어찬 정글에서 길을 개척하려 애쓰는 상황과 비슷하다. 신경세포는 제멋대로 뻗어나간 가지돋기 나무와 덩굴 사이를 헤치고 나가기 어려울 뿐 아니라, 어떤 방향으로 가야 할지조차 알기 어렵다. 한 걸음씩 내딛을 때마다 실수하고 혼란에 빠진다. 몇 걸음 걷다 보면 같은 자리를 빙빙 돌고 있다는 사실을 깨달을 수도 있다.

법안이 법률이 되기까지의 과정, 소화기관 작동 방식이나 수학 방정식 등 2차 자료를 이해하기 위한 새로운 신경세포 연결 고리를 만들려면 궁극적으로 신경세포 연결 고리를 옆으로 옮기고, 늘리고, 용도를 변경해야 한다. 이는 쉽지 않은 일이다. 그래서 교육자가 단계적으로 세심하게 이끄는 직접 지도가 매우 중요하다.

학생들이 처음에 희미한 신경세포 연결 고리를 만든 다음 이를 강화하려면 배우는 단계가 필요하다. 그러니 직접 지도를 주로 활용하는 나라에서 학업 성취도가 더 높은 것은 놀랄 만한 일이 아니다.[17] 탐구 중심의 학습은 어려운 개념과 기술을 완전히 익힌 후에나 의미가 있다. 교육자의 세심한 지도 없이 어려운 자료를 익히려 하면 학생은 길을 잃는다. 작업 기억 용량이 작아서 느리게 배우는 학생이 가장 힘들어한다.

그러나 작은 작업 기억 용량을 반드시 결점이라고만 할 수는 없다. 단지 가르치고 배우는 방법이 다를 뿐이다. 이 책의 공동 저자인 오클리는 자신의 작업 기억 용량이 크진 않았지만, 오히려 그 덕분에 독창적인 영역에서 성공할 수 있었다고 밝힌다. 물론 새로운 자료를 완전히 익히기 위해 다른 사람보다 더 열심히 노력할 필요는 있다. 그러나 오클리는 느린 두뇌 덕분에 다른 동료들은 지나친 참신한 관점으로 세상을 볼 수 있었다.

때로는 너무 과하게 지도해도 문제가 된다. 회복탄력성을 가질 정도로만 섬세하게 도와주어야 한다. 부모나 교육자가 과도하게 도와주면, 학생들은 어려움에 부딪힐 때마다 쉽게 포기하고 다른 사람이 해결해주기를 기대하게 된다. "괜찮아, 적어도 노력은 했잖아"라는 위로를 받는 것에만 익숙해지는 것이다. 따라서 정답을 직접 알려주기보다는, 학생이 스스로 답을 찾아갈 수 있는 발판을 마련해주는 직접 지도가 필요하다.

학생들을 계속
집중시키는 법

학생들의 표정이 혼란스럽거나 전자기기에 더 관심을 보인다면, 교사의 설명이 너무 길어지고 있다는 신호다. 학생들이 배운 내용을 잘 이해하고 있는지 퀴즈나 간단한 문제 풀이와 같은 형성 평가를 수업 중간중간 실시하자. 이러한 수시 점검을 통해 학생들의 이해도를 확인하고, 학습 속도가 각기 다른 모든 학생의 집중력을 지속적으로 유지할 수 있다.

대표적 형성 평가 방법에는 다음과 같은 것들이 있다.

- 잠시 멈추고 기억해내기
- 짝을 지어 바로잡기
- 1분 동안 요약하기
- 이해가 잘 가지 않는 부분을 1분 동안 살피기
- 차례차례 대답하기
- 생각하고 짝지어 이야기 나누기

혹은 학생들의 흥미를 자극하기 위해 다음과 같은 '상태 변화'를 시도해봐도 도움이 된다.

교육의 뇌과학

- 관련된 이야기를 간단하게 들려주기

- 흥미를 자극하는 문제 내기

- 유머 곁들이기

- 음악을 약간 틀어놓기

- 움직임을 곁들이기

- 일어나서 스트레칭하기

- 야외 학습하기

직접 지도
수업 방법

수업 사례

중학교 2학년 생물 시간이다. 오늘 수업에서는 부모의 유전형질을 바탕으로 자녀의 유전형질 경우의 수를 정리하는 퍼넷 사각형을 학생들에게 알려주려 한다(실제로는 사실, 개념이나 절차에 대해 배우는 모든 수준의 모든 수업에 적용할 수 있다).

학생들과 함께 할 일

수업을 시작하기 위해 학생들에게 귀를 씰룩씰룩 움직일 수 있는지 혹은 혀를 말 수 있는지 물어보면서 흥미를 북돋운다. 이런 이상한 능력도 머리 색깔과 키처럼 유전적 특성의 예다.

생각한 내용을 써보고 짝지어 이야기를 나누게 하면서 이전 수업에서 배운 내용을 상기시킨다. 학생들에게 생물학적 특성이 한 세대에서 다음 세대로 어떻게 전달되는지 설명해보라고 한다. 대답을 들으며 수업을 계속할 준비가 되었는지 확인한다. 일부 핵심 개념을 기억하지 못하면 바로 잡아주면서 꼭 필요한 내용을 더 자세히 알려주자.

학생들에게 혀를 말아보라고 하면서 수업을 활기차고 재미있게 만들

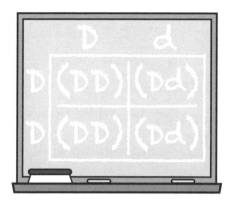

어머니의 유전자형은 왼쪽에 세로로, 아버지의 유전자형은 사각형 위에 가로로 표시한다. 대립 유전자 중 우성 대립 유전자는 대문자, 열성 대립 유전자는 소문자로 쓴다.

수도 있고, 어제 배운 자료를 다시 떠올려보라고 하면서 학생의 사전 지식을 활용할 수도 있다. 수업을 시작하는 이런 모든 요소가 직접 지도의 일부다.

수업에서 본론으로 들어가기 전에 학생들은 최종 목적지를 알아야 한다. 다시 말해 어디를 겨냥해야 하는지 알아야 과녁을 맞힐 수 있다.[18] 오늘 수업에서는 저마다 자신의 퍼넷 사각형을 완성하는 방법을 배운다고

---

* 직접 지도, 탐구 학습, 개념 얻기, 소크라테스식 문답법 세미나, 어휘 습득, 귀납적 교육, 거꾸로 교실, 통합 교육 등등 다양한 교육 방법이 있다. 이 책에서는 효과가 가장 좋은 직접 지도에 대해 살펴볼 예정이지만, 직접 지도가 아니라도 학생들의 사전 지식을 활용하여 흥미를 끌 수 있는 질문으로 수업을 시작하는 것이 좋다.

설명하자. 그다음 한번에 너무 많은 양의 지식을 쏟아내 학생들이 쩔쩔매지 않도록, 체계적으로 듣고, 적용하고, 연습할 수 있도록 준비해야 한다.

그레고어 멘델 이전의 과학자들은 형질이 유전될 수 있다는 사실을 전혀 이해하지 못했다는 점을 언급하는 것도 좋다. 이런 2차 지식이 만들어지기까지 수백 년이 걸리기도 한다.[19]

1부: 퍼넷 사각형 만들기

'내가 한다' 단계

이 단계에서 교사는 사실과 예시를 설명한다. 예시가 복잡할수록 천천히 설명한다. 학생들이 이미 배운 어휘를 새로운 맥락에서 강화하는 과정이다. 교사는 보조개가 있는 우성 대립 유전자와 보조개가 없는 열성 대립 유전자를 물려받은 자손이 보조개가 있는 자손을 낳은 예시를 설명한다. 우성 대립 유전자가 열성 대립 유전자를 물리친 것이다. 어떤 부분은 어머니를 닮고, 또 어떤 부분은 아버지를 닮은 이유가 바로 여기에 있다.

그러면 학생들은 어떤 형질은 유전되고 어떤 형질은 그렇지 않은지 궁금해할 것이다. 교사가 학생들도 퍼넷 사각형을 활용해 직접 알아낼 수 있다고 알려주면, 학생들은 이를 이용해 재미있게 놀 수 있을 뿐 아니라, 새로 배우는 지식이 자신과 어떻게 관련이 있는지 알게 된다!

교사는 화이트보드에 2×2 퍼넷 사각형을 그리고 학생들에게 설명하면서 빈칸을 채운다. 교사는 말로 설명하는 단계에 맞춰 화이트보드에 쓴다. 학생들이 어느 부분에서 어려워할지 예상하고 추가로 설명하거나 도움이 되는 요령을 알려줄 수도 있다.

'우리가 한다' 단계

학생들이 짝을 지어 연습하게 하자. 그러면 생각하는 과정을 말로 표현할 수 있고, 이형 접합성과 동형 접합성, 우성과 열성처럼 새로 배우는 어휘를 편안하게 말할 수 있게 된다. 학생들이 퍼넷 사각형을 완성하는 동안 교사는 학생들 사이를 돌아다니면서 새로 배운 용어를 어떻게 사용하는지 듣고 어떤 실수를 하는지 살펴본다. 학생들이 개념을 파악하지 못하면 시간을 내어 실수를 지적하고 필요에 따라 다시 가르친다.

'네가 한다' 단계

학생들에게 새로운 문제를 내고 직접 풀어보게 한다. 연습을 통해 학습 내용이 단단히 자리 잡고, 자동성을 키우는 데도 도움이 된다. 너무 어려운 자료를 급하게 가르치려 해서는 안 된다. 학생들이 완전히 익혔다는 사실을 보여주면 다음 부분으로 넘어갈 준비가 된 것이다. 이제 한 단계 더 끌어올리자.

2부: 퍼넷 사각형 풀기

'내가 한다' 단계

퍼넷 사각형에 확률과 비율을 덧붙이면 내용이 한층 더 어렵고 복잡해진다. 부모의 대립 유전자가 결합하는 방식에는 여러 가지가 있다. M&M처럼 여러 색깔의 초콜릿을 이용해 자손에게 유전자가 전달되는 과정을 눈으로 보여줄 수도 있다.

점점 복잡하고 어려워지는 문제를 더 풀어본다. 칠판에 예시를 남겨두면 학생들이 '우리가 한다' 단계에서 참고할 수 있다.

표현형	유전자형	초콜릿 색깔
보조개 있음	동형 접합성 우성(DD)	D=녹색
보조개 없음	동형 접합성 열성(dd)	d=회색
보조개 있음	이형 접합성(Dd)	

유전자형에서 동형 접합성 우성은 25퍼센트, 이형 접합성은 50퍼센트, 동형 접합성 열성은 25퍼센트로 1:2:1 비율이 된다. 표현형은 유전자형에서 비롯되므로 보조개가 있을 확률은 75퍼센트, 보조개가 없을 확률은 25퍼센트다.

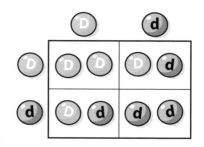

'우리가 한다' 단계

학생들이 충분히 연습할 기회를 준다. 학생 수준에 따라 차별화 수업을 할 수도 있다. 통계에 대한 사전 지식이 많은 학생은 이 단계를 금방 이해한다. 그런 학생에게는 처음부터 연습 문제를 섞어서 가르친다. 몇 가지 예습 문제를 주면 앞서 나갈 수 있다. 복습이 필요하고 다시 가르쳐야 하는 학생도 있다. 그런 학생은 교사가 가르친 내용과 거의 똑같은 내용으로 연습을 시작해야 한다.

'내가 한다' 단계

학생들이 충분히 연습했다고 판단하면 아무 도움도 주지 말자. 칠판에 남겨둔 예시를 모조리 지운다. 다만 학생들이 완전히 길을 잃고 헤매지

교육의 뇌과학

않도록 주의해야 한다. 학생들이 실수한다면 교사가 도움을 주어야 한다.

형질이 많을수록 내용은 더 복잡해지고, 학생들은 점점 어렵다고 느낄 것이다. 직접 지도의 '내가 한다, 우리가 한다, 네가 한다' 방법을 통해 학생들을 계속 가르치되, 학생들이 '우리가 한다' 단계를 시작하기 전 '내가 한다' 단계에서 너무 많이 가르치지 않도록 주의해야 한다.

학생들이 그 개념을 완전히 익히면 학생 주도적인 탐구나 문제 해결 중심 학습으로 넘어갈 수 있다. 이렇게 하면 잘 이해하지 못하는 학생을 일대일 또는 소규모로 도와줄 시간이 생긴다. 또한 이 개념에 대해 몇 주 후에 물어보고 기억하지 못하는 학생을 다시 가르쳐도 좋다.

피해야 할 일

'내가 한다' 단계에서 웅얼거리며 설명하지 않도록 주의해야 한다. 학생들이 집중하면 교사는 강의하듯 가르치기 쉽다. 경험상 작업 기억 용량이 작은 학생에게는 매번 짤막한 정보를 보여주고('내가 한다' 단계), 정보를 인출 연습하는 기회를 더 많이 주어야 한다('우리가 한다' 단계).

설명할 때 너무 빨리 말하지 않도록 주의하자. 학생에게는 정보를 처리할 시간이 필요하다. 교사가 말한 내용을 해마가 소화해서 신피질에 전달하는 데 걸리는 시간을 생각하자. 그러면 말하는 속도를 늦추는 데 도움이 된다.

전문성의 저주

마진 레볼루션 대학의 학습 설계 책임자 로먼 하드그레이브는 교사들이 자주 빠지는 함정에 대해 다음과 같이 말한다.[20]

교사는 (a) 자신이 지닌 전문 지식이 교육에 어떻게 방해가 되는지 먼저 깨달아야 한다. 그리고 (b) 효과적으로 소통하지 못하는 부분을 적극적으로 찾아내서 바로잡는 체계를 만들어야 한다.

강사들과 함께 동영상을 제작할 때마다 이런 상황을 목격한다. 강사들은 자신에게는 쉽지만, 처음 배우는 사람은 혼란스럽게 느낄 설명을 한다. 아직 제대로 소개하지도 않은 전문 용어를 그냥 사용하는 경우도 많다.

교사가 그 내용을 처음 배울 때 어렵다고 느꼈던 부분을 떠올려보면 이런 문제를 피할 수 있다. 또한 학생들이 내용을 이해하지 못하고 얼렁뚱땅 넘기고 있는 것은 아닌지 유심히 살펴보아야 한다. 여러 학생이 같은 실수를 하는 부분이나, 학생이 개념을 틀리게 설명하는 부분을 확인하고 바로잡아준다.

모든 과목에 적용 가능한 원칙

직접 지도는 다양한 개념과 기술을 가르친다. 특정한 어휘, 두 점을 통과하는 선의 기울기 구하는 법, 북반구의 날씨 패턴, 논술문 쓰기 기초 등 어떤 지식을 가르치든 직접 지도로 수업을 시작하면 모든 학생이 공평하게 경쟁할 수 있다.

수업을 계획할 때 교사 자신이 그 내용을 처음 배울 때 가장 씨름했던 부분을 생각해보자.[21] 처음으로 화학 방정식을 풀거나 소설에서 아이러니를 찾으려 했을 때를 떠올려보면 도움이 된다. 그리고 어려운 내용을 작은 부분으로 나누어 인지 과부하를 피하면 더 어려운 내용으로 넘어갈 때마다 작은 승리를 맛볼 수 있다.

학습 내용을 장기적으로 두뇌에 저장하려면 같은 내용을 1시간 동안 계속 연습하기보다 5~10분씩 나누어서 며칠, 몇 주에 걸쳐 복습하는 방법이 더 효과적이다. 한꺼번에 많이 연습(벼락치기)하면 단기적으로는 효과가 좋지만, 오래가지 못한다. 학생들이 잊어버리기 시작하면 기억을 되살리기 위해 더 열심히 노력해야 한다. 그러면 망각을 막으면서 학습을 강화해 더 쉽게 기억하고 장기적으로 기억을 활용할 수 있게 된다.[22]

정보와 기술을 장기적으로 유지하면 학생들은 독립적으로 학습하면서 자기 주도적으로 학습하는 방법을 익힐 수 있다. 뉴턴의 법칙, 수직 방향과 수평 방향의 힘이 어떻게 작용하는지를 먼저 확실히 이해하지 못하면 다리를 건설하는 방법을 알 수 없는 것과 마찬가지다.

KEY IDEAS

- 생물학적 기본 자료, 즉 쉬운 내용은 우리 두뇌가 자연스럽게 배울 수 있는 정보다. 얼굴을 알아보거나 모국어로 말하는 방법 배우기 등이 이에 속한다.

- 생물학적 2차 자료는 읽기와 산수 같은 어려운 내용이다. 우리 두뇌는 진화하는 과정 중에 이런 자료를 학습할 필요가 없었기에, 이를 이해하기 위해서는 두뇌를 새롭게 재구성해야 한다.

- 직접 지도에서는 새로운 내용을 작은 부분으로 나누어 설명한 다음 적극적으로 인출 연습을 시킨다. 강의와 직접 지도는 다르다. 강의는 대체로 수동적이지만, 직접 지도에는 능동적 학습이 포함된다.

- 학생들의 작업 기억에는 한계가 있어 2차 자료를 학습하기 어렵다. 연구 결과에 따르면, 생물학적 2차 자료를 가르칠 때는 직접 지도가 더 적합하다. 직접 지도 수업은 학생들이 어려운 개념을 숙달할 수 있도록 발판을 마련해주어 능동적인 학습을 가능케 한다.

- 학생들이 능숙하게 해내면('배우기' 단계) 그 자료는 안정적이지 않더라도 신피질에 입력되어 '연결하기' 단계로 진입할 준비가 된 것이다. 이때 학생 주도 학습을 통해 신경세포 연결 고리를 독립적으로 강화하고 확장할 수 있다.

교육의 뇌과학

제 6 장

생각하지 않아도
답이 나오게 하는 법

화창한 금요일, 주말에 채점할 시험지와 일거리를 들고 주차장을 가로지르는데, 저만치 배가 나온 젊은 여성이 이쪽을 향해 손을 흔든다. 최근에 우리 학교로 전근 온 교사 벨라다. 그제야 벨라의 임신 축하 파티가 내일이라는 사실이 기억난다. 아! 축하 파티도 까먹었을 뿐만 아니라, 선물도 준비하지 못했다!

곧장 벨라에게 무슨 선물을 줄지 고민하기 시작한다. 어디 보자, 벨라가 스키를 타던가? 그런데 스키용품이 임신 축하 선물로 적당할까? 아, 그렇지. 딸의 소프트볼 경기를 남편과 함께 보러 가려면 내일 일정을 조정해야 한다.

20분 후, 여전히 벨라와 파티에 대한 생각에 골몰한 채 집에 도착한다. 하지만 그 과정에서 어떻게 길을 찾고 운전했는지는 기억도 나지 않는다. 정신을 차려보니 집 앞이다.

의식적으로 생각하면 집까지 오는 길을 쉽게 떠올릴 수 있다. 첫 번째 신호등에서 좌회전한 다음 24번 출구가 나올 때까지 고속도로를 곧장 달린다. 마지막으로 몇 번 좌회전과 우회전을 거쳐 집 앞 도로로 진입하면 된다. 그런데 운전할 때는 이 순서를 전혀 의식하지 않는다. 순전히 무의식적 사고다.

이런 무의식적 사고는 학습과도 깊은 관련이 있다. 이 장에서는 무시하기 쉽고 주로 무의식적으로 이루어지는* 절차적 학습에 대해 살펴보려고 한다. 자세한 이야기를 시작하기에 앞서, 3장에서 살펴본 서술적 학습과 이 장에서 소개할 절차적 학습이 어떻게 다른지 알아보자.

서술적 경로 us. 절차적 경로

정보가 신피질의 장기 기억으로 들어가는 경로는 두 가지가 있다. 각각의 경로는 서술적 학습과 절차적 학습이라는 학습 체계를 따로 형성한다.

교육자가 무엇을 해야 하는지 단계별로 보여주면서 설명하거나, 어떤 사실을 말로 설명하는 방식은 서술적 기억 체계를 통해 가르치는 것이다. 서술적 생각은 작업 기억에서 해마를 거쳐 신피질의 장기 기억으로 이동한다. 이 경우 학생은 자신이 무엇을 배우고 있는지(대부분**) 의식한다.

장기 기억으로 정보를 전달하는 두 번째 방법은 절차적 학습 체계다. 우리 두뇌는 만약의 사태를 위해 백업 회로를 갖춘 컴퓨터와 비슷하다. 이 절차적 학습 체계 아래서는 우리가 보고, 듣고, 느끼는 정보가 기저핵

---

* 신경과학적으로 '무의식'이라는 용어는 의식이 없는 상태의 사람(혼수상태나 식물인간 상태)이나 의식하지 않으면서 처리하는 정보, 즉 일반적으로 우리가 의식하지 않는 뭔가를 의미한다. 일부 유럽 연구자들은 프로이트의 무의식 개념과 차이를 두려고 '비의식'이라는 용어를 사용하기도 한다.

** 논의의 편의성을 위한 표현이다. 사실 연구자들은 서술적 기억 대부분이 명확한 지식의 바탕이 되는지 확실히 알지 못한다. 서술적 기억 역시 어느 정도는 우리가 무엇을 하고 있는지 모르면서 행하는 과정일 수도 있다.

교육의 뇌과학

및 관련 조직을 통해 걸러져 장기 기억으로 이동한다.[2]

절차적 체계는 습관적 행동의 바탕으로, 보통 학교에서 의식적으로 지식을 배우는 학습과는 완전히 다른 것으로 여겨진다. 1960년대에 인지과학이 학문으로 정립되면서 습관과 관련된 절차적 학습에 관한 연구는 시대에 뒤떨어진 것으로 받아들여지기도 했다. 최근에 와서야 절차적 학습에 관한 연구가 다시 주목을 받고 있지만[3] 아직 교육 현장에는 그 변화가 미치지 못하고 있다.

기저핵은 신피질 전체에서 정보를 받아들였다가 신피질로 다시 되돌려주면서 크고 둥근 고리를 만든다.** 그 고리를 한 번 회전하는 데 0.1초가 걸린다. 이 과정을 통해 일련의 행동과 생각을 학습해서 장기 기억의 신경세포 연결 고리에 저장하며, 이런 연결 고리가 차례차례 사고, 언어, 노래와 관련된 두뇌 상태와 행동을 만들어낸다. 예를 들어, 무심코 뜨거운 난로를 만지면 '아파!' 하고 반응하게 되고, 이로 인해 뜨거운 난로를 만지지 말아야 한다는 사실을 배운다. 달콤한 열매를 맛보면 그 열매를 계속 찾아다니도록 도파민 중심 강화 학습 체계(8장 참조)가 두뇌를 재구성하는 것도 이 때문이다.

작업 기억은 절차적 연결 고리를 만들어내지 않는다.[4] 그러나 일단 만들어지고 나면 그 연결 고리를 이용할 수 있다. 작업 기억이 절차적 연결 고리에 다가가면 그 연결 고리의 세세한 부분까지는 아니더라도 중요한 측면은 의식할 수 있다(자전거를 의식적으로 오른쪽으로 돌릴 수는 있지만, 자

---

* 이 책에서는 서술적 경로와 절차적 경로를 명확한 사고나 암시적 사고와 관련시키지 않고, 특정한 두뇌 체계로 취급하는 신경과학 전통을 따른다.

** 엄밀히 말하면 전체 피질이지만, 신피질이 가장 큰 역할을 한다.

전거를 움직이는 근육의 자세한 움직임까지는 생각하지 않는 것과 같다). 작업 기억을 통해 의식적으로 더 잘 알게 될수록 절차적 체계로 넘어가게 되는 것으로 보인다. 농구의 자유투, 골프 스윙, 활을 쏘는 동작을 의식적으로 익히면 의식하지 않아도 자유자재로 할 수 있는 것이 그 때문이다. 서술적 체계가 아니라 절차적 체계로 넘어가야 생각이 신속하고 순조롭게 흘러간다.

연설도 마찬가지다. 이 책의 공동 저자인 로고스키가 연설 동아리를 지도하던 중에 있었던 일이다. 동아리 학생들은 연설을 너무 많이 연습해서 스스로 무슨 말을 하고 있는지조차 생각할 필요가 없는 상태가 되었다. 그러나 도중에 집중이 깨져 '무아지경'에서 벗어나면 완전히 혼란에 빠졌다. 무의식적으로 말이 술술 나오는 절차적 체계에서, 이야기를 다시 이어나가려면 무슨 말을 해야 할지 알아내려 하는 서술적 체계로 넘어가는 전형적인 모습이었다.

숙련된 교사는 가르치는 내용에 너무 익숙해져서 서술적 작업 기억으로 학생들의 표정을 읽고(매디슨이 뒤에서 장난을 좀 치려는 모습도 보인다) 학생들이 할 질문을 예상하면서 동시에 절차적 체계를 통해 거의 자동으로 말할 수 있다. 서술적 체계에서 절차적 체계로 자연스럽게 전환할 뿐 아니라 어렵지 않게 두 체계를 동시에 활용할 수 있다. 뜨개질을 처음 배우는 사람은 방법을 익히느라 서술적 체계로 집중하는 반면, 뜨개질에 능숙한 사람은 즐겁게 수다를 떨면서 동시에 뜨개질을 할 수 있는 것과 마찬가지다.

이 절차적 체계는 암암리에 작동하기 때문에 작업 기억이나 해마조차 사용하지 않는다. 그 대신 주로 피질 신경세포 경로와 기저핵 사이 둥근 고리에 있는 신경세포망에서 날마다 조금씩 이루어진다.

절차적 체계를 통한 교육에는 연습이 많이 필요하다. 그래서 절차적 학습은 서술적 학습보다 느리게 진행된다. 그러나 절차적 체계를 통해 학습하면 서술적 체계를 통해 형성한 지식보다 더 신속하게 자동으로 처리하고 실행할 수 있다.

자동성과 절차적 학습의 놀라운 힘

공동 저자 바버라 오클리의 사례를 들어 절차적 학습의 예시를 살펴보자.

20분 분량의 일반적인 TED 강연을 하려면 70시간은 연습해야 한다. 그래서 오클리는 다가오는 TED 강연을 앞두고 몇 주 동안 충실하게 연습했다. 결과적으로 잔뜩 긴장은 했지만 강연을 부드럽게 진행할 수 있었다. 아마 거꾸로 매달아도 유창하게 말을 이어갔을 것이다. 강연하는 동안 오클리는 제 입술이 움직인다는 사실을 의식했지만, 자신이 무슨 말을 하고 있는지는 생각할 필요조차 없었다. 너무 긴장해서 생각할 겨를이 없었으므로 오히려 다행이었다!

최근에는 카메라와 청중들 앞에 서는 데 능숙해져서, 오클리는 이야기 중에 적절한 통찰력이 담긴 말이나 농담도 쉽게 던진다(두 가지 질문을 동시에 받을 때가 가장 고역이다. 첫 번째 질문에 대답하는 동안 머릿속에 떠오르는 생각이 너무 많고 작업 기억 용량도 크지 않아서 두 번째 질문을 잊어버리는 경우가 많기 때문이다).

강연 중 갑작스러운 정전 같은 피할 수 없는 악몽 같은 상황에서도 오클리는 잘 해낸다. 문제가 발생하면 신속하게 대응하는 것처럼 보이지만, 이전에 많이 연습해서 그 주제와 관련해 재빨리 판단할 수 있기 때문이다. 그래서 세상이 느리게 흐르는 것처럼 보이고, 생각하거나 대응할 시간을 충분히 가질 수 있다. 테니스와 야구, 크리켓 프로 선수들의 재빠른 반응 속도와 비교해도 뒤지지 않는다. 얼마 되지 않는 사람들 앞에서도 강연은커녕 숨쉬기조차 힘들어하면서 안절부절못하던 이전과는 완전히 다르다!

오클리는 절차적 체계 덕분에 청중 앞에서 긴장을 풀 수 있었다. 이는 매끄러운 강연 진행뿐만 아니라 다른 측면에서도 매우 중요하다. 강연 경험이 많은 연구자들은 청중이 질문하는 내용에서 강력하고 창의적인 자극을 받기 때문이다. 예를 들어, 신경과학자 마이클 울먼은 스포츠 학습과 학문적 배움의 관계를 묻는 청중의 질문을 받고 호기심이 발동했고, 덕분에 중요한 연구 결과를 발견해 '깨달음'의 순간에 이르렀다(마이클 울먼의 호기심에 대해서는 앞으로 더 살펴볼 것이다). 학습은 일방통행이 아니다. 설명하는 사람과 듣는 사람 모두가 배우는 과정이다.

앞에서 이야기했듯 빨리 배우는 학생(새로운 학습 분야에 대한 배경 지식

난독증과 절차적 체계

난독증은 절차적 체계가 일반적으로 작동하지 않으면 어떤 일이 발생하는지 알려주는 예시다. 난독증은 단순히 글을 잘 읽지 못하는 문제만은 아닌 것 같다. 절차적 체계의 자동화 기술과 관련된 훨씬 더 근본적인 문제에서 비롯된다.[5] 난독증이 있는 어린이들은 신발 끈을 묶는 데도 애를 먹고, 글씨체가 엉망이다. 이런 어린이는 서술적 기억 기술을 발달시켜 절차적 학습 체계에서 겪는 문제를 보완해야 한다.

절차적 체계와 서술적 체계 모두 학습을 뒷받침하기 위해 함께 작동한다. 글을 읽거나 계산할 때는 일반적으로 서술적 체계와 절차적 체계 모두를 동시에 활용한다. 학습 중에 두 체계를 불안정하게 왔다 갔다 하거나 오직 한 가지 학습 체계만 강조하면 학습이 더 어려워진다.

교육의 뇌과학

이나 기술을 가진 학생)은 빠르게 학습할 수 있는 서술적 학습 체계에 더 많이 의존하곤 한다. 반면 그 주제를 처음 접하거나 작업 기억 용량이 작아서 배우는 속도가 느린 학생들은 느리게 학습하는(그러나 활용할 때는 더 빠른!) 절차적 학습 체계에 더 많이 의존한다.

학습 체계를 우리가 의식적으로 선택할 수는 없다. 예를 들어, ADHD 혹은 난독증 같은 장애가 있는 학생은 주로 서술적 체계에 의존하기 쉬운 반면, 작업 기억 용량이 작은 학생은 절차적 체계에 더 의존하기 쉽다.[6] 이런 상황에서 가능한 한 두 체계를 모두 활용하도록 학생을 유도하기란 쉬운 일이 아니다.

서술적으로 시작해 절차적으로 마무리하라

절차적 체계를 이용한다고 해서 정신적으로 게으르다는 의미는 아니다. 인간이 다른 동물보다 똑똑한 이유 중 하나는 절차적 체계를 더 쉽게 활용할 수 있는 독특한 유전자를 가지고 있기 때문이다.[7] 절차적 학습 체계를 거쳐 새로운 지식을 익히려면 시간이 더 걸리지만, 이렇게 배운 지식은 훨씬 빠르게 활용할 수 있다.

언어 학습의 서술적-절차적 이론을 개발한 조지타운 대학의 신경과학자 마이클 울먼은 학습 체계에 따라 쉽게 배울 수 있는 정보 유형이 다르다고 말한다. 그러나 두 학습 체계로 모두 같은 정보를 배울 수 있고, 실제로도 그런 경우가 많다. 특정 경로에 어려움이 없다면 학생들은 서술적 체계와 절차적 체계 모두를 활용해 정보를 배울 수 있다. 서술적으로 학습한 정보는 융통성이 있지만, 머리에 떠오르는 속도가 느리다. 절차적으로 학습한 정보는 신기할 정도로 빠르게 활용할 수 있지만 융통성이 떨어진다(배열이 다른 키보드 사용법을 새로 익히기가 얼마나 어려운지 생각해보자).

같은 맥락에서, 물리학, 심리학, 법학, 경영학 등의 학문을 배우는 과정에서 그때까지 잘못 알고 있던 상식을 버리는 과정은 매우 어렵다. 이를 언러닝unlearning이라고 하는데, 이런 잘못된 상식은 특히 절차적 체계로 익힌 경우가 많아서 잊기가 쉽지 않다. 이 경우 새로운 개념을 많이 연습하면 도움이 된다. 연습은 절차적 학습의 바탕이다.

서술적 기억 체계와 절차적 기억 체계의 관계를 시소에 비유할 수 있다. 한 체계가 올라가면(중요시하면) 다른 체계는 내려간다(중요시하지 않는다).[8] 그러나 같은 정보를 각각의 체계로 모두 학습하면 상호 보완적인 지식을 갖출 수 있다. 각각의 학습 방법이 그 자료에 대한 전반적인 이해와 자료를 다루는 능력을 높인다.

교육자는 처음에 개념을 단계적으로 설명하며 수업한다. 이는 서술적 체계로 학습하는 방식이다.[*] 학생들은 서술적 경로를 통해 장기 기억에 연결 고리를 만들고, 이 서술적 연결 고리는 인출 연습을 통해 강화된다. 그렇다면 절차적 연결 고리는 어떻게 만들 수 있을까? 절차적, 서술적 연결 고리를 모두 만드는 가장 좋은 방법은 연습이다(안타깝게도 서술적 체계나 절차적 체계를 시작하거나 끝낼 수 있는 마법의 버튼은 없다).

일반적으로 교과서의 본문은 서술적 지식을 전달한다. 각 단원 끝에 수록된 문제들은 절차적 체계를 강화한다. 설명과 문제 모두 학생이 그 자

---

[*] 새로운 기기의 사용법을 알아내려면 설명서를 읽거나 방법을 알아낼 때까지 계속 만져보는 수밖에 없다. 이 두 과정은 소름 끼칠 정도로 서술적 학습과 절차적 학습을 연상시킨다.

서술적 학습과 절차적 학습의 관계는 시소와 같다. 한 체계를 활용해 학습하면 다른 체계는 대기하고 있다. 그러나 궁극적으로는 양 체계 모두로 학습했을 때 가장 강력하고 융통성 있는 지식이 된다.

료를 완전히 익히는 데 꼭 필요한 요소다.

공동 저자인 세즈노스키는 물리학 수업에서 전기와 자기에 대해 배우며 맥스웰의 방정식을 외웠다. 이는 배터리와 자석으로 수없이 실험한 끝에 도출된 방정식이다. 하지만 이 방정식을 하나를 암기했다고 전기와 자기에 대해 완전히 이해했다고 할 수는 없다. 그저 라디오 안테나 설계 같은 문제에 방정식을 적용해야 했기 때문에 외운 것뿐이다. 그러나 곧 세즈노스키는 다양한 연습 문제를 풀어보며 절차적 학습을 활용하는 과정에서 그 방정식의 진정한 의미, 맥스웰 방정식을 활용하는 방법, 새로운 문제를 신속하게 푸는 방법에 대해 직관적 통찰력을 얻었다.

또 다른 사례를 보자. 한 교사가 생물 수업에서 학생들에게 현미경을 소개한다. 학생들은 노트에 현미경을 그리고 부품과 사용법을 간략하게 필기한다. 이 정보는 서술적 경로를 통해 신피질에 전달된다. 그러나 학생들이 오랜 시간에 걸쳐 현미경으로 세포와 배양 세포를 관찰하고 나면 현미경을 다루고 부품 이름을 부르는 단계가 제2의 천성(절차적)이 되어 생각할 필요조차 없어진다. 교육자가 학생들에게 추가로 사용해야 할 새로운 도구를 설명해주면 학생들은 서술적 경로로 돌아간다.

서술적 학습은 이해하기 쉽다. 최소한 어느 정도는 우리가 알고 있기 때문이다. 그러나 절차적 체계에 대해서는 우리 대부분이 의식하지 못하기 때문에 서술적 학습만큼 연구되지 못한 것 같다. 무엇이 존재한다는 사실을 알아차리기도 힘든 상황에서 대상을 이해하기는 쉽지 않다.*

초창기에 연구자들은 절차적 체계가 야구 방망이를 휘두르거나 공구를 사용하는 일처럼 몸을 움직이는 기술과 관련이 있다고 여겼다. 누군가가 우리를 향해 손을 흔들면 자동으로 같이 손을 흔드는 습관의 핵심이라고 보기도 했다. 간단히 말해, 초기 연구자들은 절차적 경로가 단순한 일상적 과제와만 관련이 있다고 여겼다.

그러나 최근 연구에 따르면, 신발 끈 묶기부터 수학의 복잡한 패턴 파악, 언어를 빠르고 자연스럽게 말할 수 있는 능력 등 복잡한 개념과 움직임을 학습할 때도 절차적 체계가 중요하다는 사실이 밝혀졌다. 우리는 평소 접하는 것들을 절차적 체계를 통해 관찰하고 학습한다. 어린 시절에 글자를 익히는 것과 마찬가지다. 루빅스 큐브를 빨리 맞추는 요령을 배울 때 활용하는 수학적 패턴 공식 역시 그렇다. 루빅스 큐브를 맞출 때는 그 과정을 하나하나 심사숙고하지 않고, 정해진 순서에 따라서 큐브를 움직인다. 이런 정보는 작업 기억을 통과할 필요가 없기 때문에(이런 사고는 의

---

* 한 체계를 통해 개념이나 기술을 처음 배우면 그 개념과 기술 영역에서는 그 체계가 우세해진다. 그래서 다른 체계로 넘어가는 일이 느려지기도 한다. 예를 들어, 외국어를 배울 때 동사 시제와 문장 +소 능 분법늘 서술적으로 배우면 그 언어를 절차적으로 배우기가 더 어려워진다(잘 짜인 문장을 편안하게 말할 수 있으면 언어가 절차적 경로로 넘어간 것이다). 그러나 절차적 경로를 통해 문법을 익히려면 시간이 많이 걸리기 때문에 외국어를 배울 때는 서술적으로 시작해야 좋다고 생각하는 경우가 많다.

식하지 않고 이루어지기 때문에) 큐브를 빨리 맞출 수 있다.[9] 그러나 큐브를 맞추는 방법을 알아도(절차적 체계) 쉽게 설명할 수는(서술적 체계) 없다는 뜻일 수도 있다.

자전거를 타고 가다 갑자기 바윗돌을 발견했다고 생각해보자. 보통은 바윗돌을 의식하기도 전에 핸들을 돌려 살짝 피해 간다. 심지어 바윗돌을 지나칠 때까지는 스스로 무슨 일을 했는지 깨닫지도 못한다. 정보가 뇌 뒤쪽의 시각 중추로 들어와 기저핵을 둘러싼 여러 신경세포층에서 처리된 다음 곧장 신피질의 장기 기억 연결 고리로 전달되었기 때문이다. 어떤 정보도 느리게 처리되는 작업 기억을 거치지 않았다. 명령을 내릴 필요도 없이 몸이 저절로 반응했다!

자전거를 잘 타게 되면 기저핵을 통해 신호를 보내는 사고 과정조차 필요 없어진다. 대신, 시각 중추에서 운동 피질 신경세포로 직접 신호를 보낼 수 있다.[10] 자전거 선수처럼 타게 되면 숲속에서 산길을 내려올 때 바위, 움푹 팬 곳, 나무뿌리 등이 갑자기 나타나도 놀라울 정도로 재빨리 반응할 수 있다. 자전거를 타는 동안 두뇌가 신체에 보내는 복잡한 지시는 대략적으로만 설명할 수 있다. 어떻게 자전거를 탔는지를 정확하게 설명할 수 없어도, 어쨌든 자전거를 탔다. 생각하지 않고 반응하고 행동하는 삶의 다른 영역에서도 절차적 경로를 사용하고 있을 가능성이 높다(뒤에서 논의하겠지만, 청소년기의 일부 충동적인 행동은 절차적 경로의 이상 때문일 수도 있다).

이 장의 서두에서 예로 든, 무의식적으로 차를 운전해 집으로 돌아간 상황을 다시 생각해보자. 그 집으로 이사한 지 얼마 되지 않았을 때도 그렇게 할 수 있었을까? 물론 그때도 집으로 갈 수는 있었겠지만, 운전에 한층 주의를 기울여야 했을 것이다. 의식을 해야 하는 서술적 체계를 사용하고 있었기 때문이다. 여러 차례 집까지 운전해서 절차적 체계가 그 정보를 완전히 익히고 나면 의식하지 않고도 집으로 운전해서 갈 수 있다.[11] 그러나 앞차가 갑자기 멈추면 절차적 체계가 자동차를 멈추고 주위를 둘러보라고 작업 기억에 신호를 보낸다. 그래서 다음에 해야 할 일을 의식적으로 파악할 수 있다.

일반적으로 서술적 체계가 정보를 가장 먼저 익힌다. 절차적 체계는 천천히 뒤따르면서 그 자료를 학습하지만 연습을 통해 아주 다른 방식으로 학습한다(능동적 학습으로 연습하기가 중요한 이유다).

절차적 체계의 마법은 얼마나 빨리 배우느냐가 아니라 익힌 정보를 얼마나 빨리 활용할 수 있는지에서 나타난다. 자전거를 타고 움푹 팬 곳을 피해 갈 때, 10 나누기 5가 2라는 사실을 금방 알아차릴 때, 알파벳 d의 모양을 직감적으로 알아차리거나 모국어 동사의 과거형을 정확하게 사용할 때 절차적 학습 체계가 도와준다.

연습을 거듭하면 누구든 서술적 체계의 신경세포 연결 고리 대신 절차적 체계로 저장한 신경세포 연결 고리를 더 많이 활용하게 된다. 하지만 절차적 체계로 전환한다고 해서 서술적 기억 체계에 남아 있는 정보가 지워지지는 않는다.

즉, 서술적 체계와 절차적 체계를 번갈아 학습할 때 정보는 신피질의 장기 기억에서 각각 다른 곳에 자리 잡는다.[12] 다리가 둘인 상황과 같다. 다리가 하나라도 설 수는 있다. 그러나 다리가 둘이면 더 안정적으로 서 있을 수 있고, 더 쉽게 앞으로 나아갈 수 있다.

서술적 학습으로 배우면 저음에는 더 순조롭게 빨리 출발하지만, 전반적인 성과는 떨어진다. 서술적 학습과 절차적 학습을 함께 하면 지식을 빠르고 유연하게 익힐 수 있다. 단계에 따라 해야 할 일을 명확하게 제시

서술적 체계와 절차적 체계의 작동 방식

서술적 체계

신피질

해마

작업 기억

서술적 체계는 작업 기억에서 해마를 거쳐 신피질의 장기 기억으로 들어간다.

절차적 체계

신피질

기저핵과 관련 체계

기저핵의 절차적 체계는 감각을 입력하는 부분(뇌 뒤쪽 시각 및 청각 체계에서 시작되는 절차적 체계의 습관적 부분)과 전전두엽 피질(절차적 체계의 목표 지향적인 부분)을 포함해 전체 피질에서 정보를 받아들여 기저핵과 관련 체계를 통해 장기 기억 연결 고리를 만들어낸다.[13] 작업 기억은 절차적 체계를 통해 저장된 연결 고리에 다가갈 수 있다.

서술적 체계와 절차적 체계
함께 작동

신피질

작업 기억

서술적 체계로 만들어졌든 절차적 체계로 만들어졌든 상관없이 작업 기억은 잘 자리 잡은 연결 고리에 다가갈 수 있다.

하고 지도하면 서술적 기억으로 더 많이 학습할 수 있다. 명확하게 지시하지 않으면 절차적 기억을 통해 더 많이 배우기도 한다. 아이가 명확하고 공식적인 지도를 받지 않아도 모국어를 절차적으로 배울 수 있는 것과 마찬가지다.[14]

일부 구성주의 수업 방법*에서는 학생들이 스스로 패턴을 파악하게 해서 절차적 학습으로 이끈다. 이런 방식의 '몰입 학습'은 아이들이 어려서 절차적 체계로 학습을 잘할 때 효과가 좋다. 그러나 아이들이 성장하면 서술적 체계가 발달하고 절차적 체계는 약해진다. 유아는 말 그대로 생각조차 하지 않고 모국어의 복잡한 문법을 이해할 수 있는 반면, 청소년들은 서술적 지도를 받으면서 동시에 절차적 연습(능동적 연습)을 거쳐야 새로운 언어를 빠르게 배울 수 있다.

직감을 말로 표현하기 어려운 이유

우리는 개를 보면 직감적으로 행복감이나 걱정, 두려움 등의 감정을 느낀다. 이런 감정은 개와 관련된 과거 경험에서 생겨난다. 개를 보고 행복이나 두려움을 느끼는 이유를 말로 표현하지 못하거나, 과거의 어떤 경험이 현재의 감정을 일으키는지 기억조차 하지 못할 수도 있다. 그 이유를 명확히 알아내려고 노력하면 기억이 생생하게 떠오르기도 하지만, 이는 실제의 반영이 아니라 합리화일 수도 있다. 절차적 체계의 신비로운 '블랙박스' 때문이다.

---

* 구성주의에 대해서는 다양한 해석이 있지만, 학습자 자신이 지식을 능동적으로 구성한다는 개념이 핵심이다. 이에 따르면, 교육자는 지식을 나누어주기보다 학생에게 지식을 쌓을 기회와 동기를 유발하는 역할을 한다(Fosnot, 2013).

절차적 체계의 구조

절차적 기억 체계에는 목표 지향적인 행동을 위한 앞문과 습관적인 행동을 위한 뒷문이 있다.

비유하자면 절차적 체계에는 목표 지향적인 행동을 위한 앞문과 습관적인 행동을 위한 뒷문이 있다. 앞문으로는 뇌 앞쪽의 작업 기억에서 명령을 받는다. 특정 요가 자세를 취하려고 생각하면 그 의도가 두뇌 안쪽의 작업 기억에서 기저핵으로 흘러 들어간다. 그다음 기저핵에서 정보를 처리하고, 마지막으로 피질로 정보를 보낸다. 결과적으로 우리는 의도했던 자세로 움직일 수 있다.

목표 지향적인 체계는 모국어나 아주 능숙하게 익힌 외국어를 말할 때도 작동한다. 감자 수프가 먹고 싶다면 절차적 체계의 도움을 받아 같은 한국어를 사용하는 친구에게는 두 번 생각할 필요도 없이 "감자 수프"라고 말하고, 영어를 사용하는 친구에게는 능숙한 영어로 "포테이토 수프"라고 말할 수 있다.

교사를 대상으로 코칭 프로그램을 운영하는 짐 나이트는 목표와 관련해 이렇게 말한다.

사람들은 전략을 실제 업무에 적용해본 후에야 그 전략을 활용한다. 교사는 워크숍에 참석해 수많은 제안을 듣지만, 그 제안을 수업에 실제로 적용해본 다음에야 이를 내면화해서 기억한다. 이때 교사에게 무언가를 하라고 강요하지 않는다는 점이 중요하다. 목표는 배우는 사람이 원하는 것이어야 한다. 교사의 목표가 학생 90퍼센트 이상이 체계적이고 정확한 문장을 쓰게 만드는 것이라면, 우리는 그 목표에 따라 필요한 기술을 코칭한다. 핵심은 목표다. 먼저 배우는 당사자가 목표를 선택해야 한다. 경험상 사람들은 타인이 설정한 목표로는 의욕이 생기지 않는다.

즉, 짐의 코칭 프로그램은 배우는 당사자인 교사가 스스로 목표를 선택하고 절차적 체계를 활용하므로 매우 효과적이다.

대부분 뒷문이 그렇듯 절차적 체계의 뒷문은 앞문보다 은밀하다. 자전거를 탈 때 긴장을 풀고 발판 위에 발을 올려놓거나 편지 쓰기, 모른다는 뜻으로 어깨 으쓱하기 등 생각 없이 감각운동으로 하는 활동에 이 뒷문이 활용된다. 감각을 자극하면 운동 근육이 움직이는 조건 반응이 습관적 체계와 연결된다. 뒷문은 뇌의 뒤쪽에서 시작된다. 우리가 보고 듣고 느낀 정보가 저장되어 있는 곳이다. 이 정보는 기저핵의 뒤쪽으로 흘러 들어갔다가 다시 피질로 돌아온다.

짐작할 수 있듯 기저핵은 습관적(생각 없이 하는) 또는 목표 지향적인 (의식적으로 시작한) 절차적 행동 사이 전환 체계의 일부다. 글씨 쓰는 손을 바꿔보면 명확하게 이해할 수 있다. 오른손잡이가 오른손으로 글씨를 쓴다면 두뇌의 습관적인 부분을 활용해서 생각할 필요조차 없이 글씨를 쓸 수 있다. 그러나 오른손잡이가 왼손으로 글씨를 쓰려 할 때는 다르다. 절차적 체계의 습관적인 입구를 사용할 수 없어서 대신 의식적(서술적)이고 목표 지향적인 정문을 활용해야 하기 때문이다. 절차적 체계는 왼손으로 쓰는 방법을 아직 학습하지 않았기 때문에 아주 어설프다. 하려는 일에 대해 끊임없이 의식적으로 생각해야만 한다.

절차적이고 목표 지향적인 체계에서는 서술적인 체계와 절차적 체계가 함께 작동할 수 있다. 우리가 의식하는 서술적 체계는 절차적 학습 체계의 블랙박스를 준비한다. 그러나 블랙박스에서 무엇이 나올지는 서술적 체계 입장에서 수수께끼다. 아무 스위치나 올려서 불이 켜지는지 확인하는 일과 비슷하다.

글쓰기, 말하기, 요가 자세 등 무엇을 배우든 간에 실수하고 성공한 경험이 쌓여 반사 신경을 형성한다. 실수는 완벽하게 의식하지만, 절차적 체계가 그 실수를 통해 어떻게 배워서 글씨를 매끄럽게 쓸 수 있게 되는지는 의식하지 못한다. 의식적으로 통제하려면 너무 느리고 비효율적이다. 절차적 체계는 여러 번 반복하면서 천천히 학습하고, 서술적 체계에서 넘겨받은 글쓰기를 비롯한 다른 절차적 행동도 물 흐르듯 자동으로 이루어지게 한다.

서술적 체계와 절차적 체계 사이 상호작용은 일방통행이 아닌 것 같다. 서술적 체계의 의식적 목표는 기저핵의 절차적 체계에 의해 무의식적으로 추진될 수 있다. 절차적 학습은 복잡하고 불확실한 상황에 대처하면서 쌓아온 가치 함수(어떤 행동을 했을 때 얻을 수 있는 보상, 기댓값—옮긴이)를 활용해 작동한다. 가치 함수는 절차적 체계가 미래의 보상을 극대화하는 데 도움이 된다. 보상에는 음식이나 물처럼 본질적인 보상과 역사 시험에서 좋은 성적을 받는 일처럼 한참 후에 받는 보상이 있으며 이 두 가지를 모두 고려해 결정을 내린다. 하지만 누군가에게 어떤 결정을 내린 이유를 물으면 실제로는 그런 결정의 바탕이 되었던 절차적 체계의 가치 함수와는 거의 관련이 없는 이야기를 생각해낼 것이다. 절차적 목표 중심 학습의 가치 함수는 의식하기 어렵기 때문이다. 서술적 체계는 절차적 체계의 블랙박스에 관해서는 오리무중이다.

개를 비롯해 여러 대상에 대해 느끼는 직감을 말로 표현하기 어려운 이유가 여기에 있다. 또한 대화 중 특정 주제를 유독 껄끄럽게 느껴지는 이유도 이 때문이다. 우리 생각은 어느 정도 절차적 체계에서 생겨나는 무의식적 동기로 움직인다. 의식적, 서술적 논쟁이 때로 (혹은 자주) 실제 동기와 다르다는 의미다.

절차적 체계와 서술적 체계 모두 어린이의 학습을 뒷받침한다. 읽기나 계산은 보통 서술적 체계와 절차적 체계 모두를 동시에 활용한다. 학습 과정에서 두 체계를 불안정하게 왔다 갔다 하거나 교육자가 한 가지 학습 체계만 강조하면 공부 과정이 어려워진다.

서술적 체계와 절차적 체계의 장점을 결합하는 법

서술적 학습 체계와 절차적 학습 체계는 완전히 다른 학습 방식이며, 각각의 장점을 결합해 학생이 공부를 잘 할 수 있도록 돕는다. 다음의 표로 두 체계를 비교할 수 있다.[15]

하나의 체계가 다른 체계가 담당하는 일부 작업이나 기능을 수행할 수도 있다는 사실에 주목하자.

교육의 뇌과학

서술적 체계와 절차적 체계의 비교

서술적 학습 체계	절차적 학습 체계
작업 기억과 해마를 사용해 장기 기억과 상호작용	전두엽 기저핵 회로를 이용해 장기 기억과 상호작용. 또한 소뇌와 결합한다.
대부분 의식적. 생각하고 학습하는 내용을 명확하게 의식한다.	대체로 무의식적. 생각하고 배우는 내용을 은연 중으로만 안다.
누가, 언제, 어디서, 무엇을 등 다양한 영역의 지식을 빠르게 연결하고 결합한다.	어떻게, 혹은 관습(동의하는 의미로 고개를 끄덕임 등)의 지각 운동과 인지 체계를 통한 무의식적 학습 과정의 바탕이 된다.
주로 아래와 같은 지식의 학습, 설명, 활용의 바탕이 된다.	
• 사실(의미 기억. 예를 들어, 구리의 약어는 Cu다.) • 사건(일화 기억. 방과 후 교장 선생님과의 만남처럼 개인적으로 경험한 기억)	• 설명하지 않아도 규칙을 직관적으로 이해하기(야구공을 치기 위해 야구 방망이를 휘두르는 방법이나 문법에 맞게 말하는 방법 등) • 범주를 정하고 차이점 구분하기(생물과 무생물 혹은 분수와 소수 등)
두 체계가 같은 정보를 서로 다르게 학습한다.	
• 서술적 체계로 높은 건물 같은 주요 지형지물을 활용해 목적지를 찾는다. • 영어를 제2외국어로 배우는 학생은 동사 활용법을 배우고, 동사를 사용할 때가 되면 시간은 걸려도 어떤 동사 형태를 사용해야 하는지 설명할 수 있다. • 구구단을 배울 때는 $5 \times 3 = 5 + 5 + 5 = 15$라고 혼잣말을 하거나 콩을 5개씩 3줄로 늘어놓아 15개의 콩을 센다.	• 무엇을 하고 있는지 의식하지 않고도 익숙한 길을 따라 목적지를 찾는다. • 영어를 모국어로 사용하는 학생은 규칙을 배우지 않고도 영어를 익히고, 규칙을 활용해 말한다. 그렇지만 왜 그런 동사 형태를 사용하는지는 설명하기 어려울 수도 있다. • $5 \times 3 = 15$를 여러 차례, 여러 방법으로 계산했기에 $5 \times 3 = 15$라는 사실을 직관적으로 알 수 있다.
학습의 맥락도 어떤 체계에 의존하기 쉬운지에 영향을 준다. 교육 형태가 다양하면 학생이 각각의 체계에 정보를 입력하는 데 도움이 된다.	
학생은 다음과 같은 방식으로 '지도받을 때' 서술적 체계를 활용한다.	학생은 다음과 같은 방식으로 '지도받지 않을 때' 절차적 체계를 활용한다.

• 수학의 연산 순서 설명하기나 발음이 비슷한 단어의 철자법 규칙 설명하기처럼 규칙과 사실을 명확하게 설명할 때. • 학생에게 특정 규칙이나 패턴을 찾으라고 지시할 때. • 교육자가 느리게 피드백하거나 전혀 피드백하지 않을 때. 피드백이 느리면 지식을 절차적으로 내면화할 기회가 없다. 그러면 7+5=12 같은 간단한 계산조차 느린 서술적 기억이나 손가락 계산에 의존한다.	• 몰입형 환경에서 언어를 학습할 때처럼 명확하게 지도하지 않을 때. • 집중을 방해하는 요소가 있을 때. • 루빅스 큐브처럼 규칙이나 패턴이 복잡해서 맞추기 어려울 때. • 신체적 기술이든 정신적 기술이든 능동적인 훈련을 통해 연습할 기회가 많을 때. • 과제에 대해 바로 피드백할 때. 학생이 말한 외국어 문장을 원어민이 바로 확인하고 피드백하는 경우 등.

일반적인 특징

• 처음에 빨리 배운다. • 사용할 때는 더 느리다. • 융통성이 있다: 지식을 일반화해 융통성 있게 사용할 수 있으며, 쉽게 분야를 넘나들며 개념을 적용할 수 있다.	• 처음에 느리게 배운다: 연습이 필요하기에 서술적 체계보다 학습 속도가 느리다. • 사용할 때는 더 빠르다. • 융통성이 없다.
어린 시절에 발달하고, 청소년기 후기, 성인 초기에는 안정 상태를 유지한다. 나이가 들면 서서히 쇠퇴한다.	어린 시절에는 절차적 체계가 강해서 언어, 특히 문법을 쉽게 배운다.[*] 이 체계는 성숙하면서 쇠퇴하는 것처럼 보인다.[16]
작업 기억 용량이 큰 학생은 서술적 기억 학습 체계가 더 강하다.	작업 기억 용량이 작은 학생은 절차적 기억 학습 체계가 더 강하거나 이를 우선적으로 활용한다.
전두엽 제어 과정이 개입하면 서술적 학습이 강해진다. 전두엽 제어 과정을 강화하는 명상 훈련은 서술적 학습을 강화하는 것으로 보인다.[17]	전두엽이 개입하면(주의 집중) 절차적 학습을 해친다. 명상 훈련도 기저핵을 분리하고 두뇌의 전두엽이 의도적으로 통제해서 절차적 학습을 억제하는 것으로 보인다.[18]

---

[*] 이 때문에 기저핵에 손상을 입은 사람이 모국어(절차적 체계로 배우는)는 문법에 맞게 쓰지 못해도, 성인이 되어 배운 외국어(서술적으로 배운)는 제대로 말하는 독특한 현상이 나타나기도 한다 (Ullman, 2020).

왼손잡이거나 에스트로겐 수치가 높을수록 서술적 학습이 강해진다. 또는 개인의 유전적 특성에 따라서 서술적 학습을 강화할 수도 있다.

에스트로겐 수치가 낮을수록 절차적 학습이 강해진다. 유전적 특성에 따라 서술적 학습에서 절차적 학습 전환이 잘 되기도 하고, 그저 절차적 학습을 강화하기도 한다.[19]

서술적 체계로 보완하면 더 좋은 결과를 낼 수 있는 경우[20]
- 난독증
- ADHD
- 숫자 계산을 어려워하는 난산증
- 언어 발달 장애
- 말소리를 제대로 내지 못하는 구음 장애와 말더듬 발달 장애
- 강박 장애

절차적 체계로 보완하면 더 좋은 결과를 낼 수 있는 경우[21]
- 자폐 스펙트럼 장애
- 투렛 증후군

두 학습 체계의 유사점

- 두 체계는 통합 과정을 통해 기억을 강화하는 것으로 보인다.
- 수면과 운동은 두 기억 체계 모두의 학습을 강화한다.
- 한 체계에 기능 장애가 있으면 다른 체계에 더 의존하면서 그 기능을 강화할 수 있다.
- 두 체계가 함께 작동할 때가 많다. 예를 들어 '정신 똑바로 차려'라는 관용구는 서술적 체계를 통해 배운다. 그러나 "정신 똑바로 차렸어?"처럼 과거 시제가 필요할 경우 절차적 체계로 신속하게 처리된다. 서술적 체계로 활용하는 기본적인 정보를 절차적 체계로는 더 신속하고 쉽게 활용하기 때문에 발음, 쓰기와 산수 등이 더 쉬워진다.
- 한 체계로 학습한 내용은 다른 체계로 옮겨지거나 전환되지 않는다. 각 체계는 따로 지식을 얻는다. 쓰기 연습을 하면서 피드백을 받으면 절차적으로 학습하는 문법에 더 의존하는 방향으로 점차 바뀐다. 한 경로를 통해 학습한 내용은 신피질의 고유한 저장 영역에서 그 체계로 저장된다. 두 체계에 각각의 저장 영역이 있지만, 서술적 체계로 저장한 지식을 절차적 체계로 활용할 수도 있다.
- 시간이 지나면서 두 기억 체계 모두 '통과하는 조직'(해마나 기저핵)에 덜 의존하고 대신 신피질의 장기 기억에 직접 의존한다.

단계적으로 수준을 높이는 개념 습득법

학생들이 두 체계를 모두 활용해 학습하도록 가르치는 것이 좋다. 수학 공부를 하면 학생은 서술적 학습 체계를 통해 문제 푸는 방법을 배운다. 그러나 무의식적 영역에서 패턴을 익히기 위해 연습 문제도 많이 풀어야 (절차적, 능동적 학습을 많이 해야) 한다. 특히 덧셈과 뺄셈 같은 수학 학습의 필수적 요소가 절차적 기억과 관련이 있을 가능성이 높다.

산수를 처리하는 두뇌 영역은 절차적 기억을 처리하는 두뇌 부위와 상당히 겹친다.[22] 과거 연구자들은 손가락을 접으며 숫자를 셈하다 어느 순간 2+3=5를 금방 파악하는 현상이 그저 기계적인 암기 과정이라고 생각했다. 그러나 절차적 체계를 통해 자동으로 계산하기에 덧셈이 더 빨라진다는 사실이 밝혀졌다. 산수 연습을 한 아이들은 숫자를 모국어 문법처럼 빠르고 효율적으로 활용할 수 있다. 산수도 언어와 같은 체계를 사용하기 때문이다.[23]

외국어 수업에서는 서술적 체계를 통해 스페인어 동사 활용 규칙을 배운다. 그러나 입으로 되풀이하고 연습 문제를 풀거나 원어민과 대화하면서 부분적으로는 절차적 체계를 통해서도 배운다. 많은 학생이 주로 서술적 체계를 이용해 외국어를 공부하기 때문에 즉흥적으로 말해야 하는 경우 얼어붙기 쉽다. 그 내용을 배우지 않아서가 아니라, 서술적 학습에 의존해왔기 때문이다. 절차적 부분에서 충분한 학습이 이루어지지 않은 것이다.

모국어를 익히는 유아처럼 때로는 지도를 덜 받을수록 더 많이 배우기도 한다. 이럴 때는 서술적 경로를 건너뛰고 절차적 체계에 더 의존한다.

탐구 기회를 많이 주는 몬테소리, 레지오 에밀리아 교육이 강력한 절차적 학습 체계를 지닌 어린아이에게 효과적인 이유일지 모른다.

그렇다고 학생에게 숙제나 문제를 내주고 "알아서 해"라고 말할 수는 없다. 수준 높은 생물학적 2차 자료는 물론이고 단순해 보이는 활동조차 그런 식으로는 효과가 없다. 아이에게 신발만 주면서 신발 끈 매는 방법을 알아내리라고 기대할 수는 없다. 신중하게 차근차근 설명하면서 능동적으로 연습하게 해야 제대로 해낼 수 있다.

단계적으로 수준을 높여가며 가르치는 방식으로 개념 습득 교수법이 있다.[24] 교육자가 개념에 맞는 예시와 맞지 않는 예시를 제시하고, 학생은 그 개념의 공통 속성을 이해해서 잠재적으로 정의를 만들어내는 교육법이다. 교육자는 학생들이 가설을 점검하면서 확실한 정의를 도출할 수 있도록 예시를 더 제공한다. 이런 방식으로 학생은 그 개념을 더 잘 이해하게 된다.

예를 들어, 무기 화합물의 특성을 가르치고 싶다면, 그 개념에 맞는 예시와 맞지 않는 예시를 함께 제시한다. 개념에 맞는 예시는 무기 화합물의 모든 특징을 만족하는 반면, 개념에 맞지 않는 예시는 무기 화합물의 특징 중 일부만 만족하는 식이다. 학생은 관찰한 내용을 기록하고, 그 개념의 주요 특징 목록을 만든다. 학생이 일단 무기 화합물에 대한 정의를 내리고 나면, 교육자는 그 정의가 맞는지 시험하기 위해 더 어려운 예시를 들 수도 있다. 그다음으로는 개념에 맞는 예시를 더 많이 생각해내기 등 학습한 내용을 새로운 과제에 적용한다.

수업을 시작하면서 직접 지도로 들어가기 전에 학생들의 흥미를 유발하기 위해 개념 습득 교수법을 활용하기도 한다.

학습의 두 가지 방법을 가르쳐라

학생은 연습이 필요하다는 사실을 모른다. 문제를 몇 개 내기도 전에 투덜거리는 소리가 나온다. 문제 몇 개를 스스로 풀었거나 과제를 끝내고 나면 새로운 지식을 완전히 익혔다고 생각하기 때문이다. 따라서 학생들이 저항감을 덜 느끼도록 학습이 어떻게 이루어지는지 설명하면 좋다. 학습법은 어쨌든 학생들이 평생 활용할 메타 기술이다.

설명을 통해 배우는 '설명'(서술적) 학습 경로와 연습을 통해 배우는 '연습'(절차적) 학습 경로가 있으며, 두 경로 모두 학습에 꼭 필요하다고 설명하자. 학생들이 스스로 연습해야 하는 이유는 '연습' 경로가 발달하도록 돕기 위해서다.

절차적 기억을 강화하는 최고의 방법

서술적 체계와 절차적 체계 두 가지를 모두 이용해 배울 때 학습 효과가 제일 좋지만, 때로는 특정 체계를 통해 학생의 이해력을 높여야 할 때가 있다. 어느 체계에서든 능동적인 연습이 핵심이지만, 미묘한 차이로 인해 특정 체계가 더 잘 맞을 수도 있다.

서술적 학습을 강화하는 가장 좋은 방법은 인출 연습이다. 인출 연습은 학생들이 배우려고 애쓰는 내용에 의도적으로 집중하도록(서술적으로) 돕는다.

절차적 학습에서는 시간을 두고 반복하기나 끼워 넣기 연습을 활용하는 방법이 가장 좋다.

끼워 넣기 연습

끼워 넣기 연습은 여러 주제에 대한 지식을 섞어서 연습하는 방법이다. 인상주의에 대해 같은 내용을 반복해 배우는 경우, 모네Monet의 작품 다섯 점, 그다음 드가Degas, 르누아르Renoir, 피사로Pissarro의 작품을 각각 다섯 점씩 감상해 MMMMMDDDDDRRRRRPPPPP처럼 학습하게 된다. 끼워 넣기 연습은 여러 화가를 섞어서 공부한다는 의미로, MMDDRRPPMDRPMDRP처럼 공부하는 방식이다.

스페인어를 배운다고 가정해보자. 일반적으로 현재형, 과거형, 불완전 동사, 조건부 시제를 각각 따로따로 연습하기 쉽다. 공부가 끝나면 학생은 각각의 시제를 잘 배웠다고 느낄 것이다. 그러나 시제를 섞어서 연습하면 학생들은 실제 사용할 때와의 차이를 이해할 수 있다.[25]

문학을 배운다면 직유, 은유, 과장법, 의인화, 의성어와 두운 같은 문학적 장치를 끼워 넣어 연습할 수 있다. 공동 저자인 로고스키는 문학에서 이런 장치를 파악하는 방법을 가르칠 때 직접 지도를 활용했다. 문학적 장치 각각의 정의와 예시를 보여준 후('내가 한다' 단계) 학생들이 그들만의 예시를 만들어 발표하고 피드백을 받도록('우리가 한다' 단계) 했다. 하지만 이것만으로는 부족하다는 사실이 드러났다. 질문을 하면 학생들은 쉽게 정의를 읊조리며 예시를 제시했지만('네가 한다' 단계), 개념을 진정으로 이해하지 못한 것처럼 보였다. 무작위로 조건을 제시하면 즉석에서 그에 해당하는 예시를 만들어내지 못한 것이다. 또한 교재 여기저기에 흩어져 있는 확실하고 명확한 예시도 찾아내지 못했다.

이에 로고스키는 학생들이 새로운 문학 작품을 읽을 때마다 문학적 장치 찾기 놀이를 시켰다. 문학적 장치가 작품 여기저기에 삽입되어 있어서 학생들은 처음에는 배우는 속도가 느렸지만, 곧 깊이 이해하기 시작하면서 문맥에서 문학적 장치를 찾아내는 속도가 빨라지고 정확도가 향상되었다. 학생들이 각자 읽던 문학 작품에서 발견한 예시를 인용하자, 로고스키는 학생들이 절차적 경로를 통해 그 지식을 내면화했다는 사실을 직감했다. 몇 달 후 학생들은 글을 쓰면서 의성어, 의인화, 은유 등을 능수능란하게 활용했다. 심지어 각 문학 장치를 어떻게, 왜 활용했는지 설명할 수도 있었다.

수학을 가르친다면 면적, 둘레, 부피와 관련된 계산을 임의로 끼워 넣어 뒤섞을 수 있다. 이렇게 하면 학생들이 한 가지 유형의 공식에만 사로잡히지 않는다. 한 가지 유형에만 익숙해지면 시험 문제를 풀어야 할 때 오직 그 유형만 떠올릴 우려가 있다.[26]

반복 연습은 좋지만, 따로따로 연습하면 큰 효과를 얻을 수 없다. 기본 개념을 이해한 후에도 사실상 똑같은 문제들을 계속해서 풀어야 하기 때문이다. 한 가지를 반복 연습하면 뒤로 갈수록 집중력이 떨어져 그저 따라 하는 데 그친다. 학생들이 빨리 배우는 것 같아도 끼워 넣기를 통한 학습만큼 정보를 오래 저장하지 못한다.[27] 피터 브라운은 공저 『견고하게 만들어*Make It Stick*』에서 "똑같은 내용을 집중적으로 연습하면 장기 기억에서 학습 내용을 재구성할 필요 없이 단기 기억을 통해 정보가 회전하기 때문에 숙달했다는 느낌이 든다"라고 지적한다.

끼워 넣기 연습은 스포츠, 수학, 음악, 미술, 언어 등 어떤 과목에서든 도움이 된다. 알파벳 쓰기처럼 단순하게 보이는 개념조차 한 글자를 반복하기보다 여러 글자를 섞어서 연습하는 것이 좋다.[28] (개념 습득은 끼워 넣기와 관련이 있다.)

절차적 기억은 무언가를 여러 차례 보고 듣고 해본 후에 패턴을 파악하고 직관적으로 익힌다. 따라서 끼워 넣기 연습을 하면 학생들이 패턴, 즉

끼워 넣기 연습

각각의 둥근 '점'은 신경세포를 나타낸다. 면적, 둘레나 부피를 계산할 때 각기 다른 신경세포 연결 고리가 관련된다. 끼워 넣기는 학생들이 이 연결 고리의 무리 사이에 존재하는 미묘한 차이를 알아차려 특정 문제에 어떤 신경세포 연결 고리를 활용할지 파악하는 데 도움이 된다.

비슷한 항목이나 기술 사이의 미묘한 차이를 알아내는 연습을 하기 때문에 절차적 기억이 향상된다. 물개와 바다표범, 스페인어 과거형과 미완료 시제처럼 어느 정도 비슷한 범주들을 끼워 넣기로 연습할 때 가장 좋다.[29] 개와 고양이처럼 명확해 보이는 범주를 구별하거나, 미술의 회화 기법과 수학의 통계 기법을 끼워 넣기로 연습하는 일은 도움이 되지 않는다. 분명하게 구별되기 때문에 굳이 시간을 들여 연습할 필요가 없기 때문이다.

학생들은 끼워 넣기 연습을 할 때 학습 과정이 더 어려워지고 머리에 잘 들어오지 않는다고 생각한다. 이전과 똑같은 내용을 약간만 수정해서 계속 반복할 때만큼 답이 쉽게 나오지 않기 때문이다. 그러나 끼워 넣기

연습처럼 힘이 드는 학습이야말로 심리학자 로버트 비요크가 지적한 '바람직한 어려움'이다.[30]

축구를 예로 들어보자. 축구 선수들, 심지어 세계적인 선수들도 약한 쪽 다리보다는 튼튼한 쪽 다리로 연습을 더 많이 한다. 강한 쪽 다리가 공을 더 잘 찰 수 있어서 만족감이 크기 때문이다. 약한 쪽 다리로는 연습하지 않는 현상을 '의족 증후군'이라 하는데, 이 함정에 빠지면 양쪽 다리를 모두 능숙하게 사용해야 하는 경기에서 불리해진다.

학생이 시간과 정성, 노력을 더 기울여야 하는 교수법을 활용하면 학습 효과가 높아진다. 그러나 단순 반복 학습보다 끼워 넣기 학습이 더 효과적이라는 사실을 학생에게 설득하기란 어렵다. 단순 반복 학습으로 금방 좋은 성과를 거두는 것처럼 보일 때 특히 더 그렇다. 따라서 교육자는 끼워 넣기 연습과 바람직한 어려움처럼 금방 눈에 띄지 않은 방법을 능수능란하게 활용할 수 있어야 한다.[31]

인간은 적절한 교육을 받으면 거의 모든 면에서 발전할 수 있다. 그러나 오직 배운 부분만 발전한다. 같은 것만 반복해서는 전혀 도움이 되지 않는다. 이런 현상을 '특수성의 저주'라고 부른다.[32]

이를 피하려면 다양한 예시를 많이 연습해야 한다.[33] 끼워 넣기 연습은 학습한 내용을 이 상황에서 저 상황으로 바꾸어 적용하는 능력을 갖출 수 있게 도움을 준다.[34]

덧붙이자면, 끼워 넣기 연습은 시험 볼 때 맞닥뜨리는 상황과 비슷하다. 피타고라스의 정리를 활용해 풀어야 할 문제를 숙제로 내준다면 이미 해결 방법을 가르쳐준 셈이다. 그러나 실제 시험에서는 다양한 유형의 문제가 출제되며 어떤 방법을 활용해야 하는지 단서를 주지 않는다. 따라서 어떤 신경세포 연결 고리 무리를 찾아내 활용할지를 연습해야 한다.

교육의 뇌과학

바람직한 어려움과 신경세포 연결 고리

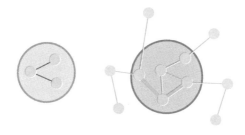

'바람직한 어려움'이란 개념을 이해하고 기억하기 위해 강력한 신경세포 연결 고리를 만들어내는 정신적인 노력을 의미한다.[35] 예를 들어 '사람 인(人)'이라는 한자를 배울 때, 글자를 잠시 훑어보기만 하면 기껏해야 왼쪽 그림처럼 약한 연결 고리를 만들어낼 뿐이다. 다음에 글자를 생각해내려고(인출하려고) 하면 이 약한 연결 고리는 사라지고 없을 수도 있다.

그러나 사람 인(人)이라는 글자를 '뛰어다니는' 두 다리를 가진 사람이라고 상상하면서 손가락이나 다리를 움직이면 이미 알고 있는 내용을 바탕으로 새로운 지식을 더 강력하게 부호화하게 된다. 그러면 지속적이고 강력한 연결 고리를 만들어낼 수 있다. 공부를 잘하는 학생은 자신만의 바람직한 어려움 공부법을 개발한다.

한편으로, 새로운 외국어 단어를 배우면서 의미와 관련된 동작을 하면 단어를 외우고 의미를 저장하는 데 도움이 되는 것 같다.[36] 예를 들어, 외국어로 '높다'라는 의미의 단어를 외울 때는 단어를 말하면서 손을 높이 들어올리고, '유대'라는 단어를 외울 때는 양손의 손가락을 깍지 끼면서 '결합'해 서로 닿게 하는 식이다. 외국어를 배우면서 새로운 단어를 쓰거나 말할 때는 신경세포가 거의 활성화하지 않는다. 그림과 함께 보면 신경세포가 더 활성화하고, 그 단어의 의미와 관련 있는 동작을 하면 신경세포가 가장 많이 활성화한다.

게다가 학교나 대학의 학습 과정은 배우는 내용을 짧게 압축하고 강도를 높인 것이기 때문에, 오히려 학생들에게 비생산적일 수도 있다. 시간을 두고 반복해서 기억을 견고하게 만드는 과정을 거칠 시간이 부족하기 때문이다.[37]

키보드보다 손으로 쓰기

어린 학생을 가르칠 때는 키보드로 문서를 작성하기보다 손으로 직접 글씨를 쓰는 일이 중요하다. 노르웨이 과학기술대학의 발달신경심리학 교수 오드리 반 데르 미어는 다음과 같이 설명한다.

> 펜과 종이를 사용하면 두뇌에 기억을 걸어 둘 '고리'가 더 많아진다. 손으로 쓰면 두뇌의 감각 운동 부분이 훨씬 더 활발해진다. 종이에 펜을 누르고, 쓰고 있는 글자를 바라보고, 글자를 쓸 때 나는 사각사각 소리를 들으면서 여러 감각이 활성화된다. 이런 감각 경험으로 인해 두뇌의 여러 부분이 활성화되면서 공부할 준비가 된다. 우리는 손으로 쓸 때 더 잘 학습하고 더 잘 기억한다. 그래서 시간이 더 많이 걸리고 지루하더라도 어린이는 손 글씨 배우는 단계를 거쳐야 한다.[38]

먼저 단순 반복 연습을 거쳐라

끼워 넣기 연습과 바람직한 어려움이 '많을수록 좋다'라고 생각할 수도 있다. 그러나 『교육에 대한 일곱 가지 신화 Seven Myths about Education』의 저자 데이지 크리스토둘루는 "과학 교사들과 함께 일하는 내 동료는 요즘 영국의 학급에서 끼워 넣기 연습이 너무 인기여서 걱정을 많이 한다. 학생들이 완전히 이해하지도 못한 개념에 대해 온갖 질문을 쏟아내는 수업이 많기 때문이다. 교사에게 수업의 목적이 무엇이냐고 물으면 '끼워 넣기 연습'이라고 대답한다고 한다"라고 날카롭게 지적한다.[39]

문제는 '언제 난도를 높여야 하는가'다. 절차적 경로에 의존해서 학습하는 유아와 달리, 청소년과 성인은 서술적 체계에 더 쉽게 의존하며 정보를 잘 설명하고 보여주어야 나중에 인출해서 활용할 수 있다. 끼워 넣

교육의 뇌과학

기 연습을 시작하기 전에 어느 정도 단순 반복 연습을 해야 서술적인 기본 연결 고리를 제자리에 저장할 수 있다. 작업 기억의 한계 때문에 한번에 너무 많은 양의 정보를 전달하면 서술적 체계에 저장하지 못할 수도 있다. 이는 절차적 체계가 살펴보면서 학습할 수 있는 내면화한 정보가 없다는 의미이며, 그로 인해 학습 속도가 상당히 느려질 수 있다.

끼워 넣기 연습하는 법

교육자들은 끼워 넣기 연습을 구체적으로 어떻게 적용해야 할지 고민한다. 교육은 워낙 범위가 넓어서 정답이 없기 때문이다.

수업의 끝을 생각하면서 시작하는 것도 좋다. 학생들이 혼란스러워하는 주제는 무엇인가? 소수를 사용해야 할 때 분수를 사용한다든가, 외국어를 공부하면서 동사 시제를 헷갈린다든가, 농구할 때 공을 패스하지 못하고 그냥 들고 있는 등 여러 가지 문제가 있을 수 있다.

수업 중 문제 풀이나 능동적 연습, 숙제 등 모든 부분에서 끼워 넣기 연습을 활용할 수 있다. 학생들에게 무언가를 하는 방법뿐만 아니라 언제 해야 하는지도 가르쳐야 하기 때문이다.

스키마 구축하기

신경세포 연결 고리를 살펴보았으니, 이제 스키마schemas에 대해 이야기해보자.[40] 스키마는 일종의 상위 신경세포 패턴, 학생들이 새로운 개념을 쉽게 올려놓을 수 있는 신경세포 선반이다. 내용을 충분히 연습해서 머릿속에 패턴을 만들어내면 이런 일이 가능해진다.

스키마는 절차적 구성 요소와 서술적 구성 요소 모두를 포함해 학생들이 공부하는 다양한 개념을 하나로 묶는다. 선행 지식의 전형적인 형태

로, 서술과 주된 생각, 개념과 범주, 통계적 규칙성에 대한 지식과 밀접한 관련이 있다.[41]

스키마는 새로 배운 내용을 이전에 배운 다른 내용과 함께 쉽게 저장할 수 있게 해준다. 다시 말해 스키마가 구축되어 있으면 신피질이 더 신속하게 학습할 수 있다.[42] 예를 들어, 체스 전문가는 체스와 관련된 스키마를 갖추고 있어서 새로운 체스 패턴을 재빨리 익힌다. 체스뿐만 아니라 무엇을 배우든 마찬가지다. 스키마는 학습을 위한 틀이다. 그래서 스키마가 클수록 크기를 키우기가 쉬워진다. 다음 장에서 살펴보겠지만, 스키마는 궁극적으로 학생들의 의욕을 높이는 데도 도움이 된다.

전문 용어를 스키마와 거의 같은 의미라고 오해하는 경우가 많다. 용어는 스키마의 일부지만 전부는 아니다. 예를 들어, 삼각형과 관련된 용어(이등변 삼각형, 정삼각형, 부등변 삼각형 등)를 배우는 것만으로는 부족하고, 그 삼각형과 관련된 계산법도 알아야만 기하학 스키마를 발전시킬 수 있다. 예술을 공부할 때는 전문 용어(인상주의, 후기 인상주의, 입체파, 아르데코 등)뿐만 아니라 그 용어를 이해하고 다양한 맥락에서 잘 사용하는 능력도 필요하다. 체스의 대가는 체스에 대한 전문 용어는 물론이고 주어진 상황에서 말을 잘 움직이는 방법 역시 스키마에 담아야 한다. 결정적인 순간에 상대를 당황하게 하는 기술도 필요하다. 용어는 스키마에서 빙산의 일각에 불과하다.

학습의 목표는 학생이 새로 배운 내용이나 기술을 새로운 상황에 적용하게 하는 것이다. 배운 내용과 유사성이 떨어질수록 적용하기가 어려워진다.[43] 그러나 활용하는 방법을 가능한 한 다양하게 알려주면, 즉 스키마를 확장하면 적용 능력이 커진다.[44] 그다음에는 학생들이 스스로 탐구하도록 격려하자. 인출 연습은 배운 내용을 다른 영역에 적용하는 능력을

교육의 뇌과학

스키마의 발전 과정

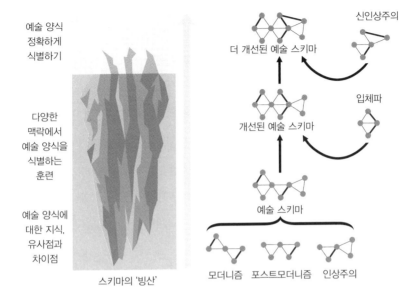

예술 양식 정확하게 식별하기

다양한 맥락에서 예술 양식을 식별하는 훈련

예술 양식에 대한 지식, 유사점과 차이점

스키마의 '빙산'

신인상주의

더 개선된 예술 스키마

입체파

개선된 예술 스키마

예술 스키마

모더니즘   포스트모더니즘   인상주의

맨 아래의 모더니즘, 포스트모더니즘, 인상주의와 관련된 연결 고리 무리는 학생이 개념을 연습하며 만들어진 작은 스키마(여러 양식의 차이를 끼워 넣기로 연습하면 작은 스키마의 발전 속도를 높일 수 있다)다. 이 스키마 덕분에 학생들은 입체파의 핵심 개념을 조금 더 쉽게 배울 수 있다. 이전에 학습한 작은 스키마 옆에 입체파를 끼워 넣을 수 있는 신경세포 체계가 생겼기 때문이다. 마찬가지로 기존의 스키마가 있으면 학생은 새로운 양식인 신인상주의를 제자리에 집어넣을 수 있다. 더 많은 연습과 학습을 통해 스키마가 점점 더 크고 강력해지면 새로운 양식이 더 쉽게 제자리를 찾아 들어간다.

덧셈, 뺄셈, 곱셈, 나눗셈처럼 산수에서 여러 방법을 활용할 때도 스키마를 쉽게 적용할 수 있다. 화학, 악기 연주, 지질학, 무용, 패션 디자인, 농구나 언어 학습 등 어떤 분야에서든 마찬가지다. 스키마는 해마가 아니라 신피질에 자리 잡는다(해마는 피상적 지식과 색인을 만드는 데만 관여한다). 스키마가 강력해질수록 해마가 관여할 가능성은 낮아진다. 스키마는 배우는 내용에 대한 생각을 형성하는데, 이는 내용을 분해하고 재구성해서 새로운 방식으로 보거나 기존의 편견을 극복하는 데 긍정적일 수도 있고 부정적일 수도 있다. 끼워 넣기 연습은 스키마 구축에 도움을 준다.

키우는 데도 도움이 된다.[45] 학생들이 새로운 지식을 다양한 상황에 쉽게 적용하지 못한다고 압박해서는 안 된다. 팬데믹으로 인해 하룻밤 사이에 온라인 강의를 준비해야 했던 교육자들이 그랬듯, 전문가도 갑작스러운 전환에 어려움을 겪는다. 학생의 내적 스키마를 구축하는 구체적인 방법은 197쪽을 참고하자.

덧붙이자면, 스키마의 발달 과정은 블룸의 학습 체계Bloom's taxonomy와 웹이 주장한 지식의 깊이Webb's Depth of Knowledge 이론의 근거가 된다.[46] 이 두 이론은 낮은 수준의 개념을 익히면 점점 더 고차원적인 개념을 이해할 수 있다는 스키마의 발달 과정을 근거로 단계별 학습 목표를 제시한다. 다시 말해, 바로 산 정상으로 뛰어올라 고차원적 이해에만 집중하기란 불가능하다. 신경생물학적인 연구를 바탕으로 새로운 학습 분류 체계가 개발될 날을 기대한다.[47]

시간을 두고 반복하기

시간을 두고 반복하기는 '바람직한 어려움'을 실현하는 방법의 한 가지로, 장기 기억에 신경세포 연결 고리를 만드는 과정이다. 인출 연습과 마찬가지로 서술적 학습뿐 아니라 절차적 학습에도 도움이 된다.

개념을 처음 배울 때 우리 두뇌는 연결 고리를 만들려고 애쓴다. 가능한 방법은 무엇이든 동원해 연결 고리를 만들기 때문에 배우는 내용의 핵심을 포착하기 가장 좋은 신경세포 구성이 아닐 때가 많다.

이 연결 고리가 스스로 재배열해 단순하고 효율적이며 강력해지도록 히려면 휴식이 필요하다. 그런 다음 그 개념으로 되돌아간다. 시간적 간격을 두고 되돌아가는 작업이 핵심이다. 이렇게 시간을 두고 반복하면 같은 개념에 대해 절차적 체계의 연결 고리와 서술적 체계의 연결 고리가

교육의 뇌과학

서로 연결되려고 방법을 찾는다.[48]

그렇다면 시간적 간격은 어느 정도가 좋을까? 안타깝게도 쉽게 대답할수 없는 질문이다. 잠을 자거나 정신적 휴식을 취한 후, 또는 시간이 어느정도 지난 뒤 반복하면 도움이 된다는 정도만 알려져 있을 뿐이다.[49] 일주일 앞으로 다가온 시험을 준비한다면 전주에 매일 복습해야 한다. 1년 후에도 그 내용을 기억하고 싶다면 3주에 한 번씩 복습하는 것이 좋다.[50]

그러나 개인차가 있다. 다른 학생보다 정보를 더 잘 기억하는 학생이있다. 배우는 내용에 대한 기존 경험(스키마), 내적 동기, 두뇌가 정신적연결 고리를 만드는 과정 모두가 이와 관련이 있다. 덧붙이자면, 끼워 넣기 연습 자체가 시간을 두고 반복하기와 유사하며, 정보를 오래 기억하는데 도움이 되는 이유가 그 때문일 수 있다.

적절한 숙제의 중요성

한때 지나치게 많은 양의 숙제가 논란이 되어 일부에서는 숙제를 아예 없애기도 했다. 그러나 숙제의 양이 과하지만 않다면 학생은 숙제를 하면서내용에 대한 서술적 이해력을 높이고, 자기 조절 기술을 개발할 수 있다.또한 시간을 두고 반복하기, 끼워 넣기 연습을 모두 할 수 있기 때문에 절차적 이해력을 높이는 데 가장 좋은 방법이기도 하다.

숙제는 적을수록 좋다. 양이 아니라 질이 중요하다. 너무 오랫동안 숙제를 붙들고 있으면 지루함을 느끼고 중간에 이탈할 가능성이 높다. 문제를 40개씩 냈다면 7개로 줄여보자. 끼워 넣기 연습과 시간을 두고 반복하기를 통합하려면 오늘 배운 내용 중 2문제, 이전에 배운 내용 중 3문제,훨씬 오래전에 배운 내용 중 2문제 정도를 숙제로 내면 좋다.

연령대별로 과목마다 숙제에 어느 정도를 할애하면 좋을지 아직 명확하게 밝혀낸 연구는 없다. 어쩌면 개인에게 맞는 '최적의 숙제'가 무엇인지에 대한 해답은 영영 찾을 수 없을지도 모른다. 모든 조건이 숙제의 질과 학생들의 동기에 따라 달라지기 때문이다. 다만 산수, 읽기와 쓰기 같은 생물학적 2차 자료는 신경세포를 획기적으로 재구성해야 하므로 숙제로 연습하면 가장 큰 효과를 얻을 수 있다. 매일 짧게 연습하면 며칠에 한 번씩 연습할 때보다 훨씬 더 도움이 된다.

숙제를 낼 때 다음과 같은 권고를 참고해보자.[51]

1. 수업이 끝날 때까지 기다렸다가 숙제를 준다. 수업을 시작할 때 칠판에 숙제가 적혀 있으면 학생들이 수업 중에 숙제를 시작하고 싶은 유혹을 느낄 수도 있다.
2. 다음날 수업 중에 숙제의 핵심 개념을 활용한다.
3. 숙제가 수업 성적에 조금이라도 반영되도록 한다.
4. 수업이 끝나기 몇 분 전에 학생들이 숙제를 시작하도록 한다. 이미 시작한 과제는 끝마칠 가능성이 더 높다. 게다가 이 시간에 질문을 받아줄 수도 있다.
5. 숙제를 훈련 수단으로 활용해서는 안 된다.

숙제에 대한 부모의 태도도 중요하다. 부모가 계속 통제하고 바로잡아주는 대신, 학생이 적절한 지침과 조언만 받으며 노력할 수 있어야 한다. 그래서 학력은 높지 않지만 학습과 숙제에 긍정적인 태도를 가진 부모가 학생의 메타 인지 기술 발달에 도움이 된다.[52]

숙제를 오래 붙들고 씨름하고 싶은 학생은 없다. 때로는 숙제를 하기 위해 노력은 했지만 잘되지 않았다고 말하는 학생도 있다. 그러면 교육자가 도와주어야 한다. 학생을 연습시키려면 끼워 넣기 방법을 바탕으로 짧은 과제를 자주 하게 만들자.

설명할 수 있다고
이해하는 것은 아니다

학생이 개념을 말로 설명할 수 있으면 개념을 이해했다고 생각할 때가 많다. 하지만 반드시 그렇지는 않다. 서술적 체계를 활용해 외운 언어적 설명을 단순히 되풀이할 수도 있기 때문이다. 심리학자 케빈 던바와 그 동료들은 뉴턴 운동의 정확한 패턴을 명쾌하게 설명하는 성인이 뉴턴 운동을 이해하지 못하는 성인과 똑같은 두뇌 활성 패턴을 보인다는 사실을 발견했다. 데이비드 기어리는 "개념에 대한 '깊은' 이해와 명쾌한 설명은 다르다"라고 말한다.[53]

어떤 학생들은 문법의 요소나 약분 같은 개념을 절차적 체계를 통해 이해하지만, 그 내용을 말로 옮기기 어려워한다. 작업 기억력이 좋지 않은 학생은 절차적 체계를 통해 천천히 배울 때가 많아서 교육자가 서술적 설명만이 지식을 갖추었는지 확인할 수 있는 유일한 방법이라고 주장하면 좌절하고 박탈감을 느낄 수 있다.

예를 들어, 자폐 스펙트럼 장애가 있을지도 모르는 학생에게 이해한 내용을 말로 표현하라고, 즉 서술적 체계를 활용해 설명하라고 계속 요구하면 결국 그 학생은 학교 공부를 중단할 수도 있다. 진정으로 내용을 이해하고 있지만, 직관적으로 파악한 내용을 말로 떠듬떠듬 설명해야 하면 의욕이 꺾인다.

학생 개개인은 배우는 방식이 모두 다르기 때문에 좋은 교육자라면 각각의 학생이 정답을 얻는 방법을 알고 공부 내용을 즐긴다면 충분하다고 받아들여야 한다.

서술적 학습과
절차적 학습을 혼합하라

가르치는 방법에 따라 학생이 배우는 방식이 달라지기도 한다. 교육자가 연이어 설명하거나 규칙이나 패턴을 강조하면서 짧고 명쾌하게 가르치면 서술적 기억 체계를 통한 학습이 강화된다. 반면 연습을 많이 하면 절차적 체계 학습으로 전환한다.

예를 들어, 2×3=6이라는 사실을 서술적 체계로 처음 배운 학생은 우선 이를 신경세포 연결 고리 무리에 저장한다. 2×3=6을 연습할 때는 그와 다른 연결 고리 무리에 저장한다. 그렇게 간단한 덧셈과 뺄셈, 구구단을 연습하다 보면 결국 수 개념을 절차적, 직관적으로 이해하게 된다.

마찬가지로 파란색과 노란색을 섞으면 녹색이 된다는 색상환의 기본 사실을 배울 때는 서술적 체계를 통해 학습한다. 그러나 물감을 섞는 연습을 할 때는 절차적 체계를 통해 색깔 사이 관계를 이해한다. 서술적 체계와 절차적 체계가 함께 작용해 미술의 개념을 잡아간다.

학생들은 서술적으로 배우는 내용을 말로 옮길 수 있지만 절차적으로 배우는 내용은 말로 잘 옮기지 못할 때도 있다. 그러니 둘 다 학습에는 꼭 필요하다.

그래픽 오거나이저를 활용해
스키마 구축하기

학습 내용을 시각적으로 표현하는 그래픽 오거나이저를 이용해 내적 스키마를 구축할 수 있다. 그래픽 오거나이저는 유사점과 차이점, 주요 특징들, 개념의 단계적 구조를 보여준다. 유동적이고 즉흥적인 구조인 개념도와 달리, 범주와 개념이 어떻게 연결되는지 뿐 아니라 어떻게 대조되는지도 보여준다. 덕분에 학생들은 핵심 개념을 나열하고 비교하면서 패턴과 영향에 대한 감각을 키우고, 그 내용을 더 깊이 이해할 수 있다. 연구에 따르면, 그래픽 오거나이저가 공책 필기보다 효과적이라고 한다. 공책 필기는 순차적인 활동이다. 반면 그래픽 오거나이저 만들기는 공부하는 내용을 머릿속에서 일관성 있는 구조로 재구성하기에,[54] 스키마를 견고하게 만들어 확장할 수 있다.

초등학교 1학년 문학 수업이라면 이야기를 듣고 주인공, 배경, 일련의 사건들을 설명하는 이야기 지도를 완성하면서 문학적 요소에 대한 스키마를 구축할 수 있다. 여러 이야기에 대해 그래픽 오거나이저를 만들다 보면 이야기 요소가 어떻게 비슷한지, 이야기마다 각 부분이 어떻게 어우러지면서 전체를 이루는지 이해할 수 있다. 이를 반복하며 중·고등학생이 되면 문학적 요소에 대한 스키마가 점점 확장된다. 이야기의 시작과 중간, 끝을 알아차리는 수준을 뛰어넘어 발단, 전개, 갈등, 절정, 결말을 설명하는 수준에 이른다. 주요 등장인물을 설명할 수 있을 뿐 아니라, 주인공의 행동이 그 이야기의 절정에 어떤 영향을 주는지도 설명할 수 있다.

그래픽 오거나이저의 예시: 이야기 지도 만들기

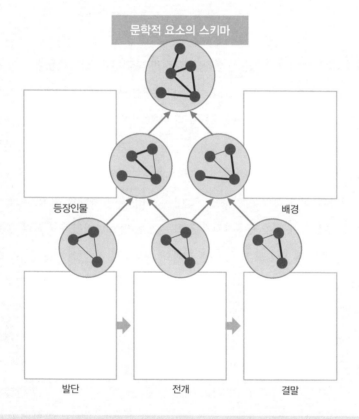

스키마의 주요 특징을 종이에 써넣은 그래픽 오거나이저는 학생들이 내적 스키마를 개발하는 데 도움이 된다. 위의 이야기 지도는 학생이 소설의 문학적 요소를 찾아 시각화하는 데 도움이 된다.

교육의 뇌과학

그래픽 오거나이저 효과를 활용해 학생들의 스키마를 구축하는 요령은 다음과 같다.[55]

1. 그래픽 오거나이저를 소개하기 전에 학생들에게 그 개념을 가볍게 이해시킨다. 학생들은 이해하지 못하는 지식을 응용할 수 없다.
2. 학생들에게 그래픽 오거나이저 템플릿을 주고 스스로 채워 넣게 한다. 이 작업은 내적 스키마를 구축하는 발판 역할을 한다.
3. 이미 내용을 어느 정도 알아서 기존의 스키마를 강화하려는 학생은 자신만의 그래픽 오거나이저를 만들도록 한다. 이 작업을 위해 배우고 있는 개념에 적합한 다양한 유형의 오거나이저를 알려준다. 비교와 대조를 위한 도표, 사건을 순서대로 나열하는 연대표, 인과 관계를 정리하는 표 등을 학생이 스스로 만들 수도 있다.
4. 마지막으로 그래픽 오거나이저를 활용해 토론, 보고서 쓰기, 조사 등 다양한 활동을 하면서 배운 내용을 강화해서 확장하게 한다.

학습 내용의 주요 매개 변수를 선택하고 비교하며 훈련할 수 있도록 주제에 맞는 그래픽 오거나이저를 만들거나 찾아보자. 또는 학생들 스스로 그래픽 오거나이저를 만들게 하자.

끼워 넣기 연습, 시간을 두고 반복하기
수업의 이유 설명하기

학교에서, 또는 숙제로 짧은 문제를 자주 풀게 하면 학생들은 절차적 기억과 서술적 기억을 함께 쌓을 수 있다. 이때 처음 몇 문제는 지금 배우고 있는 중심 개념에 집중해야 한다. 그다음에 자주 헷갈리는 개념을 다루는 끼워 넣기 문제로, 그리고 예전에 배운 내용에 대한 문제(시간을 두고 반복하기)로 넘어가야 한다.

언어 학습의 경우 빠른 피드백과 자연스러운 끼워 넣기 연습을 활용하는 몰입형 학습에 가까워질수록 절차적 체계를 통해 정보를 쌓아가게 된다.

학생들은 틀리기 싫어하기 때문에 어려운 문제와 직접 씨름하는 대신 교사가 정답을 말해주기를 기다리기도 한다. 그러나 궁극적으로 학생들은 독립적으로 학습할 수 있어야 한다. 운동 선수가 더 강한 쪽 다리에 의존하는 경향이 있는 것처럼 모두가 잘하는 영역에만 의존하려는 경향이 있고, 그러면 왜 좋지 않은지를 설명해준다. 공부할 때는 어려운 내용을 피하지 말고 적극적으로 도전하는 것이 바람직하다는 설명도 덧붙인다. 배우는 과정에서는 '강한 다리'(이미 알고 있다고 생각하는 내용)와 '약한 다리'(새로 배우고 있는 내용)를 번갈아 공부해야 한다.

약간 다른 개념을 끼워 넣은 문제를 풀면 강한 다리뿐 아니라 '배우고 있는 다리'(혹은 모두)를 튼튼하게 만들 수 있다고 설명한다.

마지막으로, 어려운 공부에 적극적으로 도전해야 하는 이유에 대해 교사가 방금 가르친 내용을 학생들이 짝을 지어 서로 설명해보라고 한다. 또한 지금까지 도전을 통해 생각보다 더 큰 성취를 이루어냈던 사례를 이야기해보라고 할 수도 있다.

KEY IDEAS

- 두뇌가 장기 기억에 정보를 저장하는 주요 경로로 서술적 경로와 절차적 경로 두 가지가 있다. 두 경로는 신피질의 장기 기억에 각각 정보를 저장한다.

- 서술적 경로는 의식적이며, 빠른 속도로 학습한다. 절차적 경로는 무의식적이며, 더 느린 속도로 학습한다.

- 일단 학습하고 나면 절차적 체계가 서술적 체계보다 훨씬 더 신속하게 정보를 활용한다. 그러나 절차적 학습은 융통성이 부족하다. 키보드 자판의 배열이 조금만 바뀌어도 자판을 치는 속도가 느려지는 것과 같다.

- 서술적 체계와 절차적 체계 모두를 통해 정보를 얻는 것이 좋다. 그러면 더 유연하고 융통성 있으며 신속하게 문제를 해결할 수 있다.

- 교육자들은 직접 지도의 '내가 한다' 단계에서 학생들의 서술적 학습을 강화하기 위해 설명하고 시범을 보여준다. 그다음 학생들이 연습하면('우리가 한다' 단계) 절차적 경로가 활성화되어 배운 내용을 자동화할 수 있다.

- 절차적 체계는 어릴수록 강력하지만 성장하면서 점차 약해지고, 서술적 체계는 어릴수록 약하지만 성장하면서 점점 더 강해진다.

- 끼워 넣기 연습은 같은 주제를 동일하게 반복하지 않고, 한 주제 안에서 미묘하게 다른 지식을 섞어서 연습하는 방법이다.

- '바람직한 어려움'을 적용한 학습은 개념을 이해하고 기억하기 위한 강렬한 정신적 노력으로, 신경세포 연결 고리를 강력하게 구축한다.

- 스키마는 특정 주제를 학습한 연결 고리를 하나로 묶어주는 '신경세포 선반'이다. 기존 스키마 덕분에 학생은 한 주제에 대한 새로운 내용을 더 쉽게 배울 수 있다.

교육의 뇌과학

- '시간을 두고 반복하기'는 배운 내용을 며칠 혹은 몇 달에 걸쳐 인출 연습을 하는 일이다.

- 연구에 따르면, 끼워 넣기 연습과 시간을 두고 반복하기 모두 절차적 체계를 통해 학습을 구축하기 좋다.

- 학생이 개념을 명확하게 표현하는 능력보다 개념을 적용하는 방법을 알고 있다는 사실이 더 중요하다. 개념을 설명할 수 있다고 반드시 개념을 이해했다는 의미는 아니다.

제3부

뇌과학이 찾아낸 새로운 교육의 힘

제 7 장

공부하는 분위기
조성하는 법

3교시 시작을 알리는 종이 울린다. 두웰 선생님 반의 학생들은 조용히 앉아서 과제를 시작한다. 교실에 들어오면, 오늘 해야 할 과제가 이미 칠판에 적혀 있다. 학생들은 4명씩 무리지어 공부하고, 가운데 자료 바구니가 놓여 있다. 과제를 끝낸 학생들은 바구니에서 수업에 필요한 자료를 가져간다. 두웰 선생님은 단편 소설 수업을 위해 줄거리 지도와 색색의 접착식 메모지를 바구니에 준비해두었다.

가이디드 선생님 교실에는 몇몇 학생이 뒤늦게 문으로 들어온다. 학생들은 연필깎이 앞에 줄을 선다. 찰리가 자리로 가다가 제이크의 책을 바닥에 떨어뜨리자, 두 소년은 서로를 노려본다. 교실 반대편에서는 두 학생이 "오늘 뭐해요?"라고 묻고, 가이디드 선생님은 화가 나서 고개를 쳐든다. 선생님이 준비물을 챙기면서 학생들에게 자리에 앉아 공책을 꺼내라고 말한다. 학생 중 절반은 사물함으로 공책을 찾으러 간다.

두 교사 모두 최선을 다하고 있지만 두웰 선생님 같은 능숙한 교사가 가르치는 교실은 시곗바늘처럼 정확하게 돌아가므로 매 순간이 중요하다. 반면 가이디드 선생님의 수업은 시작부터 어려움을 겪는다.

이 장에서는 신경과학 연구를 바탕으로 수업 방식을 약간만 바꿔도 수업 진행이 얼마나 달라지는지 알아보려고 한다. 한 가지 힌트를 말하자면, 모든 면에서 절차적 학습이 핵심 역할을 한다는 점이다.

절차적 학습의 힘을
형성하는 습관

6장에서 본 자동차 운전의 예시를 다시 생각해보자. 집으로 돌아가는 길에 도로에 주의를 기울이지 않고 다른 생각을 하면서도 운전할 수 있었다. 어떻게 이런 일이 가능할까?

처음에는 서술적 체계로 구축한 장기 기억 연결 고리를 활용해 집으로 가는 방법을 배운다. 그러나 이를 반복하면 절차적 체계가 연결 고리를 구축한다. 의식적으로 생각하지 않아도 몸과 머리가 무엇을 해야 하는지 알기 시작한다. 습관적인 경로로 집에 가는 데 익숙해져서 다른 곳에 들르려고 할 때조차 깜빡 잊고 평소처럼 집으로 갈 가능성이 높다!

절차적 기억 덕분에 일상적으로 반복하는 일이 습관이 된 것이다. 교실이 매끄럽게 돌아가게 하는 데 그 힘을 활용할 수 있다. 절차적 기억은 일단 장기 기억으로 구축되면 신속하게 나온다. 기저핵의 마술적인 '뛰어넘기' 덕분에 그 행동을 자동으로 할 수 있다. 절차적 체계를 활용하면 습관을 기를 수 있어서 모든 학생이 수업에서 긍정적인 경험을 하게 된다.

하지만 좋은 습관은 우연히 생기지 않는다. 준비물을 효율적으로 챙기는 방법이나 교사의 관심을 얻는 방법을 상식으로 여길 수도 있지만, 학생들은 아직 상식을 잘 모른다.

교육자는 학생들이 목적의식을 가지고 수업에 들어오고, 협력해서 공부하고, 주의가 분산되는 일 없이 다른 장소로 이동하는 모습을 머릿속에 그릴 수 있다. 하지만 학생들은 교육자의 이러한 기대를 저절로 알 수 없다. 따라서 학기 초반 며칠 동안 교육자는 자신이 구상한 수업의 방향과 규칙을 학생들이 명확히 이해할 수 있도록 전달해야 한다.

생산적인 수업 분위기
만드는 법

개학 전에도 따뜻하고 생산적인 수업 분위기를 조성할 수 있다. 수업 진행 방식을 미리 알려주면 학생들의 불필요한 걱정을 줄일 수 있으며,[1] 대신 새로운 배움과 성취에 대한 기대감에서 오는 긍정적인 긴장감을 느끼게 된다.[2]

개학 직전

학생과 학부모에게 교사를 소개하고, 첫날에 무엇을 할지 알리는 메시지를 보낸다. 수업을 어떻게 진행할 것인지 흥미진진하게 설명해야 한다. 메시지가 스릴러 영화 광고문이라고 생각해보자. 단순 설명이나 목표만 나열해서는 안 된다. 학생의 불안을 줄여주면서 필요한 준비물을 알려주는 내용이어야 한다.

개학 첫날

개학 첫날이 되면 학생들은 자유로웠던 일상과 작별하고, 해가 뜨기도 전에 일어나 등교해서 7시간 동안 이 교실 저 교실 옮겨 다녀야 한다. 화장실을 갈 때조차 허락을 받아야 한다. 생활 변화에 잘 적응하게 하려면 교사가 개학 첫날 계획을 꼼꼼히 세워야 한다. 베스트셀러 『개학 날*The First days of School*』의 저자 해리와 로즈메리 웡은 첫날 학생들이 던질 질문을 예상하고 어떻게 답할지도 계획한다. 이를 통해 엄격한 학교 일정을 따라야 하는 학생들의 적응을 도와줄 수 있다.

　다음은 개학 첫날 준비에 도움이 되는 질문과 답변 목록이다.[3]

교실을 잘 찾아왔는가?

이 질문은 온라인 수업에도 해당된다. 허둥대며 이 교실 저 교실 찾아다니는 학생들이 개학한 첫날 느끼는 불안감을 우리 모두 잘 안다. 입학이나 전학으로 인해 학교 건물 배치에 익숙하지 않으면 특히 더 그렇다. 교실 문과 칠판 근처에 교사의 이름, 학년, 가르치는 과목을 적어두면 금방 눈에 띈다. 그러면 학생들이 교실을 잘못 찾아가는 일이 줄어든다.

어디에 앉을까?

좌석 배치를 미리 계획하자. 친한 친구와 같은 반이 된 학생들은 친구 옆에 앉고 싶어 하며, 친구 옆에 앉아도 방해가 되지 않는다고 교사를 설득하려고 한다. 하지만 친구들끼리 나란히 앉으면 딴짓을 하기 쉽다. 서로 잘 모르는 학생끼리 앉으면 이런 행동을 최소한으로 줄일 수 있다. 또한 새로운 친구와 우정을 쌓을 기회도 된다.

끼리끼리 앉게 하지 않고 교사가 자리를 배치하면, 수줍음이 많고 불안해하는 학생들의 스트레스가 줄어든다. 인간에게는 기본적으로 소속감을 추구하는 본능이 있어서, 자리를 고르는 과정에서 누구도 소외되는 경험을 하고 싶어 하지 않는다. 이러한 소속 욕구는 청소년기에 더욱 강하게 나타나는데, 이 시기에는 사회적 소외에 대한 뇌의 반응이 성인보다 훨씬 예민하기 때문이다.[4] 자리를 정해주면 소외되었다고 낙담하는 학생이 생기지 않는다.

공동 저자인 로고스키는 수업 첫날 강의실 앞에서 학생들을 맞이하면서 학생 한 명 한 명에게 직접 카드를 건넨다. 미리 책상을 4개씩 1조로 배치한 다음, 각 조에 카드를 올려놓고 받은 카드와 똑같은 카드가 있는 책상에 앉으라고 알려준다. 4개의 책상 중에 하나를 고를 수 있게 해서 학생들에게 어느 정도의 선택권을 준다.

보통은 친구들과 함께 들어오는 경우가 많으므로, 같이 들어오는 아이들에게 다른 색의 카드를 주면 친구들끼리 앉는 일을 방지할 수 있다. 학생들이 어디에 앉을지 개학 첫날 정해주면 다음 장에서 설명할 협동 작업을 함께 할 모둠 배치 문제가 자동으로 해결된다.

선생님은 어떤 사람일까?

먼저 교사 자신을 소개하는 것으로 시작하자. 1년 동안 함께할 학생들과의 관계를 위해 적절한 수준의 개인적인 이야기를 나누는 것이 좋다. 학생들은 선생님의 반려동물, 좋아하는 스포츠, 취미 등을 궁금해한다. 학생들과 관련이 있는 이야기, 가령 교사가 지금 학생들의 나이였을 때는 어땠는지 알려주자. 어떤 걱정을 하고 어떤 목표를 세웠는지, 그 나이에 일어난 일들 때문에 삶이 어떻게 달라졌는지 등을 이야기해주면 좋다.

이런 이야기를 통해 학생들과 친밀한 관계를 맺을 수 있다. 교사가 먼저 자기 소개를 하면, 많은 학생이 교사에게 자신의 반려동물, 좋아하는 스포츠, 방과 후에 하는 일 등을 이야기하기 시작한다. 학생들이 교사를 신뢰하면 어려움과 두려움도 쉽게 털어놓는다. 교육에서 관계는 아주 중요하다. "학생은 교사가 자신에게 얼마나 관심을 쏟는지 알고 난 뒤에야 교사가 얼마나 아는지 궁금해한다"는 격언을 명심하자.

우리는 무엇을 하게 될까?

앞으로 가르칠 내용에 대해 관심을 불러일으켜야 한다. 수업 내용도 물론 중요하지만, 첫날부터 깊이 파고들지는 말자. 첫날은 예고로 시작해야 한다. 화학을 가르친다면 액체를 기체로 바꾸는 간단한 실험으로 학생들의 감탄을 끌어내는 식이다. 학생들은 더 자세히 알고 싶어 하겠지만, 이 때는 설명을 아껴야 한다. 학생들이 더 알고 싶도록 흥미를 자극하는 게 중요하다는 사실을 잊지 말자. 답을 알려주면 금세 호기심이 잦아든다.

영어를 가르친다면 앞으로 읽을 이야기 속 등장인물의 성격과 갈등으로 학생들의 관심을 끌어보자. 이야기 중 간단한 장면을 학생들과 함께 연기해볼 수도 있다. 이런 활동은 학생들의 나이와 상관없다. 공동 저자인 로고스키는 대학생 대상 수업에서 첫날 학생들에게 냉장고 부품 역할을 맡아 연기해보라고 하기도 했다. 학생들은 연기하면서 냉각기, 압축기, 증발기에 대해 호기심을 가진다. 이처럼 첫날에는 학생들의 호기심과 열정을 자극해서 더 배우고 싶도록 만들어야 한다.

어떻게 행동해야 할까?

학생들에게 수업 중 허용되는 행동을 알려줄 때는 구체적인 절차와 함께 그 이유를 설명하는 것이 좋다. 학생들은 교사의 규율에 타당한 근거가 있다는 것을 알면 더욱 잘 따르기 때문이다.

초·중학생에게는 중요하게 여기는 일(감정을 자제하거나 착하게 행동하기, 못되게 굴지 않기 같은)을 알려주면 효과가 좋다. 수업 첫날이나 둘째 날에 해서는 안 되는 일만 나열하면 학생들은 쉽게 흥미를 잃는다. 그러므로 부정적인 면에 집중하는 대신 재미있는 시간을 갖자! 학생들끼리 모둠으로 모여 어떤 행동이 착해 보이고, 어떤 행동이 못되게 보이는지 사례를 생각해보게 한다. 학생들은 특정 행동들에 대해 수다를 떨 수 있으며 특히 방귀 같은 주제로 이야기를 하면 긴장이 풀어진다.

반 전체가 그 문제를 주제로 이야기하고 표(그래픽 오거나이저)를 만들면서 공감대를 형성한다. 이때 각 형용사(착한 행동과 못된 행동)에 대한 표

교육의 뇌과학

착한 행동	
• 활동에 참여하기 • 똑바로 앉기 • 교사나 발표자를 눈 맞추고 바라보기 • 말하는 사람을 눈 맞추고 바라보기 • 뒷정리하기 • 손을 들어 발표하기 • 책상 위에 교재를 똑바로 올려놓기	• 명확하고 적당한 음량과 어조로 말하기 • 질문을 받으면 대답하기 • 교사나 발표자의 말을 조용히 듣기 • "부탁합니다", "감사합니다"라고 말하기

못된 행동	
• 수업 시간에 잡담하기 • 누군가를 따돌리기 • 허락받지 않고 전자기기, 앱이나 도구를 사용하기 • 교재를 사물함에서 꺼내지 않기	• 다른 학생들을 방해하기 • 누군가를 욕하기 • 불평하기 • 헐뜯는 소리 하기

를 따로 만들고, 표의 한쪽에는 눈을, 다른 한쪽에는 귀를 그린다. 예를 들어, 손을 든 후 발표하기와 다른 학생들 방해하지 않기처럼 놓치기 쉬운 중요한 행동을 이야기하도록 토론을 이끌어야 한다.

지켜야 할 행동에 대해 토론하면서 그런 행동의 사회 정서적 측면을 강화해 교육 범위를 넓힐 수 있다.[5] 이 과정에서 학생들이 배우고 연습하는 것이 단순한 규칙이 아닌, 삶에서 필요한 중요한 기술이라는 점을 강조하는 것이 좋다.

돌아가면서 발표하게 하면 학생들은 더 편안하게 발표에 참여한다. 모두가 이야기할 기회를 가진다는 사실을 알기 때문이다. 또 학생들은 이런 토론과 표 만들기를 통해 어떤 행동을 해야 좋을지 명확하게 알 수 있다. 교실에 표를 걸어놓고 학생들이 참고할 수 있게 하자. 학년이 높아지면 바람직한 행동을 추가할 수 있다. 학생들 스스로 규칙을 정했기 때문에 책임감을 가지고 잘 받아들인다.

첫째 주: 절차 정하기

절차는 어떤 일을 하려고 정한 방식으로, 학생들을 보호하는 안전망이자 학습의 틀이다. 수업 계획을 세울 때 학생들이 어떻게 공부하고 싶어 하는지 충분히 생각해보자. 필기는 어떻게 할까? 어떤 비품이 필요하고, 그 비품을 어떻게 구할까? 짝과 함께 공부할까, 아니면 소규모 모둠으로 공부할까? 짝이나 모둠은 어떻게 정할까? 얼마나 많은 시간이 필요할까?

질문을 하나씩 던지고 답을 찾다 보면 절차를 정할 수 있고, 예상치 못한 사고나 혼란이 생기지 않도록 예방할 수도 있다. 이렇게 절차가 잘 확립되고 강화된 수업에서는 학생들이 과제에 더 집중하고, 수업 자료가 체계적으로 준비되며, 전반적인 분위기도 긍정적으로 유지된다.

절차를 효과적으로 가르치기 위해서는 직접 지도를 통해 정보를 학생들의 서술적 기억 체계에 잘 정착시켜야 한다. 어떻게 해야 교실에 올바르게 들어오는 것인지, 학생들이 해야 하는 일을 이야기한다. 그 절차를 단계별로 나누어 각 단계를 어떻게 수행해야 하는지 보여준다. 마지막으로, 학생들이 각 절차를 완전히 익힐 때까지 교사가 꼼꼼히 지켜보는 가운데 연습하게 한다.

학생들이 처음 그 절차를 배울 때는 자주 특정 행동을 때맞춰 칭찬해주면서 강화해야 한다. 그다음 그 기술을 연습해서 습관이 될 때까지 강화하면서 절차적 경로를 활용한다. 학생들이 잊어버리면 다시 가르치자. 절차적 체계의 마법으로 교사가 일깨워주지 않아도 학생들은 대부분 교사가 원하고 기대하는 행동을 하게 된다.

학생들에게 가르치는 일반적인 절차[6]

- 교실에 들어가기
- 출석 확인하기
- 수업 토론에 참여하기
- 도움 요청하기
- 기술 활용하기
- 제출할 과제물에 제목과 이름, 날짜 쓰기
- 놓친 과제 보충하기
- 손짓 신호로 필요한 내용 전달하기(화장실에 가야 한다는 등)
- 자유 시간 활용하기
- 점심을 먹거나 버스 타러 교실 밖으로 나가기

절차를 정하면 학생들에게 무엇을 기대하는지 알려줄 수도 있다.[7] 수업을 시작할 때 학생들이 자리에 앉아서 과제를 하면 그 행동을 언급하고, 높은 기대 수준을 충족시켜 주어서 고맙다고 말로 표현한다. 구체적인 행동을 인정하고 칭찬하면서 강화해야 학생들에게 의욕이 생기며, 게으른 학생들에게도 무엇을 해야 하는지 신호를 줄 수 있다. 추가로, 학생들이 해야 할 일을 내면화하면 어려움을 겪는 다른 학생들에게 직접 도움을 주는 경우가 많다. 이런 식으로 습관이 교실의 분위기를 조성한다.

일관성이 중요하다

가이디드 선생님도 새 학기가 시작될 때 학생들에게 절차를 알려주었을 것이다. 그러나 학생들이 이를 일관적으로 지키도록 지도하지 않았거나, 교사 자신이 따르지 않았을 수도 있다. 그런 선생님의 교실을 훑어보면 수업 시간을 엄청나게 낭비하는 경우가 많다.

반면 문제가 생기기 전에 예방하면 안정적이고 생산적인 교실 분위기를 만들 수 있다. 두웰 선생님의 교실은 잠시만 들여다보아도 호기심이 인다. 『최고의 교사는 어떻게 가르치는가 2.0』(해냄출판사, 2016)의 저자 더그 레모브는 이 두 교실 분위기의 차이를 이렇게 설명한다.

효율적인 수업 문화가 자연스럽게 보이기 때문에, 많은 사람들은 이를 만들기 위한 교사의 노력을 알아채지 못한다. 교사가 학생들의 행동에 대해 자주 언급하지 않는 것을 보고, 행동 지도를 최소화해야 한다고 오해하기도 한다. 하지만 이는 역설적인 결과를 낳는다. 행동에 대해 의도적으로 언급을 피하면 결국 수업에서 의미 있는 대화가 줄어든다. 반대로 행동 문화에 대해 의도적이고 일관된 지도를 하면, 역사, 예술, 문학, 수학, 과학 등을 가르칠 때 학생들의 산만함이 자연스럽게 해소된다.[8]

뜻밖의 보상으로 도파민을 유발하라

학습에서 재구성 과정은 매우 중요하지만, 새로운 신경세포 연결 고리를 만들기란 쉽지 않다. 신경돌기가 돋게 하고, 가지돌기 가시에 연결되게 하고, 다양한 상황에서 많은 연습을 통해 새로운 신경세포 연결 고리를 강화해야 하기 때문이다.

그러나 재구성 과정을 훨씬 쉽게 만들어주는 마법 같은 화학물질이 있다. 바로 도파민이다. 이 짜릿한 신경 화학 물질은 서술적인 학습과 절차적 학습 모두에 중요한 역할을 한다. 따라서 학생들 두뇌의 특정 부분을 도파민으로 흠뻑 젖게 하는 방법만 알아낸다면 학습이 훨씬 더 신속하게 이루어질 수 있다.

뜻밖의 보상의 특별한 가치

학생들의 두뇌는 순간순간 어떤 보상을 받을 수 있을지 예측한다. 보상이란 물건이든 행동이든 내적 감정이든 긍정적으로 인식하는 무언가를 의미한다.[9] 학생들의 일상은 대부분 예상 가능하게 흘러간다. 그래서 초콜릿이나 롤러코스터 같은 뭔가가 마법처럼 나타나지 않는 한 두뇌는 빈둥거리며 평소처럼 활동할 뿐이다. 그러나 뜻밖의 보상이 주어지면 학습과 관련된 두뇌의 여러 부분에서 도파민이 분출된다. 이 도파민으로 기분이 좋아질 뿐 아니라, 신경세포 사이 연결 고리가 더 쉽게 강화된다.[10]

앞에서 말했듯 서술적 체계와 절차적 체계는 경쟁적인 시소의 양 끝과 같은 관계다. 그러나 도파민은 두 체계가 잠시 경쟁을 멈추고 협력하게 해준다.[11] 즉, 뜻밖의 보상으로 분출된 도파민이 학습을 돕는다![12]

---

* 예상치 못한 보상을 받으면 도파민이 일시적으로 증가하는데, 이는 시냅스의 가소성을 조절하여 앞으로 비슷한 보상을 얻기 쉽게 만든다. 즉, 이렇게 분비된 도파민은 학습과 관련된 신경세포들의 연결을 강화하는 데 도움을 준다. 농구공을 처음으로 골대에 넣거나, 수학 문제를 풀거나, 어휘 퀴즈를 맞추었을 때 느끼는 성취감으로 인한 도파민 분비는 뇌를 재구성하여 다음에 같은 활동을 할 때 더 수월하게 수행할 수 있도록 한다.

도파민은 바람직한 결과를 이끌어내는 행동을 강화한다. 교사가 과제를 살피는 동안 학생들이 책상에 앉아만 있다면 무엇이 됐든 보상을 받으리라는 기대를 하기 어렵다(수업이 끝날 때까지 너무 멀게 느껴질 수도 있다). 교사가 모든 학생에게 번호 순서대로 줄을 서라고 해도 마찬가지다.

그런데 학생이 줄을 설 때 교사가 활기찬 목소리로 "자리에서 일어나니 피가 잘 통해서 좋지 않아요? 천장을 향해 몸을 쭉 펴봐요"라고 말하면, 이것이 뜻밖의 보상이 된다. 교사의 쾌활한 목소리와 자리에서 일어날 수 있는 상황을 보상으로 인식하는 것이다! 뜻밖의 보상은 뇌의 쾌락 중추만 자극하지 않는다. 도파민은 학습과 관련된 두뇌의 여러 부분에서 치솟으며, 작업 기억을 획기적으로 개선한다.[13] 덕분에 학생들은 줄 서기가 기분 좋다고 인식하며, 줄 서는 방법을 더 쉽게 배운다.

가이디드 선생님의 경우와 비교해보자. 가이디드 선생님은 학생들이 줄을 잘 서기를 기대하고, 줄 서기가 아주 간단한 일이라고 생각한다. 그래서 학생들이 원하는 대로 줄을 서지 않으면 소리를 지른다. 지루해하던 아이들은 갑자기 부정적이 된다. 도파민 수치는 갑자기 뚝 떨어지고, 신경세포 역시 도파민 분비를 중단한다. 아이들의 학습 능력은 도파민 수치 감소와 함께 곧바로 떨어진다. 학생들의 두뇌는 '배우지 않겠다'고 반응한다. 도파민 수치가 갑자기 낮아지면 신경세포가 서로를 차단하는 신호가 방출된다.[14]

결과적으로 가이디드 선생님은 줄 서기처럼 간단한 일조차 해내지 못하는 학생들에 대한 불만이 더 커진다. 학생들은 가이디드 선생님에 관해 부정적인 인식이 생겨나고, 그로 인해 줄 서는 행위까지 부정적으로 느낀다. 아이들은 발을 질질 끌고, 가이디드 선생님은 더욱 화를 낸다. 두웰 선생님의 학생들은 똑똑하고 예의 바른 것 같은데, 왜 자신은 올해에

뜻밖의 보상은 두뇌 곳곳에
도파민을 분출한다.

시간

뜻밖의 보상을 받으면 두뇌의 시냅스(신경세포 사이의 틈), 즉 학습의 새로운 연결 고리가 형성되는 부분에서 도파민이 분출된다. 이 도파민은 뜻밖의 보상을 받기 전과 받는 동안 그리고 받은 후에 발달하는 연결 고리를 강화하는 데 도움을 준다.[*]

도 이렇게 나쁜 학생들을 가르쳐야 하는지 이해할 수가 없다(두웰 선생님의 학생들이 더 똑똑한 이유는 선생님이 만든 수업 분위기 때문이다. 도파민이 자주 분비되면 학생들의 시냅스가 새로운 학습에 매끄럽게 연결된다).

또 다른 사례가 있다. 수업에 들어오면서 '에세이를 쓰고 싶어 죽겠어!'라고 생각하는 학생은 거의 없다. 그래서 공동 저자인 로고스키는 글쓰기

---

[*] 뜻밖의 보상으로 연결 고리가 얼마나 오랫동안 발달할까? 물론 상황에 따라 다르다. 연구 결과에 따르면, 새로운 자극으로 인해 분비된 도파민과 노르아드레날린은 자극 이후 30분까지 학습 내용을 강화하는 효과가 있다고 한다(van Kesteren and Meeter, 2020; Dayan and Yu, 2006).

과정을 작은 단계로 나누고, 글쓰기가 쉽고 훌륭한 일이라고 열정적으로 학생들을 설득한다. 또한 글쓰기를 특별히 어려워하는 학생들에게서 칭찬할 만한 부분을 찾아내 전체 학생이 들을 수 있도록 즐겁게 읽어준다.

이런 칭찬이 뜻밖의 보상으로 학습의 신경세포 연결을 촉진하는 완벽한 사례다. 이따금 긍정적으로 격려하면 학생들이 새로운 지식을 더 쉽게 배울 수 있다. 스키마가 점점 더 발달하면서 학생들은 자유자재로 글을 쓰면서 수정하고 주제에 따라 변화를 꾀할 수 있게 된다.

학습에 대한 신경세포의 재구성을 촉진하려면 '뜻밖의' 보상을 제공해야 한다는 점이 중요하다. 숙제를 마친 후 비디오 게임을 하기처럼 예상되는 보상은 동기 부여에는 도움이 될 수 있지만, 학습에는 도움이 되지 않는다. 시냅스를 재구성할 필요가 없는 예상되는 보상 다음에는 도파민이 분비되지 않는 것 같다. 두뇌가 이미 그 보상을 정확하게 예측하고 있기 때문이다.[15] 언제나 긍정적으로 반응하면 학생이 긍정적인 평가를 예측하게 된다는 점이 문제다. 그러면 교사의 긍정적인 태도가 학생의 학습에 의도만큼의 효과를 발휘하지 못한다.

이와 관련해 중요한 포인트가 있다. 학생이 어떤 과목을 싫어하는 이유는 보통 충분히 연습하지 않았기 때문이다. 연습은 스키마를 발달시키는 데 도움이 되고, 스키마는 학습이 쉬워지도록 만든다. 뇌과학자 츠한 왕과 리처드 모리스는 "일단 스키마가 구축되면 새로운 정보는 신속하게 스키마에 흡수된다. 우리는 관심 분야와 관련된 정보는 재빨리 기억하지만, 관심 분야를 구축하기까지 시간이 걸린다"라고 지적한다.[16]

학생이 진정으로 원하는 보상을 찾는 법

예상되는 보상은 동기를 유발한다. 포모도로 기법의 경우, 일정 시간 집

교육의 뇌과학

중한 후에 보상으로 누리는 휴식이 강력한 동기를 유발한다.[17] 하지만 보상이 한참 후에 오면 동기를 유발하는 정도가 약해진다.

　보상을 주는 시간을 늦출 때 동기 유발이 줄어드는 두뇌 작용을 '시점 할인temporal discounting'이라고 부른다. 가파르게 떨어지는 시점 할인은 청소년기의 충동적이고 무분별한 행동과 관련이 있다. '나중에 더 큰' 보상을 받기보다 '작아도 더 빠른' 보상을 받으려는 이런 경향은 기저핵에서 선조체로 알려진 부분의 변덕스러운 작용과 관련이 있다.[18] 기저핵은 이처럼 즉각적인 보상 선호에 관여할 뿐 아니라, 우리의 빠르고 무의식적인 절차적 사고와 행동을 조절하는 중요한 신경세포 영역이다.

　예상되는 보상의 기준이 교사의 생각과 다른 경우도 문제가 된다. 예를 들어, 학생은 또래 친구들로부터 받는 사회적 인정을 가장 큰 보상으로 느끼는 경우가 많다. 배우는 내용을 이해하거나, 좋은 성적을 받아 부모님을 기쁘게 하거나, 연필이나 스티커를 상으로 받을 때보다 더 큰 보상이라고 여긴다. 공부를 우습게 여기는 사회 집단에서 또래에게 인정받고 (보상받고) 싶은 학생들은 일부러 학교 공부를 하지 않으려 한다.

　전통적인 학교 교육에 따라 공부를 잘하고 싶다는 동기를 자연스럽게 갖는 학생도 있고, 또래들 사이에서 나름의 보상을 받기 때문에 공부를 중시하지 않는 학생도 있다. "부패의 근원을 뿌리 뽑고 싶으면 돈의 흐름을 추적하라"라는 옛 속담이 있다. 교육에서 학생이 공부에 의욕을 느끼지 않는 이유를 이해하려면 '보상의 흐름을 추적해서' 학생이 진정으로 무엇을 바라는지 찾아내야 한다. 전문 상담사나 심리치료사의 능력을 갖추기는 힘들지라도, 교사가 중시하는 주제가 학생에게도 가장 중요한 부분은 아닐 수도 있다는 사실을 알면 도움이 된다.

자신감이 너무 부족하거나 넘치는 학생 가르치기

학생들은 때때로 자신이 사기꾼 같다고, 도저히 교실의 다른 학생들처럼 잘해낼 수 없다고 느낀다. 특히 공부를 잘하는 학생들이 이런 기분을 자주 느낀다.[19] 노스캐롤라이나 주립대학교 교수이자 미국 공학 교육 분야에서 가장 존경받는 리처드 펠더는 이런 학생의 머릿속에서 맴도는 잠재의식을 이렇게 설명한다.

'나는 여기에 어울리는 사람이 아니야. 영악하게 다른 사람들을 속여왔지. 모두 내가 대단하다고 생각하지만 나는 알아. 언젠가는 다들 알아차리겠지. 내가 배운 내용을 이해하지 못한다는 사실을 알아낼 거야. 그리고……'

시험에서 평균 이하의 성적을 받는 등 조금만 압박감을 느껴도 학생은 그 과목이 자신과 맞지 않는다고 생각한다. 특히 STEM 과목은 더하다.

스스로를 사기꾼처럼 느끼는 증후군을 공개적으로 논의해보면 도움이 된다. 펠더 교수는 "비슷한 사람이 많으면 안도감을 느낀다. A 학점만 받는 상위권 학생들을 포함해 주변 학생들도 똑같이 자기 자신의 능력에 대해 의심한다는 사실을 알면 안심하게 된다"라고 말한다. 또한 사기꾼이 된 것 같은 느낌이 무조건 나쁘지만은 않고, 지나치게 자만하지 않는 데 도움이 된다고 알려줄 수도 있다.

경험상 자존감은 높지만 (현재) 능력은 모자라면서 자신의 능력을 과신하거나 능력 부족 상태에 만족하는 학생이 가장 가르치기 어렵다.[20] 그런 학생들은 노력을 잘 하지 않는다. 이런 경우 칭찬처럼 기대하지 않았던 보상은 역효과를 낳는다. 이미 부풀려져 있거나 어긋난 자아상을 더 부추겨서 필요한 학습과 성장에 더욱 주의를 기울이지 않게 되기 때문이다. 그러나 이런 학생들도 바뀔 수 있다. 이때 형편없이 해온 과제물을 가차 없이 냉정하게 평가하면 학습의 필요와 가치를 새롭게 이해하는 계기가 될 수도 있다.*

반항하는 학생
다루는 법

항상 좋은 날만 있을 수는 없다. 어느 날, 학생 중 누구라도 폭력이나 학대, 또래 집단이 주는 압박감, 사이버 폭력, 부모님의 이혼, 이별, 유기를 겪었을 수 있다. 혹은 그저 늦잠을 자서 아침을 걸렀거나 친한 친구와 싸웠거나 전 수업에서 나쁜 성적을 받았을 수도 있다. 학생들은 끊임없이 변화하고 불안한 세상에서 살아가기 때문에 교사는 안정적이고 정돈된 수업 분위기를 만들고, 수업 시간에 어떻게 행동해야 하는지 알려주어야 한다. 하지만 아무리 노력해도 학생들이 나쁜 일을 겪은 날이면 반항할 수 있다.

좋지 않은 일뿐 아니라 다른 요인으로 반항할 수도 있다.[21] 부모, 코치, 또래 집단과 아르바이트 등이 앞다투어 시간과 에너지를 빼앗아가고, 덕분에 공부는 뒷전이 된다. 이전 수업에서의 부정적인 경험, 특히 소외감을 느꼈던 경험 때문에 수업 참여도가 떨어질 수도 있다. 수업 중 교사의 행동 역시 학생의 행동에 영향을 준다. 학생을 깎아내리는 말, 빈정대는 말투, 단조로운 목소리, 혼란스럽거나 부적절한 설명, 눈을 마주치지 않으려는 태도 등이 학생의 수업 참여도를 떨어뜨린다.

수업 중 학생이 반항하는 대표적인 예는 다음과 같다.

---

* 공동 저자인 오클리는 고등학생 때 수학과 과학에 소질이 없을 뿐 아니라, 살아가는 데 두 과목이 쓸모없다고 확신했다. 하지만 군에서 통신대 장교로 복무하면서 생각이 바뀌었다. 오클리는 26세에 군 복무를 마친 후 수학과 과학을 배우기 시작했다. 중학생 때 대수학을 가르쳤던 클라크 선생님은 오클리가 장차 공학 교수가 된다는 말을 절대 믿지 않았을 것이다.

- 교사와 언쟁을 벌인다.

- 헐뜯는 말을 한다.

- 반 친구들을 부추겨 수업을 방해한다.

- 수업에 참여하지 않거나 소극적으로 참여한다.

- 걸핏하면 지각하거나 결석한다.

- 과제물을 제출하지 않는다.

교사는 학생의 반항에 좌절감을 느낀다. 학생에게 위협적이지 않게 주의를 주거나 태도를 바꾸라고 하거나 가만히 쳐다보아도 행동이 바뀌지 않으면 그 학생과 개별적으로 면담하는 것이 좋다(절대로 용납하지 말아야 할 행동도 있다. 이런 경우에는 학교의 행동 강령과 규율을 참조하자).

교사들은 문제가 확대될 때까지 방치하는 경향이 있다. 어쩔 수 없이

학생들의 반항을 예방하는 방법

- 필요에 따라 개별 학생, 집단 또는 학급 전체를 구체적으로 칭찬한다. 이렇게 피드백하면 신뢰감과 친밀감이 형성되고, 학생들은 더 열린 자세로 실수를 통해 배우게 된다.
- 학생이 틀린 답변을 해도 안심시키며 신뢰를 쌓고 계속 참여하도록 격려한다.
- 학생에게 실패를 통해 어떤 이득을 얻는지 알려주고, 실수를 통해 배우는 과정이 정상이라고 여기게 하자. 학생들이 모르는 게 없으면 교사가 할 일이 없어진다!
- 학생이 정답을 알고 있는지 확인한 후 앞으로 나와서 발표하게 해 성공 경험을 쌓게 한다. 앞으로 불러내기 전 교실을 한 바퀴 돌면 학생들이 쓴 답을 쉽게 확인할 수 있다.

교육의 뇌과학

개입해야 한다면 절대 또래 앞에서 창피를 주지 말자. 창피를 주면 교사가 절대 이길 수 없는 싸움이 시작된다. 어떤 학생은 수동 공격적인 태도로 수업에 참여하지 않거나 과제를 하지 않겠다고 버틴다. 교사와 맞서 싸울 뿐 아니라 친구들까지 끌어들여 맞서는 학생도 있다.

학생과 일대일로 만나면 효과적으로 교사의 편으로 만들 수 있다. 학생이 좌절하거나 분노하거나 지나친 행동을 하는 이유는 대체로 교사와는 아무 상관도 없는 경우가 많다. 학생은 자신이 느끼는 감정을 말로 설명하지 못하거나 '아무도 신경 쓰지 않으면서 왜 귀찮게 해?'라고 느낄 수도 있다. 시간을 따로 내서 학생과 개별적으로 만나면 교사가 관심을 가지고 있다는 사실을 보여줄 수 있다.

학생이 상황을 설명하면 교사가 공감할 수 있다. 그러나 학생이 무엇을 잘못했는지, 어떻게 그 상황을 바로잡을지 알게 한 후 대화를 끝내야 한다. 그 학생과 함께 행동 계획서를 작성해도 좋다. 어떤 행동을 해야 하는지 명확하게 확인하면서 상호 계약 역할을 하기 때문이다. 행동이 개선되지 않거나 문제가 커지는 경우 계약서 역할을 할 수도 있다.

수업 절차 가르치는 법: 번호대로 줄 서기

시험지 뒤로 돌리기, 줄지어 식당, 도서관, 강당 등으로 이동하기, 화재 대피 훈련으로 밖에서 다시 모이기 등의 활동은 수업 시간을 소모할 뿐만 아니라, 활동을 할 때마다 잘 수행하지 못하는 학생들이 많아서 문제가 된다. 이때 각 학생이 한 학년 동안 사용할 번호를 정해주면 학생과 자료를 효율적으로 관리할 수 있다. 교사의 생활기록부에 있는 순서와 그 번호가 일치해야 한다. 학생들이 잘 기억할 수 있도록 공책 표지 등 눈에 잘 띄는 곳에 번호를 적게 하자. 단, 번호는 신속한 일처리를 위한 용도에 불과하므로, 어느 학생도 번호로 부르지 말아야 한다.

과제물을 제출하거나 돌려받을 때 줄을 서는 절차를 이렇게 알려준다.

1. 교실 어디에서 줄이 시작되고 끝나는지 위치를 표시한다. 교실이 좁은 경우에는 곡선으로 줄을 서는 방법을 설명한다.

2. 교사가 줄이 시작하는 곳에 선다.

3. 얼마 만에 줄을 서야 하는지 학생들에게 구체적으로 알려준다. 학생이 25명이라면 30초 이내에 줄을 서도록 지도하는 식이다. 처음에는 줄 서는 데 2분 이상 걸려도 놀라지 말자. 몇 번 반복하면 그 시간이 엄청나게 줄어든다.

4. 학생들에게 번호 순서대로 줄을 서라고 한다. 학생들이 번호를 기억하지 못하면 공책에서 번호를 찾으라고 한다.

5. 누구 뒤에 서고 누구 앞에 서야 하는지 파악할 수 있도록 지도하자. 누구를 봐야 하는지 알면 재빨리 줄을 서는 데 도움이 된다.

6. 학생들이 꾸물거리면 남은 시간에 대해 초읽기를 한다. 초읽기를 하는 동안 계속 움직이게 한다.

7. 교사가 줄의 맨 앞에 선 다음 학생부터 차례차례 과제물을 받거나 되돌려 준 후 자리에 앉으라고 한다. 줄을 선 학생들이 차례차례 교사를 향해 앞으로 나아가면 교사는 에너지를 아끼고, 학생들은 잠시나마 몸을 움직이며 활동할 기회를 얻는다.

줄 서는 절차를 처음 가르칠 때는 학생들이 절차적 기억을 쌓을 수 있도록 몇 차례 되풀이해 연습시킨다. 이후 학생이 줄에서 자신의 자리를 찾기 어려울 때마다 '에밀리는 여기 없네. 내가 어디에 서야 하더라? 오, 리엄이 여기 있네. 난 그 앞에 서면 돼'라고 생각할 수 있다.

줄을 서면 시간을 절약할 수 있다. 과제물을 받거나 돌려주고, 생활기록부에 기록할 과제물 분류에 드는 시간을 고려하면 특히 더 그렇다. 게다가 학생들이 자리에서 일어나 목적을 가지고 움직이게 할 수 있다. 참고로, 신체적 움직임은 절차적 기억의 습관을 형성하는 데 도움이 되는 경우가 많고, 어떤 학생이든 일상에서 가능한 한 몸을 많이 움직이는 것이 좋다. 학생들이 자리에서 일어나 질서 정연하게 움직이는 일과를 만들면 여러 방면에서 도움이 된다.

- 교실에 들어오기나 도움 요청하기처럼 일과에 대한 절차를 직접 지도로 가르친다.

- 교사가 무엇을 바라는지 학생들에게 보여주면서 이야기한다('내가 한다' 단계).

- 교사가 바라는 행동을 학생들과 함께 연습하고, 적절히 칭찬한다('우리가 한다' 단계).

- 습관이 될 때까지 그 행동을 완전히 익히게 한다('네가 한다' 단계).

- 첫날 절차를 가르쳐준 다음, 필요하면 다시 가르치면서 강화해야 한다. 일관성이 중요하다. 학생들이 습관적으로 행동하는 방법을 배우면 깊이 생각할 필요 없이 그 절차에 따라 행동하게 된다.

- 뜻밖의 보상은 시냅스에서 도파민을 분출해 학생들이 새로운 신경세포 연결 고리를 더 효율적으로 만들 수 있게 한다.

- 예상되는 보상은 동기를 유발하지만, 학생들은 때로 교육자들의 생각(좋은 성적 받기)과 다른 보상(또래 집단의 인정)을 원할 수도 있다.

- 절차가 마련되어 있어도 학생이 공부를 하지 않고 반항하는 경우가 있다. 행동을 교정하라고 넌지시 알려주는 정도로는 부족할 때 일대일로 만나면 친밀한 관계를 맺고 행동을 개선할 방법을 계획할 수 있다.

제 8 장

유대감을 기르는
협동 학습의 힘

오늘은 조별[1] 발표의 날이다!

교사는 몇 주 동안 복잡한 미국 지리를 가르쳐왔다. 오늘은 그 단원의 정점으로, 학생들이 미국의 주에 대해 조별 발표를 한다. 교실에는 팽팽한 긴장감이 감돈다. 수줍어하는 쇼나는 초조해하며 머리카락을 손가락으로 빙빙 돌리고, 평소 재치 있는 말로 반 친구들을 웃기던 데릭조차 긴장한 표정이다. 이런 모습을 보면 교사조차 학생들이 발표를 하면서 이렇게까지 스트레스를 받아야 하는지 의문이 생길 수 있다.

학습에는
좋은 스트레스가 필요하다

우리 삶에서 스트레스는 큰 비중을 차지한다. 스트레스에는 여러 종류가 있다. 대표적으로 나쁜 상사나 아픈 가족, 학교에서 벌어지는 따돌림처럼 자신이 통제할 수 없는 만성 스트레스가 있다. 이런 스트레스는 심혈관계, 면역계, 생식기 등 건강에 장기적으로 심각한 영향을 끼친다.

반면 시험공부를 하거나 자동차 운전 중에 급히 방향을 틀어야 한다거나 도전하듯 힘들게 산을 오를 때 받는 스트레스는 일시적인 스트레스다. 개

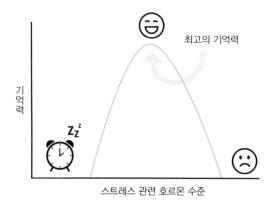

적당한 양의 일시적인 스트레스는 몸에 해를 끼치지 않고 기억력을 높인다.[2]

인이 어느 정도 통제할 수 있는 일시적인 스트레스는 건강에 해롭지 않다. 오히려 인지와 작업 기억, 체력을 높일 수 있는 유익하고 좋은 스트레스다.

학생들이 느긋하게 공부할 때보다 긴장감을 느끼며 시험공부를 할 때 더 효율적으로 집중하는 이유는 일시적인 스트레스로 인해 분비되는 신경 화학 물질 때문이다. 전교생 앞에서 발표하기 위해 공부한 정보가 몇 년 동안 계속 머릿속에 남아 있을 수 있는 이유도 일시적인 스트레스 때문이다.

일시적인 스트레스는 뇌에서 아드레날린과 코르티솔 같은 호르몬을 분비한다. 이런 호르몬이 적당히 분비되면 신경세포들이 잘 연결된다. 감자를 구울 때 프라이팬에 기름을 두르면 감자가 프라이팬 바닥에 달라붙지 않는 현상과 비슷하다. 그러나 일시적이라도 스트레스를 너무 많이 받으면 글루코코르티코이드glucocorticoid, 즉 '기름'의 효과가 달라진다. 스트레스가 지나치면 신경세포 연결 고리가 타서 달라붙게 된다.

스트레스가 적당할 때 작업 기억이 최고조에 이르는 현상은 언덕 모양과 비슷하다.[3] 지루하고 졸리면 단조롭고 따분하며 스트레스 없는 상태가 된다. 그러나 스트레스가 너무 많으면 공황 상태에 빠지고 생산성이 곤두박질친다.

일반적으로 스트레스는 언제나 나쁘다고, 학생들을 무력하게 만들거나 지나치게 흥분시킨다고 알려져 있다. 그러나 적당한 스트레스는 오히려 도움이 된다.[4] 모든 스트레스를 악마로 보지 말고 학생들이 유익한 스트레스를 활용하게 하자!

사회 정서적 학습이 스트레스를 줄인다

사회 정서적 학습은 학교생활과 직장생활, 나아가 전반적인 삶을 성공적으로 영위하는 데 필수적인 능력들을 발달시키는 과정이다.[5] 여기에는 자기 인식과 자기 관리, 책임감 있는 의사 결정, 인간관계 기술, 사회적 인식이 포함된다. 이러한 능력의 일부는 생물학적으로 타고나지만, 아이들은 성장하면서 더욱 정교한 사회 정서적 기술을 습득해야 한다. 학생들은 물건을 함께 사용하고, 차례를 지키고, 경계를 정하고, 갈등을 조절하고, 필요할 때 자기주장을 하는 방법을 배워야 한다.

많은 학생은 스포츠 팀이나 자원봉사 단체에서 활동하며 학교 밖에서도 집단 활동에 익숙하다. 그러나 일부 학생, 특히 전학생이나 수줍음이 많거나 어떤 식으로든 자신이 다르다고 느끼는 학생은 학교를 외롭고 고통스러운 장소로 인식하기도 한다. 이럴 때 협동 학습이 도움이 된다. 협동 학습[6] 집단은 공동의 목표를 가지고 과제의 양을 공평하게 나누고 목표를 위해 공부하면서 밀접하게 상호작용한다[7](학기 초에는 그냥 집단이지만, 학기가 끝날 무렵에는 끈끈한 팀이 될 수도 있다).

협력 활동으로 사회 정서적 학습을 할 기회만 얻는 게 아니다. 학생들은 지지와 피드백, 소속감과 우정을 맺을 기회까지 얻는다.[8] 스트레스 호르몬 수치의 변화를 관찰하면 이 모든 현상이 어떻게 벌어지는지 알 수 있다.

사회적 기술을 기르며
스트레스 조절하는 법

앞에서처럼 습관적인 절차를 발달시키면 자연스럽게 긍정적인 교실 분위기를 만들 수 있다. 그러나 여기서 한발 더 나아가 교사가 이따금 수업 중에 학생들에게 과제를 내면서 협동 학습 방법을 가르쳐서 사회적 기술을 길러줄 수도 있다. 연구에 따르면, 집단에 속한 사람들끼리 서로 지지하면서 '사회적 완충' 역할을 하면 새롭고 어려운 과제에 맞닥뜨릴 때 치솟는 스트레스 호르몬 수치가 낮아진다고 한다. 서로 지지해주는 구성원 덕분에 스트레스 호르몬이 최적의 학습을 할 수 있는 '중간 수준'으로 유지될 수 있는 것이다.

'지지하는'이라는 표현을 강조하는 이유는 집단에서 방해가 되는 학생들은 다른 학생들의 스트레스를 오히려 늘리기 때문이다.* 학생들은 때로

---

* 어떤 동반자는 확실히 스트레스를 높인다. 나무두더지와 쥐에서 이와 같은 현상이 관찰되었고, 확신하건대 같은 포유류인 인간 역시도 그럴 것이다(Hennessy et al., 2009).

교육의 뇌과학

특별한 의도 없이 방해꾼이 될 수 있다. 모든 학생이 높은 수준의 집단 과제를 해내는 데 필요한 시간 관리, 갈등 해결 및 소통 기술을 갖추고 교실에 들어오지는 않는다. 열세 살 베로니크 민츠는 『뉴욕타임스』에서 이렇게 설명한다.

> 저는 협동 학습을 중요하게 여기는 학교에 다녀요. 학교의 과제 중 80퍼센트는 선생님이 3~5명씩 묶은 모둠으로 해야 해요. 그래서 과제를 제대로 끝마치려면 그러지 않으려는 친구들을 가르치고, 내키지 않아 하는 친구들을 구슬려 참여시켜야 해요.[9]

협동 학습을 잘하면 학생들의 자제력, 인내심, 사회적 문제 해결 기술, 자존감과 정서 지능을 기를 수 있으며, 궁극적으로 수업 참여도도 높일 수 있다.[10] 많은 학생이 전체 학생 앞에서보다 작은 집단에서 토론에 참여할 때 덜 불안해하기 때문이다.

7장에서 개학 첫날 학생 모둠을 정하는 법을 소개했는데, 첫날 앉을 자리를 정해준 후 학생들이 서로에 대해 더 잘 알 때까지 기다렸다가 모둠을 정하는 방법도 있다. 어떤 방법이든 효과가 있으며, 처음 정한 모둠을 학년 내내 그대로 유지할 필요는 없다.

개별 학생들의 능력과 성향을 파악한 다음 모둠을 조정할 수도 있다. 수다스러운 학생 둘을 나란히 붙여놓거나, 명석하지만 혼자 있기 좋아하는 학생을 문제 행동으로 유명한 학생 옆에 앉게 하는 건 좋은 방법이 아니다. 공동 저자인 로고스키는 중간고사와 기말고사 후 정기적으로 모둠을 재구성한다. 이 재구성 과정에서 학생들의 강점과 성격을 고려하면서 잘 어울리는 학생들끼리 묶어주려고 노력하고, 새로운 우정을 쌓도록 격

끼어들기의 기술

학생들은 다른 사람의 말을 방해하지 말고 들어주어야 한다고 교육받는 경우가 많다. 그러나 한 사람이 대화를 독점하지 않도록 막으려면 때때로 끼어들기가 필요한 경우도 있다. 한 사람이 1~2분 이상 혼자 이야기해서는 안 된다는 규칙을 정하는 것도 방법이다. 다른 사람의 이야기를 주의 깊게 듣도록 가르치되, 한 학생이 너무 길게 이야기하면 숨을 고를 때까지 기다렸다가 상대의 요점을 인정하면서 이어가는 방식으로 끼어들어도 괜찮다.

상대방 이야기의 요점을 인정하고 이야기를 이어나가야 한다는 점이 중요하다. 끼어드는 사람이 경청하고 있고, 상대방의 요점에서 벗어나지 않는다는 사실을 보여주기 때문이다.

가끔 숨을 멈추지 않고 쉼 없이 말할 수 있는 사람도 있다. 어떤 사람들은 "내가 말을 끝낼 때까지 기다려!"라고 하면서 끊임없이 말을 이어가기도 한다. 이때 한 사람이 토론의 주도권을 휘두르지 않게 하려면 단호함이 필요하다. 구성원의 연령을 불문하고 어떤 집단이든 순조롭게 대화하려면 단호하게 대처해야 할 때가 있다.

려한다.

좋은 팀은 스트레스를 조절하는 사회적 완충 역할을 한다. 공동 저자인 세즈노스키는 질문을 너무 많이 해서 고등학생 때 문제아로 낙인찍혔는데, 다행히 과학을 좋아하는 학생들이 모인 학교 동아리에서 도움을 받았다. 세즈노스키는 이 동아리를 통해 비슷한 생각을 지닌 친구들과 관계를 맺으면서 방향을 찾았고, 리더십 기술의 기초를 배웠다.

뇌는 감정 조절에 관여한다. 본질적으로 그 과정은 전전두엽 피질의 중간 부분과 편도체, 해마, 시상하부, 기저핵을 포함하는 피질 아래 조직 사이의 상호작용에 달려 있다.

사회 정서 학습은 이 책에서 지금까지 이야기한 모든 체계와 관련이 있다. 이는 학습에서 매우 정교한 부분 중 하나이며, 이를 발전시키는 가장 좋은 방법은 연습이다.

모둠 활동을 통한 협동 학습은 학생들에게 실질적인 연습 기회를 제공하며, 직접 지도의 '우리가 한다' 단계와 자연스럽게 연계된다. 예를 들어 '생각하고 짝지어 이야기 나누기' 활동은 학생들이 짝과 함께 새로운 학습 내용을 복습하고 확인하는 기회가 된다. 이는 사회성 발달과 학습에 대한 책임감 향상에도 도움이 된다. 학생들이 핵심 개념과 기술을 충분히 익힌 후에는, 문제 해결 중심의 자기 주도적 협동 학습 과제를 제시하여 학습 효과를 더욱 높일 수 있다.

그러나 학생을 모둠으로 나누고 과제를 주면서 일단 해보라는 식으로 진행해서는 안 된다. 그러면 모둠은 제 기능을 하지 못하고, 학생들이 집단 과제를 두려워할 수 있다. 협동 학습에 도움이 되는 방법에는 여러 가지가 있다.*

---

* 협동심을 높이는 데 도움이 되는 대표적인 방법으로 합창이 있다. 함께 노래를 부르면 신경 리듬이 놀랍도록 유익하게 재배치되고, 참여자들의 기분이 좋아진다(더 폭넓은 논의는 Vanderbilt, T., 2021의 첫 장을 참고하라).

협동 학습
계획하기

조별 과제를 비롯한 집단 작업에서 가장 흔히 겪는 문제는 구성원들이 제 몫을 하지 않는 경우다. 따라서 조별 과제 전후에 이를 피하는 연습을 함께 실시하는 것이 좋다. 이 연습에서 학생들은 사례 연구 '협동 작업을 하는 모둠에서 자신을 관리하는 법'(부록 A 참고)을 읽고 토론한다. 이 사례 연구를 통해 학생들은 생산적으로 협력하는 방법뿐 아니라, 집단에 적절한 기대를 걸고, 유해한 구성원으로부터 자기 자신을 지킬 수 있도록 경계를 정하는 방법도 배울 수 있다.

여러 학생을 묶어 수업하는 협동 학습 계획 시에는 다음의 구성 요소를 충분히 고려해보아야 한다.[11]

1. **긍정적 상호의존성:** 각 학생이 맡은 역할을 점검하고, 그 역할들이 서로 연결되어 상호 의존적인지 확인한다. 또한 전체 작업량이 구성원들 사이에 균형 있게 분배되었는지 살펴본다.
2. **개별 책임:** 모든 학생이 자신의 학습에 대해 어떻게 책임을 지고 있는지 점검한다. 필요한 경우, 각자의 학습 성과를 입증할 수 있는 결과물을 수집하는 것을 고려한다.

3. **대면 소통:** 각자 자기 과제를 하고 그대로 결과물을 제출하는 방식이 아니라, 모둠 구성원끼리 얼굴을 맞대고 소통하도록 설정했는가?

4. **사회적 기술:** 어떤 사회적 기술을 가르치고 강화해야 할까(대화 시작이나 갈등 조정 등)?

5. **성과 돌아보기:** 어떤 방법으로 집단에서 자신과 또래 친구들의 성과를 되돌아보게 할까?

작업 준비하기

협동 작업을 할 때는 모든 구성원에게 각자의 역할이 있고, 공평하게 나누어서 작업해야 가장 효과적이다. 모둠의 구성원들이 각각의 역할을 맡아 책임감을 느낄 수 있도록 계획하자. 작업량이 충분해서 각 학생이 의미 있는 역할을 맡을 수 있어야 한다. 이런 방식으로 각 학생은 수집한 정보를 제출할 책임이 있다.

다음은 읽기 활동에서 필요한 전형적인 역할이다.

- **미리 읽는 사람:** 모둠원들이 글에 흥미를 느끼고 내용을 예측할 수 있도록 돕는다. 학생들의 예측을 기록했다가, 토론이 끝날 때 실제 교재 내용과 비교하며 다시 논의를 이끈다.
- **정리하는 사람:** 모둠이 함께 글을 읽는 동안 이해를 방해하는 요소들을 찾아낸다. 몇 단락마다 읽기를 잠시 멈추고, 어려운 부분을 다시 설명하며, 생소한 단어들을 확인하고, 모둠원들의 질문을 기록한다.
- **연결하는 사람:** 모둠이 글과 관련해 무엇을 했는지를 비롯해 연관성을 기록한다. 글과 학생 자신, 그 글과 다른 글들, 그리고 글과 세상의 관계 등이 모두 포함된다. 연결하는 사람은 모든 학생이 이야기할 기회를 갖고, 한 사람이 너무

오래 이야기하지 않도록 조정하는 역할을 맡는다.

- **요약하는 사람:** 그 글에서 가장 중요한 개념을 두 가지 찾는다. 또한 모둠이 찾아낸 새로운 통찰력이나 흥미로운 내용을 두 가지로 요약한다. 또한 모둠의 협동 작업을 전체 학생들 앞에서 발표할 때 이런 점들을 이야기한다.

다만 읽기 활동이 아니라 STEM처럼 과학, 수학 등의 주제를 다룰 때는 역할이 상당히 달라진다.

- **조정하는 사람:** 모든 학생이 계속 과제에 집중하면서 참여할 수 있게 한다.
- **기록하는 사람:** 제출할 최종 답안을 준비한다.
- **살피는 사람:** 답안을 얻는 과정에서 활용한 방법을 모든 학생이 이해했는지 확인한다.
- **점검하는 사람:** 과제물 제출 전 다시 한번 확인한다. 다음 회의 시간을 정했는지, 다음 과제를 위해 역할을 나누었는지 확인한다. 3명으로 이루어진 모둠이라면 한 사람이 살피는 역할과 점검하는 역할을 모두 해야 한다.

사회적 기술 정의하기

학생들이 어떻게 행동하기를 바라는지 칠판에 적는다. 또는 모둠끼리 협동 작업을 할 때마다 참고할 수 있도록 점검표를 붙여놓을 수도 있다. 흥미를 불러일으키려면 학생들이 바람직한 행동을 역할극으로 보여주는 활동을 해본다.

바람직한 행동의 예시는 다음과 같다.

- **모둠 구성원을 이름으로 부른다.** 협동 작업을 처음 해본다면 학생들이 새로운

모둠 구성원을 만날 때 어떻게 보이고(미소의 힘은 크다), 어떻게 말해야 할지(말할 때 한숨을 쉬거나 웅얼거리지 않도록) 미리 알려준다.

- **모둠을 떠나지 않는다.** 모둠 과제 시간은 휴식 시간이 아니다.
- **모둠 구성원 모두가 번갈아가며 이야기하고, 혼자서 너무 길게 이야기하지 않는다.** 한 학생을 지목해 대화를 시작하게 한 다음 시계 방향으로 돌아가면서 30초~1분씩 이야기하게 할 수도 있다. 자신이 이야기하고 싶다면 다른 사람의 이야기도 잘 들어야 한다는 사실을 확실히 알려주고, 한 학생만 계속 말하지 않도록 한다.
- **서로의 이야기를 적극적으로 경청한다.** 경청하는 태도에는 눈 맞춤과 표정, 몸짓까지 포함된다.
- **적절한 소음 수준을 정한다.** 제로 노이즈 클래스룸^{Zero Noise Classroom} 같은 앱이나 바운시 볼(bouncyball.org) 같은 인터넷 사이트를 활용해 학생들이 모둠 활동 중에 내는 소음의 적정 기준을 제시한다.
- **정중하게 반대한다.** 사람이 아니라 생각을 비판해야 한다.
- **구성원들의 다양한 생각들을 종합해 결론을 내린다.**

모둠의 협동 작업을 위한 표준 절차

모둠을 나눌 때는 모둠 당 3~4명 정도가 가장 효과적이다. 모둠이 크면 소극적인 학생들이 숨기 쉽다. 서로 나란히 앉은 학생을 단짝으로 묶으면 빠르게 의견을 주고받을 수 있고, 단짝 두 조를 모아 4명 모둠을 만들기도 쉽다.

미리 협동 작업을 위한 모둠을 구성해서 일정 기간(한 달 혹은 한 학기) 꾸준히 활용하면 협동 작업으로 전환하는 데 걸리는 시간이 줄고, 학생들도 제대로 모둠 활동 시간을 가질 수 있다. 이때 교사가 모둠을 정해주면 소외감을 느끼는 학생이 생기지 않는다. 또한 학생들의 다양한 능력 수준이나 문제 행동을 일으킬 가능성 등을 고려해 모둠을 정하는 데도 도움이 된다.

모둠 활동을 할 때 구체적인 지도 순서와 방법은 아래를 참고한다.

1. **모둠에 과제를 맡긴다.** 여러 단계로 이루어진 과제의 경우, 단계별로 마쳐야 할 과제에 대한 복사본을 배부해서 학생들의 작업 기억을 도와준다. 학생들이 작업을 끝낼 때마다 표시할 점검 목록으로 단계를 보여줄 수도 있다. 학생들은 찾아낸 내용뿐 아니라 누가 어떤 도움을 주었는지, 어떤 걸림돌에 부딪쳤는지도 기록할 수 있다.

2. **그 과제를 얼마 만에 완료해야 하는지 구체적으로 밝힌다.** 학생들 눈에 띄는 자리에 타이머를 놓아두면 시간 낭비를 예방할 수 있다. 『최고의 교사는 어떻게 가르치는가 2.0』의 저자 더그 레모브는 시간을 불규칙하게 정하는 방법을 권한다. 5분 대신 4분을 주면 대략적인 시간이라고 여기지 않고 제한된 시간처럼 받아들일 수 있기 때문이다.[12]

3. **시작하기 전에 학생들에게 질문한다.** 본격적으로 과제를 시작하기 전 "무엇을 해야 하죠?", "시간이 얼마나 있죠?" 하고 질문하며 과제와 관련한 정보를 다시 한번 주지시킨다.

4. **학생들이 시간에 맞춰 과제를 하고 있는지 살핀다.** 교사가 교실을 돌아다니면 학생들은 집중력을 유지할 수 있고, 교사는 학생에게 역할과 과제를 명확하게 알려줄 수 있다. 학생들이 과제에 집중하지 않거나 질문할 때가 아니면 개입할 필요도 없다. 보통은 교사가 가까이 있다는 사실만으로도 학생들이 과제에 집중한다. 학생들이 어려워하거나 혼란스럽게 여기는 부분은 어디인지, 재미있어 하는 부분은 어디인지 반응을 눈여겨본 후 이를 전체 학생들의 발표를 들을

때 언급하자.

5. **'질문 전 3명, 3가지' 방법을 활용한다.** 불필요한 질문을 줄이기 위해, 어떤 부분에서 막히면 교사에게 질문하기 전에 다른 학생 3명에게 물어보거나 3가지 자료를 확인하게 한다. 교사가 이미 이야기해서 다른 학생이 금방 대답해줄 수 있는 사소한 내용을 질문할 때가 많기 때문이다. 바로 교사에게 물어보지 않고 스스로 답을 찾는 방법을 알면 학생들은 공부에 책임감을 가지면서 다른 학생과의 유대감도 느낀다. 그러면 교사는 특별히 어려움을 겪는 학생을 도와줄 시간을 확보할 수 있다.

6. **신호해서 협동 작업을 마무리할 시간을 준다.** 학생들에게 30초 동안 마무리하라고 하면 정해진 시간 안에 부족한 부분을 정리하면서 전체 학급 토론을 준비할 수 있다.

학생들의 피드백 활용하기

의사소통과 과제 완수에 도움이 되었던 행동에 대해 학생이 직접 개인과 모둠을 평가하도록 유도하자. 학생들이 답을 쓸 때 '교사가 비밀을 보장하겠다고 약속하면 솔직한 답변을 얻을 수 있다. 질문지가 빼곡할 필요는 없다. "무엇이 효과가 있었나요?", "무엇은 효과가 없었나요?", "어떤 점을 개선할 수 있을까요?" 같은 질문처럼 간단할 수도 있다.

이 피드백을 활용해 효율적인 협동 작업을 알려주는 짤막한 강습을 구상하자. 때로는 학생들이 각자의 역할을 더 잘 정하거나 사회적 기술을 더 높일 수 있는 제안을 하기도 한다.

협동 작업을 위한 강습의 힘

협동 작업에 문제가 생길 때는 주기적으로 10분짜리 협동 작업을 위한 강습을 하는 것이 좋다.[13] 이런 강습은 학생들이 모둠 활동을 할 때 생기는 문제를 해결하는 데 도움이 된다. 강습 시작 전에 모둠과 관계없이 학생들을 뒤섞어, 어려움을 더 솔직하게 털어놓게 할 수도 있다. 무엇보다 누가 그랬다고 말하지 말고 방해가 된 행동에 초점을 맞춰야 한다고 강조하자!

강습에서 다룰 문제를 파악하기 위해 모둠 진행 과정을 돌아보는 내용을 써서 제출하게 한다. 강습 주제를 정하기 전에 학생들에게 어떤 일 때문에 신경이 쓰이는지 명확하게 물어봐야 한다.

어떤 모둠은 자신의 몫을 하지 않는 학생이나 모든 일을 자기 마음대로 좌지우지하려는 학생 때문에 문제가 있을 수도 있다. 강습 모둠 구성원이 머리를 맞대고 상황을 개선하기 위해 노력할 수 있는 방법을 생각해보게 하자.

기발한 해결책(적절한 범위 안에서)도 괜찮다고 말하면서 연습에 약간의 재미를 더할 수도 있다. 모둠들이 제시한 방법을 칠판에 나열하고, 교사의 제안을 덧붙일 수도 있다.

이 강습에서는 학생들이 불편한 사회적 상황을 무시하거나 교사에게 의존하지 않고 스스로 대처하는 방법을 가르쳐야 한다. 모둠 활동 중에 부당한 대우를 받았다고 느끼는 학생들이 이때 감정을 드러낼 수도 있다. 그러면 다른 사람에게 일을 떠넘기거나 한 집단을 좌지우지하는 행동으로 어떤 문제가 생기는지 교사가 설명할 때보다 훨씬 더 많은 가르침을 얻을 수도 있다.

교사가 고려해야 할 점

사람이 아니라 프로젝트를 비판한다

프로젝트에 대한 비판과 사람에 대한 비판을 구분하는 법을 가르쳐야 한다. 프로젝트를 비판하는 과정에서 학생들은 비판적으로 생각하는 법을 배울 수 있다. 그러나 다른 학생에 대한 비판이나 비난을 허용해서는 안 된다.[14]

'사람이 아니라 프로젝트' 방법을 활용하더라도 학생들이 친구가 없거나 눈에 띄는 학생을 무리 지어 괴롭힐 수 있다는 점을 염두에 두어야 한다. 안타까운 사실이지만, 예상치 않았던 순간에 괴롭힐 기회를 얻으면 가해 학생의 뇌에서 도파민이 치솟는다. 가해 학생이 그런 행동을 '하지 말아야 한다고 배우는' 부정적인 결과를 경험하지 않으면 괴롭힘은 계속되고 더 심해질 수도 있다.

이런 괴롭힘을 보면 교사가 신속하게 개입해야 한다. 괴롭히는 학생과 개별적으로 대화하면서 그런 행동을 용납하지 않겠다는 사실을 강조하자.

적당한 경쟁과 협력은 수업을 활기 있게 만든다

지나친 경쟁은 학생들을 힘들게 만들지만, 적절한 경쟁은 유익한 스트레스로 작용한다. 실제로 현명한 방식의 경쟁은 학생들이 최선을 다하게 만들어 건강한 상호 협력을 부른다.[15] 그러니 문제가 있다고 수업에서 경쟁을 모두 없애지는 말자. 양념처럼 적절한 경쟁이 있으면 공부가 더 흥미진진해진다.

지혜롭게 공감하는 법을 가르친다

교사가 학생에게 가르쳐야 하는 중요한 가치 중에 공감이 있다. 그러나 공감은 양날의 검이 될 수도 있다. 예를 들어, 모둠에서 지나치게 공감하는 학생은 다른 사람에게 모든 일을 떠넘기면서도 자기 점수는 꼬박꼬박 챙기는 학생들에게 이용당할 수 있다.

연구에 따르면 성장한 후에도 배우자의 심한 학대 행위를 참고 견디는 상호의존성을 지닌 사람은 어린 시절에 지나치게 공감할 때 칭찬받고 보상받았던 경험에 뿌리를 두는 경우가 많다.[16] 즉, 공감하는 행동에만 중점을 두면 성인이 되어서도 비슷한 문제에 시달릴 가능성이 높다. 학생에게 바운더리의 중요성을 가르치면 학생들이 성장하는 동안 상호의존 관계에 빠지지 않도록 도울 수 있다.

공감받고 싶어 집단이나 패거리에 받아들여지고 싶은 욕구가 지나치게 커지기도 한다. 미움받는 일이 고통스럽게 느껴지기 때문이다. 따라서 미리 바운더리를 정하고 수업 중 모둠에서 벌어지는 문제 행동에 단호하게 대처하는 법을 배우면 학교 밖에서도 부적절한 행동에 거절하는 법을 배울 수 있다.

협동 작업의 장단점

사회에서 협동 작업은 꼭 필요하지만, 개인의 기여도 마찬가지로 중요하다. 스토니브룩 대학의 심리학 교수 수파나 라자람은 이렇게 말한다.[17]

심리학자들은 사람들이 소규모 집단에서 혹은 혼자 일할 때보다 대규모 집단에서 일할 때 아이디어를 덜 생각해내고 다른 사람의 아이디어도 잘 받아들이지 않는다는 사실을 발견했다.

교육의 뇌과학

이런 이유로 '생각나는 대로 써내려가기' 방법은 매우 효과적이다. 이 과정에서는 먼저 개별적으로 자유롭게 생각한 아이디어들을 아무 비판 없이 써내려간다. 그다음 함께 모여 생각해낸 아이디어를 모두 이야기하고, 두 번째 단계에서 전통적인 난상 토론을 벌이면서 종합한 목록에 아이디어를 덧붙인다.

수많은 과학 논문과 특허를 연구한 결과, 이미 구상한 과학 기술을 발전시킬 때는 대규모 팀이 중요한 역할을 했다는 사실이 밝혀졌다. 그러나 혁신적이고 창의적인 진전을 이루려면 혼자 개별적으로 일하거나 2~3명 정도의 작은 팀으로 일해야 한다. 팀에 한 명씩 추가될 때마다 창의적이고 비약적인 발전을 이룰 가능성이 줄어든다.[18] 교육도 마찬가지다. 교사는 학생들이 혼자 또는 모둠을 통해 능력을 개발하도록 도와야 한다.

---

* 수많은 연구 논문과 특허를 연구한 결과, 집단이 커질수록 창조성이 떨어진다는 사실이 입증되었다(Wu et al., 2019). 일반적으로 여러 사람이 난상 토론을 벌이면 아이디어의 양이나 질이 풍부해지리라고 추측하지만, 많은 사람이 상호작용하며 토론하는 집단과 소수의 사람이 모인 집단을 비교 연구한 결과, 집단적으로 난상 토론을 벌이면 실제로 생각해내는 아이디어의 수가 줄어드는 것으로 나타났다(Paulus et al., 2013).

본질적으로 모든 사람이 개별적으로 각자 생각해낸 아이디어를 모은 다음 종합해서 결론을 내면 처음부터 난상 토론을 벌일 때보다 더 풍부하고 많은 아이디어를 얻을 수 있다.

KEY IDEAS

- 만성 스트레스는 건강에 장기적으로 심각한 영향을 끼친다. 반면 적당한 일시적 스트레스는 학습 능력을 높이고 인지력, 작업 기억과 체력을 높일 수 있는 글루코코르티코이드와 다른 화학 물질을 분비한다.

- 긍정적인 상호의존, 개인의 책임, 일대일 상호작용, 사회적 기술과 협동 과정 등의 특성을 생각하면서 협동 작업을 계획해야 한다.

- 협동 작업의 표준 절차를 만든다. 바람직한 행동의 사례를 이야기하고 남에게 떠맡기지 않도록 하자.

- 지혜롭게 공감해야 한다. 공감만 지나치게 강조하면 학생이 모둠 구성원들에게 쉽게 휘둘리거나, 성인이 된 후에도 지나친 의존 성향을 보일 수 있다.

- 협동 작업의 규모에 따른 장단점을 이해해야 한다. 연구 결과에 따르면, 큰 규모의 집단은 더 많은 성과를 낼 수 있지만, 작은 규모의 집단은 더 창의적인 결과물을 만들어낼 수 있다.

제 9 장

효율적인
온라인 수업의 비밀

한 대학이 200만 달러를 들여 온라인 강좌 시리즈를 만들었다. 동영상도 잘 만들어졌고 적절한 교육 규칙을 모두 따랐지만 정말 지루했다. 굳이 등록하려는 사람이 없어 그 대학은 결국 온라인 강좌를 폐쇄했다.

반면 온라인 공개강좌 '학습법 배우기Learning How to Learn'는 아마추어인 우리들이 소음을 피해 지하실에서, 사실상 비용을 거의 들이지 않고 만들었다. 퀴즈, 종합 토론, 교재 등을 갖췄지만 전문가의 손을 거치지 않아 동영상은 다소 조악하다. 그런데도 수백만 명의 학생들이 수강하면서 극찬했다.

숙련된 기술자가 아니어도, 온라인 강의를 멋지게 만들 예산이 없어도 된다. 인출 연습, 능동적인 학습과 직접 지도 등 이 책에서 소개한 교육법은 온라인에서도 좋은 효과를 발휘한다. 학습이 이루어지는 장소가 온라인이든 전통적인 교실이든, 학습의 주체인 두뇌는 동일하게 작동하기 때문이다.

중요한 것은 두뇌의 학습 방식에 맞춘 온라인 교육 방법이다. 두뇌가 학습하는 방식에 맞춰 교재를 만들면 온라인 교육으로도 큰 효과를 얻을 수 있다. 각자 자기 속도에 맞게 공부할 수 있기 때문에 효율적으로 차별화 학습을 할 수 있다. 무엇보다 온라인 교육을 통해 대면 교육도 개선할 수 있다. 이 장에서는 그 방법을 보여주려 한다.

온라인 학습이 대면 학습만큼 좋을 뿐 아니라 더 좋을 때도 있다는 사실을 밝힌 연구도 있다[1] (온라인 학습이 대면 학습만큼 좋지 않다고 '증명'하려 한 연구들은 부적절하게도 그 정보를 온라인으로 전달한다. 이는 교육자들이 피해야 할 전형적인 방법이다[2]). 많은 교사가 온라인 수업과 대면 수업을 결합한 거꾸로 수업flipped class(기존 교육 방식을 뒤집어 학생이 집에서 온라인으로 강의를 듣고, 학교에서는 토론과 조별 활동 등 창의적인 학습을 하는 교육 방법—옮긴이)이 세계 최고라고 단언한다.[3]

이 장에서는 온라인 세계의 기본 원리[4]를 설명하고, 교육자의 감각을 유지하면서 효과적으로 온라인 수업을 진행하는 법을 전달하려고 한다.

실시간 온라인 수업 vs. 녹화 영상 수업

온라인 교육에는 실시간 수업과 언제든 볼 수 있는 녹화 수업, 두 가지 방식이 있다.

실시간 교육은 줌Zoom, 마이크로소프트 팀스Microsoft Teams나 구글 미트 Google Meet 같은 재생 플랫폼을 활용해 실시간으로 가르치면서 교육자의 모습을 보여준다. 화면 공유를 통해 파워포인트, 구글 슬라이드, 프레지 Prezi 등으로 여러 시각 자료를 보여줄 수도 있다. 실시간 온라인 학습을 매력적으로 구성하면, 직접 지도와 마찬가지로 학생들이 신속하게 학습에 참여하도록 할 수 있다. 또한 교육자가 질문에 대답하고 학생들과 개인적으로 또는 학생들끼리도 상호작용할 수도 있다.

그러나 실시간 온라인 학습은 교육자나 학생 모두를 피곤하게 만들기

교육의 뇌과학

도 하고, 그 외에 여러 문제점이 있다. 그래서 정부 기관에서는 실시간 온라인 수업에 너무 의존하지 말라고 경고하기도 한다. 학생, 부모와 교사들이 참여 시간을 조절하기 힘들기 때문이다.[5]

반면 언제든 볼 수 있는 수업은 자료를 만들어 학교의 학습 관리 시스템Learning Management System, LMS에 올린 후 학생들이 편리한 시간에 이용할 수 있게 하는 방식이다. 문서, 동영상, 퀴즈, 종합 토론 등 어떤 자료든 올릴 수 있다. 그러나 학생들이 미루지 않고 공부하게 해야 한다는 점, 학생에게 도움이 되는 자료 유형 선택 등의 문제를 해결해야 한다.

실시간 수업과 언제든 볼 수 있는 수업 중 어떤 유형이 좋을까? 우리 경험으로 볼 때, 초중고 학생을 위한 온라인 강의는 실시간과 언제든 볼 수 있는 방식을 혼합할 때 가장 효과적이다. 이 장에서는 그 요령을 전달하고 장단점을 따져볼 것이다.

멀티미디어 학습: 들으면서 볼 때 가장 잘 배운다

본론에 들어가기에 앞서 멀티미디어 학습 이론을 간단히 알아보자. 기본 개념은 간단하다. 말로 설명하면서 그림을 보여주면, 그림만 보여주거나 말로만 설명할 때보다 더 빨리 개념을 파악할 수 있다는 것이다. 이는 작업 기억이 청각적 요소와 시각적 요소를 모두 가지고 있기 때문이다(멀티미디어 이론의 다중 요소). 시각적 설명과 언어적 설명을 동시에 활용하면 학생은 한정적인 작업 기억을 더 잘 활용할 수 있다.[6]

교육 심리학자 리처드 메이어는 수십 년 동안 멀티미디어 형태 교육의

멀티미디어 이론의 다중 요소

작업 기억은 청각적 요소와 시각적 요소를 모두 가지고 있다. 그림에서는 '주의력 문어'의 다리 색깔을 다르게 표현해서 서로 다른 요소를 나타냈다. 설명하는 내용을 들으면서 동시에 볼 수도 있는 방법으로 가르치면 학생은 그 개념(신경세포 연결 고리)과 훨씬 쉽게 관계를 맺는다.

모범 사례를 연구해왔다.[7] 그가 찾아낸 수많은 모범 사례는 대면 교육에도 적용할 수 있다. 다음은 메이어의 연구에서 찾아낸 핵심적인 통찰에 우리 생각을 덧붙여서 정리한 목록이다.

- **명확하고 열정적으로 말한다.** 학생들은 지루하고 부정적인 감정을 느낄 때가 많기 때문에 교육자가 활기찬 영감을 불어넣어 주기를 기대한다. 동영상을 녹화한다면 1분당 160~185단어 정도의 비교적 빠른 속도로 말하는 것이 좋다 (학생들은 언제든 동영상을 멈추고 내용을 곱씹을 수 있다. 그러나 교사가 천천히 말하면 학생들은 지루해지고 쉽게 산만해진다). 실시간 수업이면 음향 문제가 생기

교육의 뇌과학

기 쉬우므로 질문을 하거나 그 밖의 이유로 잠시 멈추고 학생들이 잘 듣고 있는지 확인하자. 비원어민 학생이 있다면 발음을 더욱 분명하게 해야 한다.

- **복잡한 내용은 천천히, 단계적으로 설명한다.** 복잡한 시각 자료는 차례차례 보여주고, 화살표나 밝은 색깔로 강조하면서 학생들이 내용에 집중하게 해야 한다. 컴퓨터에 펜과 태블릿을 연결하면 화살표나 원을 쉽게 그릴 수 있다.

- **화면에서 불필요한 자료를 없앤다.** 광합성의 복잡한 과정을 장황하게 늘어놓을 필요가 있을까? 배경에 어지러운 책장을 꼭 보여주어야 할까?[8] 교사가 말하는 내용을 강조하기 위해 화면에 짧은 구절을 띄울 수는 있다. 그러나 화면에 긴 구절을 띄우고 소리 내어 읽지는 말자. 같은 정보를 동시에 읽고 보면 학습을 강화하기보다 오히려 방해가 된다.[9]

- **카메라 앞에서는 대담하고 과장된 몸짓을 보인다.** 손과 얼굴 표정으로 감정을 표현하자. 카메라가 자연스러운 카리스마를 감소시키는 경향이 있으므로, 평소보다 더 외향적으로 행동하는 것이 좋다. 처음에는 카메라를 향해 말하는 일이 부자연스럽게 느껴져도 걱정하지 말고, 카메라와 조명이 나를 도와주는 친구라고 생각해보자. 필요하면 카메라 위에 곰 인형을 올려놓아도 좋다.

온라인 수업 체계 세우는 법

온라인 수업은 체계적인 수업 계획서나 개요를 바탕으로 구성해야 하며, 여기에는 구체적인 일정과 함께 교사가 학생들에게 기대하는 바가 명확히 제시되어야 한다.

또한 학생에게는 온라인 수업 화면이 복잡하고 난해하게 느껴질 수 있다. 따라서 학생들이 길을 찾을 수 있도록 인지 지도를 만들어야 한다.[10] 퀴즈를 풀려면 웹 페이지의 왼쪽 하단을, 토론 주제를 찾으려면 오른쪽 상단을 클릭해야 한다고 알려준다. 그러고 나면 새로 형성된 인지 지도가 제2의 천성이 되기 시작한다.

학생이 온라인 수업에 필요한 인지 지도를 개발하는 데 도움이 되도록 컴퓨터 화면을 녹화하는 것(272쪽 참조)도 좋다. 이를 스크린캐스트라 하는데, 이 화면에서 온라인 수업의 주요 요소, 교사와 주제도 소개한다. 스크린캐스트에서 학습 관리 시스템의 핵심 요소(종합 토론, 퀴즈와 동영상)를 언급하고, 학생이 교사와 연락할 수 있는 방법을 설명한다. 한 학기를 보내는 데 필요한 정보를 한 장으로 간략하게 요약한 문서를 배부하면 도움이 된다. 월별 행사 일정을 공유하면 학부모와 학생이 시간과 장소 계획을 세우는 데 특히 도움이 된다.

수업 개요에는 다음과 같은 내용이 포함되어야 한다.

- **세부 계획:** 학급 이름, 만나는 날짜와 시간(실시간 온라인 수업인 경우), 교육자의 연락처와 개별 상담을 받을 수 있는 시간, 필요한 기술과 기술 지원을 받을 수 있는 곳, 수업 교재와 다른 필요한 자료들.
- **내용:** 앞으로 배울 내용을 대략 설명하면서 학년 말까지 학생들이 무엇을 배우고 어떤 일을 할 수 있게 될지 강의의 구체적인 목표를 덧붙인다.
- **교육자의 방침과 학교의 방침:** 지각을 허용하는가? 그렇다면 점수를 깎는가? 지각과 결석을 어떻게 처리할지 곰곰이 생각해보자. 학업 성실성과 허용되는 용품에 대한 방침도 학교 편람을 보고 확인한다. 이런 방침을 비롯해 교사가 그 방침을 어떻게 적용할지 학생들에게 다시 한번 알려주어야 한다.
- **수업 달력:** 수업 달력에는 수업 차시, 시험 기간 등이 포함된다. 특정 날짜를 고

교육의 뇌과학

집하려고 하면 계획하기가 까다로워진다. 그보다 교사의 의도를 나열하면서 날짜와 활동은 상황에 따라 바뀔 수 있다고 알리자.

- **과제와 수업 성적:** 수업의 주요 과제와 점수에 대해 간단하게 설명한다. 실험 보고서나 독후감처럼 되풀이되는 과제에 대해서는 과제의 목적, 항목, 예시를 포함하면 좋다.

이메일을 통해 연락 주고받기

이메일은 학습 관리 시스템에서 제공하는 내용을 강화하고 보완하는 데 도움이 된다. 수업 계획을 순조롭게 작성했다면 다음과 같은 이메일을 보낸다.

- **소개 이메일:** 수업이 시작되기 1~2주 전에 환영 메시지를 보내어 함께 공부하게 될 기대감을 전하고, 미리 볼 수 있는 수업 자료가 있다면 그 자료의 위치도 안내한다. 교사 소개 영상을 만들었다면 동영상 링크를 넣자. 새 학기를 앞둔 학생들은 엄청나게 초조하고 흥분해 있기 때문에 교사가 친근하게 다가가면 학생들을 안심시키는 데 큰 도움이 된다.
- **수업 시작 이메일:** 공식적인 수업이 시작되기 1~2일 전, 온라인 수업을 시작하려면 어느 인터넷 사이트를 찾아가 무엇을 해야 하는지 학생들에게 정확하게 알리는 이메일을 보낸다. 수업을 소개하는 동영상 링크와 강의 계획서, 수업 개요를 덧붙일 수도 있다.
- **주간 이메일:** 수업이 시작되면 그 주에 배운 내용을 요약하고, 다음 주에 해야 할 일과 앞으로의 과제를 알려주는 주간 이메일을 보낸다. 학생들이 과제에서 흔히 부딪히는 문제로 동영상을 만든다면 동영상 링크도 덧붙이자. 교사 개인이 그 주에 했거나 읽었거나 배운 흥미로운 내용에 대한 이야기를 덧붙일 수도

있다. 잘한 과제를 칭찬해도 동기 유발에 큰 도움이 된다!

이런 환영 이메일은 견본으로 저장해두면 앞으로 계속 활용할 수 있다. 이메일을 통해 학생들(초·중학생의 경우 보호자까지)에게 주요 과제 마감일을 여러 번 일깨워주는 관행을 만들자. 그러면 교사의 존재감을 알릴 수 있고 학생들이 미루는 습관을 줄이는 데 도움이 된다.

긍정적이고 활기찬 메시지를 보내면 학생들이 답장을 보내오기도 한다. 이모티콘을 활용하면 메시지 내용을 부정적으로 해석하지 않도록 예방하는 데 도움이 된다. 비트모지와 이모티콘을 사용하면 좋다. 처음에는 학생들이 교실 환경의 변화에 적응하느라 기술적인 문제를 겪어도 눈감아주자.

반응이 없는 학생 참여시키기

반응이 없거나 수업에 참여하지 않는 학생이 있다면, 집으로 전화해 보호자와 연락하고 그 학생의 다른 교사나 상담 교사와도 연락하는 것이 좋다. 학생에게 무슨 일이 있는지 알아내기 위해 약간이지만 뒤를 캐내야 할 수도 있다.

또한 교사의 존재감을 보여줄 필요도 있다. 개인적으로 이메일을 보내면서 잘한 일을 칭찬하거나 어려움을 겪는 학생에게 격려의 말을 건네면서 교사의 존재감을 키울 수 있다. 교사는 학생들을 위한 온라인 공동체를 만드는 셈이고, 이런 공동체 의식은 학생들이 열심히 공부하는 데 많은 도움이 된다.

수업과 관련된 간단한 온라인 퀴즈로 시작하면 학생들은 수업 계획서에서 필요한 정보를 살펴보며 수업에 대해 적극적인 책임감을 느낄 수

교육의 뇌과학

있다.

"매주 월요일마다 이메일을 확인하면서 주간 과제를 살펴보아야 합니다." "글쓰기 과제의 첫 번째 초안은 금요일까지 제출해야 합니다." 같은 퀴즈에 '예' '아니요'로 대답하게 할 수도 있다. 교사의 이름을 유명인들 이름 사이에 끼워놓고 고르게 하는 객관식 질문처럼 재미있는 질문 한두 가지를 추가하면 어색한 분위기를 없애는 데 도움이 된다.

음향의 중요성

동영상 제작 전문가들은 동영상에서 음향이 51퍼센트를 차지한다고 말한다. 음향이 좋지 않으면 동영상의 가치가 떨어지기 때문이다. 화상 회의에 참석할 기회가 있다면 휴대용 노트북의 내장형 마이크와 전문 마이크가 어떻게 차이가 나는지 잘 들어보자. 교사들은 마이크 모양에만 집중하고 음향에 크게 신경을 쓰지 않지만 이는 큰 실수다.

마이크를 구매한다면 먼저 구매한 전문가들이 올린 동영상 리뷰를 살펴보고 사용법을 파악하자. 기능이 복잡해 보이겠지만, 설명을 보고 나면 간단하다(이것이 동영상을 통한 강의의 장점이다).

보완을 위해 오대서티Audacity 같은 음향 편집앱을 설치한 스마트폰을 얼굴과 가깝게, 그러나 화면에는 나오지 않도록 설치하는 교육자도 있다. 오대서티는 음향을 깨끗하고 선명하게 녹음하기 때문에 동영상 음질이 좋지 않은 경우 대체할 수 있다. 기본 오디오가 작동하지 않을 경우에 대비해 예비로 휴대전화에 녹음해도 좋다. 침대 위에서 얇은 이불을 뒤집어쓰고 녹음하면 좋은 음질로 녹음할 수 있다. 침대 매트리스가 소리를 흡수하고 얇은 이불이 음파를 모아 최적의 소리를 만들어낸다.[11]

음향에는 교사의 어조와 목소리도 매우 중요하다. 어떤 사람은 목소리가 감미로운 반면, 오래 듣기 어려울 정도로 신경에 거슬리는 목소리도 있다. 이런 날카로운 소리는 불쾌함을 느끼는 편도체의 감정 회로를 자극한다.[12] 태어날 때부터 목소리가 고음이었던 사람은 특히 날카로운 소리를 내기 쉬운데, 카메라 앞에서 긴장한 채 이야기하면 성대가 조여져 고음의 목소리가 날카로운 목소리로 바뀌기 때문이다.

그래서 뉴스 진행자나 정치인은 목소리 톤이 높으면 별도로 코칭을 받는 경우가 많다. 이런 사람들이 말하는 영상을 보면 시간이 지날수록 점점 더 낮은 목소리로 바뀌면서 듣기 좋아진다는 사실을 알 수 있다. 날카로운 목소리 때문에 고민 중이라면, 평소보다 낮은 목소리로 문장을 읽기 시작해 그 문장이나 단락이 끝날 때 자연스럽게 목소리를 조금씩 높이되 날카로운 소리가 나오지 않도록 주의하는 것이 요령이다.

코칭으로 도움을 받을 수 있는데도 그저 자신의 목소리에 문제가 있다는 사실을 인정하지 않는 경우가 많다. 이는 우리 목소리가 절차적 체계와 관련 있기 때문이다. 다른 사람들에게는 거슬려도 자기 목소리는 자연스럽고 편하게 들린다. 그래서 목소리를 바꾸려면 집중적인 노력과 많은 연습이 필요하고, 가능하면 코칭을 받는 것이 좋다. 그러기 위해서는 먼저 자신의 목소리에 문제가 있는지를 파악하는 게 첫 번째 단계다.

교사가 자신의 목소리를 인식하고 교정하는 일은 온라인 교육에서 특히 중요하다.

카메라 촬영을 위한 조언

교사들은 컴퓨터나 휴대용 컴퓨터 앞에 앉아 웹캠을 활용해 영상을 실시간 재생하거나 녹화한다. 이때 조명을 다음과 같이 배치하면 좋다.

강한 조명인 주광선은 앞에 두되 한쪽으로 약간 치우쳐서 둔다. 두 번

영상 촬영 시 조명 규칙

a) 조명 1개

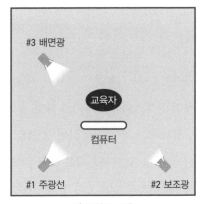

b) 조명 2~3개

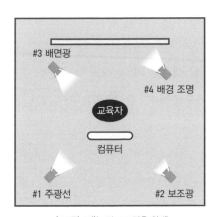

c) 조명 4개(그린 스크린을 위해)

가정에서 동영상을 녹화할 때의 조명 설치 방법을 조명 개수에 따라 설명하면 위와
같다(그린 스크린을 사용할 경우에는 조명 4개를 권장한다).

째 조명인 보조광은 주광선 맞은편에서 약하게 비춘다. 그림자를 제거하기 위함이다. 배경에서 인물을 도드라지게 하고 싶으면 배면광이라는 세 번째 조명을 활용한다. 주광선 하나만 사용한다면 바로 앞에 두면 된다.

밝은 창문 앞 촬영은 피하는 것이 좋다. 역광으로 인해 학생들 눈에는 교사의 모습이 윤곽만 보일 우려가 있다. 안경을 쓰고 있다면 안경알의 번쩍거림을 최소한으로 줄이기 위해 조명을 조절해야 할 수도 있다. 또한 안경알에 빛이 반사되면서 이상하게 보일 수 있으니 환형 광원은 피하고, 평판형 LED 사용을 추천한다. 때로는 조명의 위치를 높이기만 해도 안경알의 번쩍거림을 없애거나 줄일 수 있다.

강의하는 교육자가 화면의 어느 위치에서 보이는지 반드시 확인해보아야 한다. 보통 처음에는 높게 앉았다가 피곤해지면 자세가 낮아져 화면 아랫부분까지 내려오기 쉽다. 그래도 머리가 화면 중앙에 놓이긴 하지만 손동작이 화면에 잡히지 않을 수 있다.

카메라를 높이 설치해서 서서 촬영하면 손동작을 활용하면서 활기차게 움직일 수 있다. 처음에는 손이 화면에 어떻게 나타나는지 의식적으로 살펴야 한다. 특히 중요한 요점을 강조할 때 손을 잘 보이게 하면 좋다. 시간이 흐르면 절차적 체계 덕분에 손동작을 보여주는 일이 습관이 되어 생각할 필요도 없이 나온다.

화면 톤을 일관적으로 유지하려면 모든 조명이 같은 전구를 사용해야 한다. 그러면 인물이 더 생생하게 보인다. 배경에서 개성이 드러나면 좋다. 흔한 책장 배경은 가급적 피하는 것이 좋지만, 어쩔 수 없는 경우라면 그 책장에 좋아하는 책을 꽂아두자. 딱딱한 벽과 바닥에 둘러싸여 있다면 양탄자, 담요나 쿠션 같은 부드러운 깔개를 활용해 울림을 줄일 수 있다.

교육의 뇌과학

실시간 온라인 수업:
직접 지도와 가장 가까운 방법

실시간 교육은 줌과 같은 플랫폼을 활용해 실시간으로 영상을 송출하고 시청하는 경우를 말한다. 대면 수업과 실시간 온라인 수업에는 비슷한 점이 많다.

문제는 완벽한 실시간이 아니라는 점이다. 학생들이 보는 화면에는 미세한 지연과 건너뜀이 있다. 음질은 말할 나위도 없다. 이로 인해 잘리거나 왜곡된 소리를 추적하거나 불완전한 몸짓 언어를 파악하느라(모서리의 작은 화면으로는 표정을 읽기 어렵다) 정신적으로 진이 빠지는 '줌 피로'가 생길 수 있다.[13]

학생들이 계속 적극적으로 참여하면서 집중하게 하려면, 교사가 컴퓨터 화면이 아니라 카메라를 똑바로 봐야 한다. 학생과 개인적으로 얼굴을 마주할 때와 마찬가지로 온라인에서도 똑바로 바라보는 시선이 정말 중요하다. 따라서 눈높이에 맞추어 카메라를 설치해야 한다. 조명이 아니라 카메라를 똑바로 바라보자.

실시간으로 온라인 수업을 진행할 때는 교실의 대면 수업과 마찬가지로 직접 지도를 변형한 방법들이 온라인 수업에서도 효과가 좋다. 다음은 실시간 수업을 할 때 기억해두어야 할 점들이다.

1. **기본 규칙을 정한다.** 수업 시작 전 가장 먼저 해야 할 일이다. 기본 규칙을 정할 때 학생들에게 도움을 요청하는 일이 중요하다. 논의를 거치면서 학생들이 제안한 내용을 모으려면 시간이 걸리지만 궁극적으로 학생들이 그 규칙들을 적극적으로 받아들이는 데 도움이 된다. 학습 관리

얼굴이 카메라와 가까워 손이 보이지 않는다. 안경알에 반사광이 비치고, 노출이 부족해서 얼굴이 그늘져 보인다.
배경은 학교의 교정 사진이다. 어수선하지만 친숙한 건물과 마스코트 덕분에 가상 세계에서도 편안함을 느낄 수 있다.

의자에 털썩 앉아 얼굴이 화면 중앙에 나타나게 하는 전형적인 실수다. 손이 잘려나가 보이지 않으며, 얼굴에 조명을 너무 많이 비춰서 노출이 과도하다.

이 화면에서 강연자의 얼굴은 화면 상단에 완벽하게 배치되었다(머리가 높지만, 윗부분이 잘리는 프랑켄슈타인 효과는 없다). 또한 화면 아랫부분에 손을 보여줄 만한 공간이 충분하다.

시스템에서 규칙을 눈에 잘 띄는 자리에 저장하자. 일반적인 온라인 수업 규칙에는 다음과 같은 내용이 포함된다.

- 음소거를 한다.
- 카메라를 향해 똑바로 앉는다.
- 수업 시간에는 잠옷을 입지 않는다.
- 얼굴이 보이도록 조명을 충분히 밝게 유지한다.
- 반려견과 놀거나 방에 들어온 누군가와 잡담을 하지 않는다. 음소거를 해도 방해가 되기 때문이다.
- 수업 중 친구들에게 SNS 메시지를 보내지 않는다.

또한 생활적인 측면에서 학생들이 어떻게 행동해야 하는지 따라야 할 절차를 만들어두면 좋다.

- 질문은 어떻게 할까?
- 화장실에 가야 한다면 어떻게 해야 할까?
- 수업 중 토론에 어떻게 참여할까? 누가, 언제 이야기할까?

실시간 온라인 수업은 실제 대면 수업과 가깝기 때문에 수업 시간을 실제 수업처럼 일관성 있게 유지하는 일이 중요하다.

2. **60초의 법칙.** 수업을 시작할 때 첫 60초를 활용해 학생의 관심을 집중시키고 시간을 지키도록 독려하자. 이때는 시선을 사로잡을 요소가 필요하다. 깜짝 놀랄 만한 것일수록 더 좋다. 호기심과 새로움은 기억과 관

련된 신경 단백질을 상향 조절해서 정보를 더 잘 저장할 수 있게 한다. 이 따끔 개인적인 일화를 이야기하면 학생들이 교육자에 대해 더 친밀감을 느낄 수 있다.

3. **5분 법칙.** 소규모 모둠 활동이나 학생들의 적극적 참여가 필요한 활동 전에는 직접 지도를 5분 이내로 제한한다(어린 학생일수록 이 시간을 더 줄여야 한다). 핵심 개념 전달에 집중하되, 중간중간 간단한 농담을 섞으면 효과적이다. 온라인 학습에서 이러한 유머는 특히 중요한 역할을 한다.

교육자의 컴퓨터 화면을 공유할 수도 있다. 교육자가 온라인 문서 편집기 구글 문서에 글을 입력하거나 파워포인트 슬라이드를 학생들에게 보여줄 수 있다. 화면에 직접 손으로 쓸 수 있다면 더 좋다.[14] 손으로 글을 쓰면 속도가 늦춰지면서 요점을 강조할 수 있어서 학생들이 핵심 개념을 파악하기가 더 쉬워진다.

화면을 전환해 자세히 설명할 때는 공유한 화면의 모서리 상자, 즉 화면 속 화면에 교육자의 모습을 비추어 학생들을 계속 집중시킨다.

4. **숨을 곳이 없는 규칙.** 규칙을 짧게 설명한 후 모든 학생들을 참여시킨다.

- **소규모 모둠**: 온라인 플랫폼에서도 학생들을 모둠으로 나눌 수 있다. 미리 이런 기능을 활용하는 방법을 숙지하는 것이 좋다. 가족이나 친구들을 사전 연습에 참여시켜 모둠으로 나누는 방법을 익혀두자(일부 플랫폼에서는 학생처럼 모둠에 참여해볼 수도 있다. 그게 어려우면 두 번째 계정을 만들어서 모둠 참여를 시도해볼 수도 있다). 온라인 모둠은 대면 모둠보다 훨씬 더 신속하게 모일 수 있다. 버튼

교육의 뇌과학

만 누르면 학생들이 흩어져 소규모로 모일 수 있고, 처음 만난 학생들끼리 서로 인사를 나눌 수 있다.

- **학생이 자료를 보지 못할 수도 있다는 점을 염두에 둔다**: 흔히 일어나는 문제다. 이럴 때는 학생들에게 명확하게 설명하면서 구글 문서나 슬라이드 링크 주소를 알려주면 된다. 하버드 대학의 론다 본디는 모둠마다 한 학생이 책임을 맡아 모둠이 논의한 내용을 공유 문서나 슬라이드에 기록하는 방법을 제안했다.[15] 교육자는 실시간으로 이 문서를 살펴보면서 모두가 제대로 진행하고 있는지 확인하고, 각 모둠에 필요한 부분을 지원할 수 있다.

- **설문 조사**: 설문 조사는 교육자가 학생들이 얼마나 잘 이해하는지 살펴보는 데 도움이 된다. 다이렉트폴(directpoll.com), 슬라이도(www.sli.do), 폴에브리웨어(polleverywhere.com) 또는 마이크로소프트 폼즈Microsoft Forms 같은 플랫폼을 활용해 미리 내용을 구성한 다음 채팅방에 링크를 공유할 수도 있다. 온라인으로는 학생들의 몸짓을 읽어내기 어렵기 때문에 설문 조사를 통해 학생들의 반응을 계속 확인하면서 수업을 실시간으로 조정한다.

- **학생에게 질문하기**: 『최고의 교사는 어떻게 가르치는가 2.0』의 저자 더그 레모브는 자발적으로 나서지 않는 학생에게도 질문을 던져 대답하게 하는 방식을 추천한다[16](학생들이 불편해할까 걱정하는 경우도 있지만, 연구에 따르면 이 방식을 활용했을 때 학생들은 편안하게 대답하며, 교사가 질문을 던질 때 자발적으로 대답하고자 하는 의지도 높아졌다[17]). 학생들이 얼마나 이해했는지 확인할 수 있고, 책임감을 가지고 수업에 참여하려는 분위기가 만들어지며, 수업의 속도를 유지할 수 있기 때문이다. 무작위로 학생을 선택할 수 있는 기능이 포함된 앱을 활용하면 시간을 절약하면서 학생들에게 공평하게 기회를 줄 수 있다. 대표적으로 클래스도조ClassDojo가 있다.

채팅방을 활용해 학생의 참여를 유도하라

- 온라인에서 질문하면 여러 학생이 동시에 대답하느라 오히려 시간을 낭비할 수 있다. 질문을 던진 후 채팅방에 답이 5개 올라올 때까지 기다리겠다는 식으로 진행하면 좋다.
- 채팅방에서 질문하라고 유도한다. 학생이 질문하고 싶어서 손을 들었는지 온라인 화면으로 확인하기보다 채팅방을 보는 편이 더 쉽다.
- 다른 사람을 지정해(보조 교사나 내용을 잘 이해하는 학생, 혹은 자원하는 학부모) 채팅방의 진행 상황을 살펴보게 한다. 간간이 수업을 잠시 멈추고 채팅방 메시지와 질문을 확인한다.
- 화면을 계속 보고 있으면 지칠 수밖에 없다. 참여도가 떨어진다는 느낌이 들면 휴식이 필요한 때다. 학생들에게 잠시 화면을 끄고 몸을 쭉 펴거나 움직여 보라고 한다. 1분 후에 다시 시작하면 학생들의 분위기가 확 달라진다.

녹화 영상 수업:
상호작용이 중요하다

녹화 영상 수업은 교육 자료를 학습 관리 시스템에 올려놓아 학생들이 아무 때나 이용할 수 있다. 동영상, 퀴즈, 종합 토론과 문서 등 무엇이든 온라인에 올려놓을 수 있다. 퀴즈와 종합 토론은 인출 연습에 특히 강력한 효과를 발휘한다. 이것이 녹화 영상 교육의 강력한 강점 중 하나다.

녹화 영상 자료의 일환으로 학생들이 읽고 요약해야 하는 문서 자료를 올리는 경우도 많다. 비교적 편한 방법이기 때문이다. 그러나 이런 방식으로는 교사의 존재감을 전달하기 어렵다. 교사의 지도가 부족하면 학습이 어려워진다. 특히 작업 기억 용량이 작아서 느리게 배우는 학생들은 금방 길을 잃고 쩔쩔매고 만다.

학습 전문가들은 학생들의 수업 참여를 위해서는 상호작용 요소가 필수적이라고 강조한다. 녹화된 교육 영상을 사용할 때도 종합 토론, 공유 메모, 상호 첨삭, 퀴즈 등 다양한 활동을 통해 더욱 역동적으로 활용해야 한다. 이러한 요소들은 그 자체로도 의미가 있지만, 특히 학생들이 동영상에 더 잘 집중할 수 있게 한다는 점에서 중요하다.[18] 잘 제작된 교육 동영상은 매우 효과적인 교육 도구가 될 수 있다.[19]

이따금 설명을 잘하는 다른 교육자의 동영상을 활용할 수도 있다. 그러나 학생들은 실제로 가르치는 교사의 목소리를 듣고 얼굴을 보고 싶어 한다. 연구 결과, 교사의 존재감이 "학생들이 온라인 수업에 계속 참여해서 끝마치게 하는 중요 요소 중 하나"라고 밝혀졌다.[20]

교사가 직접 만든 어설프고 서툰 동영상으로도 학생들의 존경을 얻을 수 있다. 최소한 학생들의 세계에 발을 들여놓으려 노력하고 있기 때문이다. 교사가 학생들과 소통하려고 노력하면 학생들도 교사와 소통하려고 할 가능성이 높아진다. 수업에서 유대감을 중시하면 학생들은 동영상을 통해 교사의 행동을 보면서 친밀감을 느낀다.

온라인 수업에 부담을 느낀다면 좋은 조짐이다. 하지만 동영상은 한번 만들어두면 다시 사용할 수 있어서 시간을 크게 절약할 수 있다. 동영상 제작에 도움이 되는 방법을 소개한다.

우선 동영상을 만들어보자

좋은 동영상을 만들 때 가장 중요한 점은 일단 시도해봐야 한다는 점이다. 처음부터 멋진 동영상을 만들 수는 없다. 그저 동영상이면 된다.

화면 캡처를 활용해 동영상을 제작하는 스크린캐스티파이Screencastify와 스크린캐스트 오매틱Screencast-O-Matic 같은 무료 혹은 저가 프로그램들로, 화면 캡처에 교사의 목소리를 곁들여 동영상으로 만들 수 있다. 터치스크린 환경에서 특히 잘 작동하는 상호작용 화이트보드 도구 익스플레인 에브리씽Explain Everything도 있다.

파워포인트를 활용한 온라인 강의는 다양한 방식으로 구성할 수 있다. 슬라이드 쇼 녹음 기능을 사용해 각 슬라이드에 음성을 입히고, 화면 한켠에 교사의 모습을 보여줄 수 있다. 이때 교사 영상은 상황에 따라 전체 화면으로 전환하거나, 작게 표시하거나, 또는 완전히 숨길 수도 있다. 학생들은 슬라이드 쇼 모드에서 각 슬라이드의 설명을 보고 들을 수 있다.

파워포인트의 내보내기 기능을 활용해 파워포인트를 MP4 동영상으로 바꿀 수도 있다. 수정할 때는 개별 슬라이드를 다시 녹음해 쉽게 변경할 수 있다. 숙제 중 특별히 까다로운 문제에 대해 조언할 때 구석에 교사의 얼굴을 집어넣어 학생들의 사기를 올릴 수 있다. '핵심 문구 5개만 넣은 슬라이드가 500단어를 늘어놓은 슬라이드보다 낫다'는 일반적인 규칙은 파워포인트를 만들 때도 적용된다.

파워포인트를 두 가지로 준비해서 하나에는 교사가 참고할 내용을 넣어두고, 학생이 보는 다른 하나에는 중요한 단어나 문제의 답을 지워둘 수도 있다. 교사가 이야기하면서 부분적으로 지워진 파워포인트의 빈칸을 '입력'하면 보다 상호작용이 풍부한 수업이 된다.

학생들이 교육사를 보아야 할까?

가르치는 사람이 동영상에 나타나야 할까? 교실 앞 화면에 교사가 설명하는 내용의 동영상(교사의 모습은 보이지 않는다)이 틀어져 있다고 상상해보자. 교사의 목소리만 스피커를 통해 들린다. 교사의 모습이 보이지 않아도 학생들은 장기적으로 계속 공부 내용에 적극적으로 관심을 가질까? 심지어 학생들이 교사를 직접 만날 기회조차 없다면? 『뛰어난 온라인 교육*Excellent Online Teaching*』에서 애런 존슨은 이렇게 말한다.

> 온라인 수업에서 학생의 결석을 막으려면 수업 도중에 교사가 지속적으로 존재감을 드러내야 한다. 일반적으로 교사가 더 많이 등장하는 수업일수록 결석률이 낮다.[21]

인기 있는 온라인 수업 중에는 강사가 동영상에 나타나지 않는 경우도 있다. 이런 강의는 학생들이 자발적으로 찾아서 보지만, 일반적인 온라인 수업은 그렇지 않다. 따라서 교사가 자신을 드러낼 때 학생들이 더 친밀감을 느끼면서 의욕을 가질 수 있다. 학생들이 수업 내용에 흥미를 갖게 하기 위해 꼭 필요한 첫 단계다.

촬영할 때 습관적으로 하는 말, 반복해서 되풀이하는 말이 너무 많지 않은지 살피자. 교사는 무심코 내뱉지만 학생들이 볼 때는 거슬릴 수 있다. "좋아", "음", "글쎄" 같은 습관적인 말이 대표적이다. 실제 수업에서도 같은 습관을 되풀이할 때가 많다. 그래서 녹화한 동영상을 살펴보면 대면 수업 개선에도 도움이 된다.

처음에는 동영상으로 촬영한 자신의 모습을 보는 일이 어색하게 느껴질 것이다. 당연한 현상이다. 동영상을 계속 촬영할수록 덜 의식하게 된다. 몇 주 혹은 몇 달이 지나면 획기적인 변화를 느낄 수 있다. 서술적 체계뿐 아니라 절차적 체계로도 배우는 과정임을 의식하면 도움이 된다.

동영상의 길이는 어느 정도가 좋을까?

내용을 최대한 작은 단위로 나누되, 학생들이 동영상을 잇달아 보아야 개념 하나를 겨우 이해할 수 있을 정도로 작게 나누지는 말아야 한다. 수업의 중심이든 보조 역할이든 동영상은 3~12분 정도가 좋다. 수업 때 교사가 직접 설명하는 시간이 이 정도 된다. 동영상이 짧으면 학생들은 받아들이는 정보의 흐름을 조절할 수 있다.[22] 그렇다고 한 시간 길이의 동영상을 6분짜리 동영상 10개로 잘라낸다는 의미는 아니다. 짤막한 도입부, 잘 정리된 설명, 개념을 맥락에 맞게 정리하는 마무리로 구성한다는 의미다. 1~2분 분량만 가지치기해도 크게 달라질 수 있다.

한 시간 동안의 실시간 수업 전체의 화면을 녹화해서 한 시간짜리 동영상 수업으로 활용할 수도 있다. 고학년 학생에게는 이런 동영상이 유용한 도구가 될 수 있다.[23] 복습하면서 설명을 확인할 때 이용할 수 있고, 실시간 수업에 출석할 수 없었던 학생이 나중에 보기에도 좋다.[24] 마지막으로 '6분 법칙의 신화'라는 흥미로운 제목의 연구에 따르면, 대학생에게는 20~25분짜리 동영상도 효과적이다.

그러나 수업 동영상이 너무 길면 학생들에게 백과사전을 읽으라고 강요하는 것과 같은 상황이 된다. 실시간 온라인 수업에서는 다양한 활동을 했더라도 그 수업을 동영상으로 전환하면 그저 긴 강의에 불과하다. 그리고 장시간 강의는 학습에 많은 문제를 일으킨다! 긴 동영상의 중간이나 끝에 퀴즈 문제 등 상호작용 요소를 집어넣어도 지루함을 크게 덜어주지 못한다.

동영상 수업에서 시각 요소는 핵심적인 부분이고, 시각 자료를 잘 만들기 위해서는 시간이 필요하다. 즉, 짧은 동영상을 만들려면 더 많이 계획하고 더 길게 준비해야 한다.

교육의 뇌과학

그린스크린 활용 예

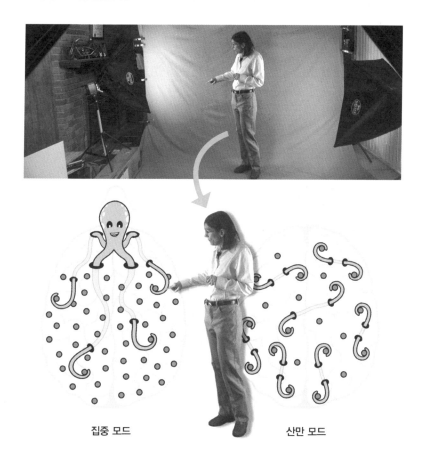

집중 모드   산만 모드

더 멋지게 연출하고 싶다면 아무것도 없는 배경(그린스크린) 앞에서 촬영한 다음 편집 기술을 활용해 교육자의 모습을 삽입할 수도 있다. 요즘은 평범한 배경의 사무실에서도 이 작업을 할 수 있다. 위의 사진은 오클리가 집 지하실에서 온라인 공개강좌 '학습법 배우기'를 촬영하는 모습이다. 교육자의 모습이 교육자가 지적하려는 내용과 결합돼 학생들의 작업 기억 부담을 줄여준다.

재미있는 요소를 넣어보자

온라인 수업 자료를 매력적으로 만들기 어려운 이유는, 현장감이 떨어지기 때문이다. 현실의 교실에서는 교사가 학생에게 곧바로 다가갈 수 있다. 반면 온라인 세계에서는 교사가 가끔씩 화면 모서리에서 작게 나타날 뿐이다.

유머가 이런 결함을 메워줄 수 있다. 긍정적인 유머를 가끔 활용하면 학습 분위기가 더 흥미진진하고 편안해진다. 또한 교사 역시 더 높은 평가를 받으며, 학생들의 학습 의욕도 솟는 데다가, 학생들이 핵심 정보를 더 쉽게 기억할 수 있고, 수업을 더 즐길 수 있다. 학생들이 교사와 유대감을 느끼는 데도 도움이 된다.[25]

교사가 코미디언이 되어야 한다는 뜻은 아니다. 그러나 5~7분마다 혹은 동영상마다 최소한 한 군데 이상 재미있거나 예상치 못한 뭔가를 추가하면 학생들은 갑작스러운 도파민 분비로 즐거움을 느낀다. 덕분에 학생들은 이해하기 어렵고 때로는 지루한 내용을 헤쳐나갈 힘을 얻는다.[26] 웃기는 재주가 없다고 걱정하지 말자. 유머 역시 자전거를 배우는 일과 같다. 자전거를 타고 다니려고 세계적인 선수 수준이 될 필요는 없다.

수업 중간에 영화에 등장하는 장면이나 밈, 이모티콘 등을 이용하면 좋다. 미국의 경우, 2002년에 저작권법이 개정되면서 공인된 비영리 교육기관의 교육자들은 영화와 TV 동영상 토막을 교육 자료에 삽입할 수 있다(한국 내 교육에관해서는 한국저작권위원회의 '교육목적 저작물 이용지침'을 참고한다—편집자).[27]

온라인 수업에서
주의를 집중시키는 법

수업 중에는 교사가 학생들의 주의를 끌어야 한다는 암묵적인 약속이 있다. 숙련된 교사는 눈 맞추기부터 손가락 튕기기, 연극하듯 책상 위로 뛰어오르기까지 다양한 방법으로 학생들을 계속 집중시킨다.

그러나 온라인 수업에서는 책상 위로 뛰어오르더라도 대면 수업과 같은 효과를 발휘하지 못한다. 온라인 수업에서 학생들의 주의를 집중시키려면 조금 다른 수단이 필요하다.

먼저 인간이 어떤 방식으로 무언가에 주목하는 과정을 이해해야 한다. 학생이 주의를 집중하는 방법에는 하향식 과정과 상향식 과정, 두 가지가 있다.[28]

하향식 과정은 개인의 자유 의지와 관련이 있고, 전전두엽 피질에서 시작되어 두뇌의 나머지 부분으로 퍼진다. 상향식 과정은 자신도 모르게 환경 자극을 먼저 감지하는 두뇌의 뒤에서 시작되어 앞으로 퍼진다.

명심하자. 학생이 주목할 때만, 학생이 이해하고 흡수하려고 노력하는 정보만이 신경 조직에 저장된다.

주의 집중 과정은 까다롭다. 특히 온라인 수업 중에는 한 장면을 너무 오랫동안 유지하면 주의력이 금방 흩어진다. 만약 학생 본인이 어떻게든 수업에 주의를 집중하고자 한다면 하향식 과정을 활용해, 다시 말해 의지력을 통해 집중력을 되찾아야 한다.

외부적 자극을 통해 교사가 학생을 집중하게 만드는 상향식 방법에는 다음과 같은 것들이 있다.

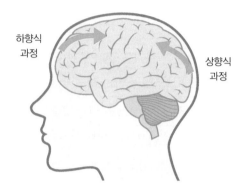

하향식 과정

상향식 과정

학생이 주의 집중하려 노력할 때는 하향식 과정을 이용하며, 외부적 자극을 통해 학생의 주의를 집중시키는 경우는 상향식 과정에 해당한다.

- 동작(특히 빠르게 다가오는 듯한 착각을 일으키는 동작)

- 소리(비디오게임은 소리를 영리하게 활용한다)

- 예상치 못한 모든 요소(유머가 중요한 역할을 한다)

학생들이 의도적으로 집중하려 노력하는 하향식 과정보다는, 자연스러운 자극에 반응하는 상향식 과정이 훨씬 효과적이다. 동영상에 상향식 주의 끌기 요소를 집어넣으면 학생이 의지력을 억지로 쥐어짜지 않아도 계속 주의를 집중할 수 있다.

학생들의 주목을 받기 위해 가끔씩 작은 장난을 시도해보는 것도 도움이 된다. 동영상 편집 기술을 활용해 교사 자신의 이미지를 화면 이쪽에서 보여주었다 저쪽에서 보여주는 방법이 한 가지 예다. 몸 전체를 보여주었다 반만 보여줄 수도 있다. 화살표를 활용해 요점을 강조하고, 성공

교육의 뇌과학

적으로 결론에 이르렀을 때 '짠'이라고 소리치자.

그렇다고 반드시 큰 동작을 보이고 소리를 내거나 예상치 못한 자극을 줄 필요는 없다. 상향식, 무의식적 과정을 활용해 동영상을 잘 편집하면 과한 행동 없이도 학생들의 관심을 다시 화면으로 끌어들일 수 있다. 딴짓할 때 억지로 교사를 다시 보게 하려고 애쓸 필요도 없이, 교사가 화면에서 보여주는 내용에 계속 집중하게 된다. 교사 자신이 영상을 보면서 집중력이 흩어지는 시점을 기준으로 주의 집중 요소를 집어넣자.

공유 화면 구석의 작은 화면 속 교사의 모습은 너무 정적이고 단조로워 실제로는 주의를 끌지 못한다. 반면 잘 제작된 녹화 수업 영상은 온라인 수업의 효과적인 기반이 될 수 있다. 녹화 영상에는 학생들의 집중을 유도하는 다양한 요소들을 더 자유롭게 포함시킬 수 있기 때문이다.

수업 대본의 중요성

할 일도 많은데 하루 강의를 위해 대본까지 써야 한다면 몸서리칠 수도 있다. 직접성, 생동감, 즉흥성이 실시간 수업의 매력 중 하나다. 그러나 교사 소개 동영상이나 특별히 까다로운 개념을 설명하는 동영상 등을 만들때는 대본이 도움이 된다. 단어 하나하나를 쓰는 대신 윤곽만 잡아놓는 '절반 대본'을 활용하는 교육자들도 있다. '처음에는 이렇게 하고, 그다음 이걸 설명할 거야. 그다음 이걸 보여주자' 하는 계획이다. 그러면 대본을 읽는 듯한 인위적인 느낌을 주지 않으면서 주제에 집중할 수 있다.

대본이 있으면 말하는 내용을 정확하게 조절할 수 있고, 멋진 비유와 시각 효과를 계획할 수도 있다. 촬영할 준비가 되면 모니터 카메라 렌즈 아래에 대본을 띄운다(텔레프롬프터 앱을 활용하면 좋다). 대본의 폭이 너무 넓어서 눈을 굴리면서 읽어야 하지 않는지 확인하자(불안정해 보일 수 있다). 대본이 있으면 자막을 만들 때도 도움이 된다. 자막은 도움이 필요한 학생과 우리말이 익숙지 않은 학생 등 모든 학생에게 유용하다.[29]

파워포인트를 만들 때 글을 너무 많이 집어넣는 경우가 많다. 슬라이드에 포함된 글을 보고 말할 내용을 환기하기 위해서다. 그러나 대본을 활용하면 무슨 말을 해야 할지 쉽게 알 수 있기 때문에 슬라이드 안의 글을 최소한으로 줄일 수 있다.

학생의 평가와 참여 유도하기

책을 읽을 때처럼 동영상 역시도 수동적으로 보기 쉽다. 수동성에서 벗어나 학생이 공부하는 내용과 더 깊이 상호작용하게 하려면 인출 연습이 답이다. 협동 학습, 토론, 퀴즈가 중요한 역할을 한다. 교사는 이런 연습을 이용해 동영상 수업 내용을 강화할 수 있다.

온라인 협동 학습

온라인으로 문서를 공유하고 함께 학습하거나, 실시간 또는 채팅방을 통해 대화하는 등 온라인으로도 협동 학습을 할 수 있다. 패들렛Padlet, 퀴즐렛Quizlet, 카훗Kahoot!, 고누들GoNoodle, 피어와이즈PeerWise, 아이두리콜iDoRecall, 퀴지즈Quizizz 등이 대표적이다. 학생들은 이런 도구를 활용해 온라인 게시판에 학습용 카드와 퀴즈를 만들고, 또래 학생들이 낸 질문에 답하고 토론하는 등의 활동을 할 수 있다. 이런 도구를 이용하면 학생들이 더 쉽게 상호작용할 수 있다.

교육의 뇌과학

퀴즈

온라인 퀴즈는 '시간에 맞춰' 활용할 수 있다는 점에서 좋다. 객관식 문제 역시 학습에 도움이 된다.[30] 햅약HapYak과 잽션Zaption 같은 학습 관리 시스템이나 도구를 활용하면 동영상이 끝나고 바로 퀴즈 문제로 이어지도록 할 수 있다. 퀴즈 질문을 자주 던지면 학생들이 계속 집중하기 때문에 성적 향상에 도움이 된다.[31]

질문을 언제 넣어야 할지는 상황에 따라 다르다. 동영상만으로도 넋을 잃을 정도로 흥미진진하게 이야기하는 교사라면 이야기가 끝나기도 전에 질문을 삽입해 흐름을 끊는 일은 피하는 것이 좋다. 에드퍼즐Edpuzzle이나 플레이포짓PlayPosit 같은 도구를 활용하면 동영상 중심의 수업을 구성할 수 있으며, 학생들이 질문에 얼마나 잘 답하는지 데이터를 추적하는 데도 도움이 된다.

이끌어주는 질문

짧은 동영상과 함께 볼 수 있는, 학생을 올바른 방향으로 이끌어주는 질문이 포함된 문서를 만들면 도움이 된다. 한 연구에 따르면, 동영상을 보면서 이 같은 질문에 답한 학생들은 이후 시험에서 훨씬 더 높은 점수를 받았다.[32]

숙제

동영상 안의 정보를 숙제에 포함시키면 학생들이 동영상의 내용을 적극적으로 공부한다. 한 연구에 따르면, 학생들은 동영상이 포함된 숙제를 할 때 동영상이 없는 숙제를 할 때에 비해 어려운 개념을 더 잘 이해했다.[33] 과제는 언제나 20분 안에 끝낼 수 있는 정도가 좋다.[34]

종합 토론

종합 토론을 통해 학생들이 학습 내용을 얼마나 잘 이해하고 있는지 가늠할 수 있고, 학생들은 다양한 맥락에서 인출 연습을 할 수 있다. 소규모 토론 집단은 친밀감과 우정을 모두 키울 수 있다. '찾아보자, 설명하자, 묘사하자, 확인하자, 비교하자'처럼 동작이 필요한 질문을 던지면 적극적이고 활기찬 토론으로 만들 수 있다.[35]

모두가 똑같은 정답을 말하는 질문은 피하고, 다양한 답변을 이끌어낼 수 있는 질문을 던지는 편이 좋다. 학생들이 읽은 내용 중 가장 중요한 인용문 3가지를 찾고, 왜 그 인용문을 선택했는지 설명하라는 질문이 대표적이다. 그다음 다른 학생과 짝지어 각자 선택한 인용문을 서로 비교한 후 다른 모둠과의 토론에서 이야기할 한 가지를 정하게 한다.

실시간 온라인 수업 전에 학생들이 정한 인용문을 종합 토론 게시판에 올리게 하면, 무슨 생각을 하고 어떤 문제에 관심이 있는지 알 수 있다. 학생들이 게시물을 올리고 다른 학생의 게시물에도 댓글을 달아야 하는 과제라면, 게시물과 댓글을 언제까지 써야 하는지 마감일을 명확하게 정해야 한다. 게시물과 댓글 마감일은 최소 하루 이상 간격을 두어야 한다. 교사가 일주일에 몇 차례, 짧게라도 종합 토론에 개입하면 학생들이 부담스러워하지 않으면서도 교사의 존재감을 느낄 수 있다. 최소한 몇 자 이상의 글을 올려야 한다는 기준을 정해도 도움이 된다. 교사가 어느 정도의 댓글을 기대하는지 알면 학생들이 댓글의 깊이를 기대에 맞추는 데 도움이 된다.

교육의 뇌과학

실시간 온라인 수업과
녹화 영상 수업 혼합하기

학생들의 나이와 능력 수준에 따라(숙련된 학생일수록 자기 주도적이다) 1장에서 설명한 '배우고 '연결하기'를 온라인 수업에 혼합해도 좋다. 예를 들어 월요일에는 학생들이 온라인으로 동영상과 교재를 활용해 공부한다 ('나는 한다' 단계). 이때 학생들이 적극적으로 공부할 수 있도록 예비 연습이나 토론 거리를 알려준다. 학생들이 가능한 한 많이 '배우기'를 시작하는 단계다.

수요일에는 학생들의 과제에 개별적으로 피드백하거나 실시간 온라인 수업을 통해 내용을 추가하면서 더 연습하게 한다('우리가 한다' 단계). 이 날에는 학생들이 주제와 관련된 신경세포 연결 고리를 강화하도록 돕는다.

새로운 개념이나 기술을 처음 배울 때는 장기 기억의 신경세포 사이에 새로운 연결 고리가 만들어진다. 어떤 학생은 맨바닥에서 시작하기 때문에 연결 고리를 구축하려면 시간을 더 들여야 하고, 교사가 보강해주어야 한다. 학습 속도가 빨라 더 지원해주지 않아도 되는 학생은 학생 주도 활동을 금방 시작할 수 있다.

금요일에는 숙제를 제출한 후 퀴즈를 풀어보라고 할 수도 있다. 학생들이 '연결하기'를 하는 날이다. 학생들이 능숙해지면 새로 배운 내용을 실제 상황에 적용하면서 다른 주제와 연결시키게 하자('네가 한다' 단계). 기본적으로 월요일에 배우고, 수요일에 답하며, 금요일에 연결하는 방식으로 나누는 것이다.

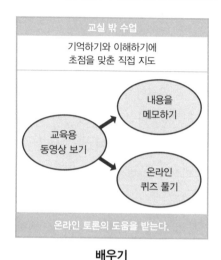

배우기

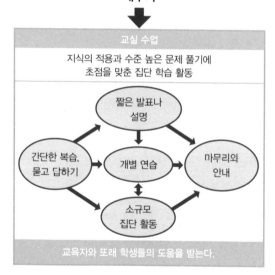

연결하기

언제든 볼 수 있는 녹화 영상 수업을 실시간 스트리밍 수업, 대면 수업과 혼합하여 배우고 연결하는 과정을 보여준다.

온라인 수업 플랫폼에 빠르게 적응하는 법

온라인 수업을 할 때, 화면 인터페이스가 익숙지 않아 학생과 교사 모두가 애를 먹는 경우가 많다. '예/아니요' 버튼이나 '좋아요' 버튼 등의 위치, 교사의 질문에 어떤 순서로 대답해야 하는지 등을 파악하기 어렵기 때문이다. 이러한 인터페이스와 절차에 익숙지 않으면 수업 전체가 매끄럽게 진행되지 않는다.

학생들이 교육 플랫폼과 교사의 절차에 빨리 익숙해질 수 있는 방법으로 '시몬이 말하기를' 게임('시몬이 말하기를' 뒤에 붙인 말대로 행동하는 게임—편집자)을 해보는 것도 좋다.[36] 학생들이 이런 놀이를 할 정도로 어린 나이가 아니라면 "참고 해보세요. 이 플랫폼에 익숙해져야 하니까요. 잠시 어린 시절로 돌아가 '시몬이 말하기를' 게임을 해봅시다"라고 제안한다.

예를 들어, 학생들이 '예/아니요' 버튼에 익숙해지기를 원한다면 "시몬이 말하기를, 예/아니요 버튼을 누르세요"라고 이야기한다. 이렇게 2분 정도 그 플랫폼을 가지고 놀면 이후 수업이 훨씬 더 매끄럽게 진행된다.

비판적인 눈으로
TV, 동영상 보기

TV나 동영상의 가치에 대한 관점은 다양하다. 엉터리도 많지만, 교육적인 내용도 많기 때문이다. 특히 교육용 동영상 중에는 엄청나게 높은 조회수를 기록하는 영상도 있는데, 이런 동영상을 살펴보면 교사가 온라인 수업을 개선하고 학생들과 친밀감을 유지하는 데 도움이 된다.

일주일 동안 학생들이 좋아하는 교육용 인기 동영상, 다큐멘터리나 TV 프로그램을 매일 30분 정도 시청해보고, 그 프로그램이 어떻게 편집되었는지 메모하자. 동작을 활용해 관심을 집중시키는가? 솔깃한 말을 하는가? 예상치 못한 내용으로? 유머로? 이런 아이디어를 각자의 온라인 수업과 대면 수업에 어떻게 활용할까?

참고할 만한 교육용 유튜브 채널

- Crash Course: 고등학교, 대학교 교양 과정 수준의 강의
- Michael Steven's Vsauce: 과학, 수학, 심리, 철학 주제 강의
- Drunk History: 술 취한 코미디언들이 역사 이야기를 하는 교육 채널. 이런 방법을 추천하지는 않지만, 상당히 재미있다!

학생들이
동영상을 만들게 하자

학생들이 교사보다 훨씬 동영상을 잘 만들기도 한다. 학생들에게 그 주제를 설명하는 동영상을 만들어보라고 하자.[37]

테크스미스 캡처TechSmith Capture, 어도비 스파크Adobe Spark와 아이무비 iMovie 같은 간단한 무료 동영상 편집 및 화면 캡처 프로그램이 많다. 플립 그리드Flipgrid에서 '동영상 만들기' 과제를 하거나 실시간 수업을 하는 경우에는 화면 공유를 요청할 수도 있다(동영상의 최대 길이도 정할 수 있다). 잘 설명한 영상은 저장해두었다가 다른 학생의 학습을 위해 재사용할 수도 있다(적절하게 허락을 받는 경우).

학생들이 동영상 제작에 너무 몰두해서 정작 숙달해야 할 주제에 대해 제대로 배우지 못할 수도 있다는 점이 유일한 단점이다.[38] 그저 눈을 사로 잡는 요소가 아니라 학생들이 실제로 무엇을 배우고 싶어 하는지를 기준으로 평가하자.

동영상 수업 만들기

일반적인 대면 수업에서 학생들이 가장 이해하기 어려워하는 주제가 무엇인지 생각해보자. 교사가 처음 만드는 동영상은 보통 이를 주제로 삼는 경우가 많다.

1. 화면 캡처 소프트웨어를 다운로드하고, 평소 수업에서 사용하는 이미지를 활용해 자신의 모습을 녹화하자. 간단한 파워포인트 슬라이드 정도로도 충분하다. 녹화를 통해 화면 속 자신의 모습을 보는 데 익숙해지는 게 좋다. 처음 시작할 때는 화면 속 화면을 이용하는 편이 좋다. 머리와 손이 모두 보이도록 올바른 자세를 취해야 한다.
2. 학습 관리 시스템에 동영상을 게시하고, 퀴즈 또는 질문을 덧붙인다.
3. 학생들에게 동영상을 보고 퀴즈 문제에 답하거나 다른 창의적인 활동을 통해 동영상 수업의 핵심을 이해했다는 사실을 보여달라고 요청한다.
4. 다음에 어떤 수업 영상을 만들고 싶은지 스스로에게 물어본다. 첫 번째 동영상을 만들 때보다 더 발전시킬 수 있을까? 중요한 주제를 강조하는 화살표를 추가하면 어떨까? 게임처럼 음악을 추가하는 방법도 고려해볼 만하다.

교육의 뇌과학

무료 음악 제공 인터넷사이트

- http://www.freesound.org
- http://dig.ccmixter.org
- http://freemusicarchive.org
- http://www.freemusicpublicdomain.com

화면으로 자신의 모습을 보고 들으면 대면 교육을 개선할 방법도 찾을 수 있다. 첫 번째 동영상을 본 다음 '나라면 이 영상을 다시 볼까? 왜? 이 영상에서 통찰력을 느낄 수 있나? 재미있나? 친근한가? 앞으로 몇 년 동안 계속 활용할 수 있을까?' 같은 질문을 던져보자. 그중 하나라도 '아니요'라고 대답했다면 동영상을 수정해야 한다.

KEY IDEAS

- 온라인 수업에는 실시간 온라인 영상과 언제든 볼 수 있는 녹화 영상, 두 가지 방식이 있다.

- 멀티미디어 이론에 따르면 학습하는 내용을 보고 들을 때 학습 효과가 가장 좋다.

- 온라인 수업을 처음 시작하면 학생들은 헤맬 수밖에 없다. 학생들이 학습 사이트에서 길을 잘 찾을 수 있도록 짤막한 안내 동영상을 만들자.

- 이메일을 활용해 학습 관리 시스템에 포함된 내용을 강화하고 보완한다. 온라인 수업에 참여하지 않는 학생에게는 직접 연락해 참여를 권유한다.

- 음향에 관심을 기울이자. 좋은 마이크를 갖추면 도움이 된다. 조명과 카메라의 위치도 신경을 쓰자.

- 교사의 존재감이 돋보이는 영상을 만든다.

- 형편없는 동영상이라도 일단 만들어본다. 동영상 길이는 5분 정도로 유지하고, 적어도 1~2분 정도는 교사가 이야기하는 모습을 보여준다.

- 온라인 수업에서는 간간이 약간의 유머를 섞어야 한다.

- 학생이 의지력을 발휘해야 하는 하향식 과정이 아니라 저절로 주의를 기울이게 만드는 상향식 과정을 활용해 온라인 수업에서 학생들의 참여도를 높인다. 동작과 소리, 예상치 못한 요소를 활용하면 도움이 된다.

- 온라인 종합 토론, 퀴즈 등 상호작용 도구를 활용해 새로 공부한 내용을 강화한다.

- 실시간 온라인 수업과 녹화 영상 수업을 혼합하거나, 대면 수업과 녹화 영상 수업을 혼합하면 참여도를 높이고 책임감도 고취할 수 있다.

교육의 뇌과학

제10장

탄탄한 수업 계획
세우는 법

개학을 앞두면 교사들은 수업에 대한 열정이 솟아오르면서 어떻게 학생의 의욕을 불러일으킬지 생각한다. 국어 교사라면 문학을 사랑할 수도 있고, 수학 교사라면 학생이 드디어 선의 기울기를 계산할 수 있게 되었을 때의 흥분을 기억할 수도 있다. 교사는 과학자, 예술가, 기술자, 교사와 역사가가 될 다음 세대를 지도하면서 의욕이 솟는다.[1] 그러나 단번에 성공하기는 어렵다. 성공은 결과가 아니라 과정이며 여정이다.

1년 동안 학생들에게 세상 전체를 보여주겠다는 계획은 너무 높은 목표다. 가르칠 내용은 많지만 시간은 짧다. 180일 정도의 수업 일수에 화장실 가는 시간, 소규모 모둠으로 나누는 시간, 예기치 않은 일로 방해받는 시간을 빼면 더 줄어든다.

우리는 지금까지 학습이 어떻게 이루어지는지 살펴봤다. 간단하게 요약하면, 학습이란 연습을 통해 신경세포 연결 고리를 강화하고 또한 다양한 경험을 통해 이를 확장하는 과정이다. 학습 속도가 느리든 빠르든 학생들은 자리에 앉아 준비를 갖추고 출발한다! 최종 목적지는 신피질, 즉 장기 기억이 저장되는 곳이다.

학습자가 갈 수 있는 경로는 두 가지, 서술적 경로와 절차적 경로다. 어느 경로는 익히는 데 오래 걸리지만, 때로는 두 경로를 모두 활용하는 게 낫다. 그러나 누가 어떤 경로로 가야 하는지 또는 얼마나 자주 경로를 바꾸어야 하는지 명확한 규칙은 없다. 문제는 학생 모두가 결승선에 도달해야 한다는 점이다. 간단해 보이지만, 결코 쉬운 일이 아니다. 교사의 교육적 결정은 학생들이 복잡한 두뇌 안에서 길을 찾도록 도와준다. 교사는 이런 모험에 대한 설렘을 안고 수업 계획을 세운다.

그러나 학기가 시작하고 한 달쯤 지나면 계획한 내용이 바닥난다. 시험과 채점, 교정, 월반, 학부모 이메일, 교직원 회의, 학생 정신 건강 문제, 급식 안전 문제, 학교 폭력과 왕따 등등 온갖 일에 짓눌리기 때문이다. 시간은 부족하고 수업 계획에 신경을 쓸 수 없게 된다. 결국에는 작년 계획을 가져와 날짜만 바꾼다.

반면 숙련된 교사들은 계획을 잘 세운다.[2] 수업 계획을 통해 학생들이 무엇을 배우고 어떤 모습이 되기를 바라는지 정확하게 제시할 수 있다. 예비 교사들은 수업 계획을 표준 양식에 따라 작성하지 않기도 하지만,[3] 숙련된 교육자는 새로운 길을 개척할 때마다 정기적으로 표준 양식의 필수 요소들을 꼼꼼히 살핀다. 지금부터 그 요소들을 세분화하고, 예시를 제시하고, 유용한 팁을 소개하려고 한다.

경로
계획하기

언제나 최종 목적지를 생각하면서 수업을 시작해야 한다. 학생들은 목적지가 어디인지, 목적지에 이르렀을 때 어떤 모습일지 알아야 제대로 배울 수 있다.[4] 학생들이 그 과목에서 발전을 이루는 데 꼭 필요한 어휘, 기술, 공식, 개념과 패턴에 대한 적당한 수준의 자료가 중요하다.

교육의 뇌과학

새로운 길을 개척하는 과정		
경로 계획하기	여정 안내하기	결승선에서
1. 표준	5. 종치기 과제	9. 되돌아보기
2. 목표	6. 끌어들이기 요소	10. 축하하기
3. 핵심 질문	7. 본격적인 수업:	
4. 평가	배우고 연결하기	
	8. 마무리	

1. 표준

표준 양식에 학년에 따라 '학생이 무엇을 알아야 하고, 무엇을 할 수 있어야 하는지에 대한 학습 목표'를 광범위하게 작성한다.[5] 미국에서는 주제에 따라 표준을 세분화한다.

표준 양식을 한 장 한 장 샅샅이 훑다 보면 단체 여행을 계획할 때처럼 기진맥진하게 된다. 그러므로 전 세계를 여행하겠다는 원대한 계획 대신, 여정을 좁혀 가장 필수적인 지식과 기술을 우선시하자.

표준 양식은 결국 교사 자신을 위해 작성하는 것이다. 예를 들어, 미국에서 중학교 2학년 국어 학습 목표의 표준은 다음과 같다.

중학교 2학년: 글이 명확하게 표현하는 내용을 분석하고, 그 글에서 이끌어낸 추론을 가장 강력하게 뒷받침하는 문장을 인용한다.[6]

표준의 범위는 너무 넓기 때문에 숙련된 교사들은 기준을 세분화해서 학생들에게 알맞은 내용과 예시, 참고 자료를 정한다.

2. 목표: 노력과 행동의 목표

목표는 학습 목적, 학습 의도, 원하는 결과, 갖춰야 할 역량 등 다양한 이름으로 불린다. 용어마다 느낌이 조금씩 다르지만 광범위한 표준을 수업에 구체적으로 적용하는 것이 목적이다. 목표는 학생들이 무엇을 배우고, 이해하며, 할 수 있어야 하는지 명시한다.[7] 교사의 교육 목표와 학생의 학습 목표를 세우고, 어떤 모습이 되어야 할지 정한다.

목표의 핵심은 학생들이 무엇을 하느냐다.[8] 즉, 그 수업에서 어떤 정신적인 훈련을 받느냐를 의미한다. 학생들은 식별하기나 기억하기보다 적용하기, 종합하기를 더 어려워한다.[9] 학생들이 해야 할 일이 곧 성적의 기준이 되기 때문에 어떻게 평가할지 쉽게 계획할 수 있다. 학생들이 무엇을 해야 하느냐에 따라 수업 계획 작성에 며칠이 걸릴 수도 있고, 수업 시간보다 짧게 걸릴 수도 있다.

앞에서 소개한 중학교 2학년 국어 과목의 표준으로는 다음과 같은 목표를 세울 수 있다. 중학교 2학년은 그래픽 오거나이저를 활용해 단편 소설에서 찾아낸 수사적 표현 3가지를 예시하고, 각 표현이 소설의 분위기를 자아내는 데 어떻게 도움이 되는지 설명할 수 있어야 한다.

3. 핵심 질문

숙련된 교사는 결승선을 볼 수 있고, 학생에게도 이를 볼 수 있게 해준다. 목적지를 알아야 거기까지 갈 수 있다. 목적지를 모르면 정처 없이 헤매면서 길을 잃을 수밖에 없다.

교사들은 수업 목표를 칠판에 붙여놓고 수업을 시작할 때 이야기한다. 문제는 학생들이 적극적인 반응을 보이지 않는다는 점이다. 문장을 분석하기가 어렵다고 느끼고, 교사의 설명에 귀를 기울이지 않는다.

이럴 때는 수업에 대한 핵심 질문으로 목표를 바꿔보면 도움이 된다. 예를 들어 "작가는 소설에서 분위기를 자아내기 위해 수사적 표현을 어떻게 활용하나요?" 같은 질문을 던져보자.

질문은 호기심을 불러일으킨다. 질문은 도파민 분비를 촉진해서 학생들의 관심을 모을 수 있을 뿐만 아니라, 대답을 장기 기억에 저장하는 데도 도움이 된다. 질문에 답하기는 능동적 학습의 핵심이다. 학생들이 장기 기억에 저장한 내용을 생각하면서 확인할 수 있기 때문이다. 내내 핵심 질문을 생각하면서 수업하면 학생들(교사 역시)이 목표에 집중할 수 있다.

4. 평가

교사와 학생 모두 최종 목적지를 안다. 그렇다면 목적지에 도착했다는 증거는 어디에서 찾아야 할까? 이때 필요한 것이 형성 평가와 총괄 평가다.

형성 평가는 학생들이 목적지까지 얼마나 나아갔는지 보여주는 지표로,[10] 수업 중 비공식적으로 신속하게 이루어지는 평가다. 교육자는 형성 평가를 통해 각 학생이 얼마나 더 가야 목표에 이르는지 측정할 수 있다. 형성 평가는 곧 인출 연습이다. 이 연습으로 학생들은 어디로 가고 있는지, 얼마나 나아갔는지, 다음에는 어디로 갈지 피드백을 받는다.[11] 숙련된 교사는 GPS처럼 길을 잘못 접어든 학생들이 경로를 '재검토'해서 제 길로 갈 수 있도록 돕는다.

반면 총괄 평가는 학생들이 결승선에 도달했다는 증거를 보여준다. 총괄 평가는 수업이 끝날 때 간단하게 질문에 답하는 '출구 티켓Exit Ticket'[12]이나 한 단원이 끝날 때 보는 시험처럼 간단할 수도 있다.[13]

여정 안내하기:
수업 차례 만들기

목적지를 결정해 여행객들에게 알렸고, 평가 지침도 만들었다. 어디로 가는지 알다면 절반은 온 것이다! 이제 준비물과 다양한 경로 등 여행 방법에 대한 계획을 세워야 한다. 준비물을 충분히 챙겼는지 다시 한번 확인하고, 그밖의 다른 준비물이 필요한 여행자들을 잘 살피자.

교육 과정을 전적으로 통제할 수는 없지만, 학습에 가장 도움이 될 방법을 선택할 수는 있다. 학습 속도가 느린 학생들은 조금 더 경치가 좋은 길을 고를 수 있는 반면, 학습 속도가 빠른 학생들은 추월 차선을 이용해

첫 주에 절차를 가르쳐라

개학 첫 주에 절차를 가르치면 1년 내내 학급을 효율적으로 운영하면서 수업 시간을 아낄 수 있다. 이 절차의 대부분은 습관 만들기, 즉 절차적 학습 체계로 행동과 반응을 이끌어내는 일이다. 학생들이 생각하지 않고도 자동으로 해야 할 일을 하게 된다는 뜻이다.

다음의 절차를 가르치면 도움이 된다.

- 수업에 들어오자마자 종치기 과제를 끝낸다.
- 자료를 나누어주거나 모은다.
- 화장실에 다녀오거나 물을 마신다.
- 수업에 귀 기울이고 질문에 대답한다.
- 모둠으로 나누어 앉는다.
- 과제를 제출한다.

앞서 나갈 수도 있다. 작업 기억 용량과 사전 지식의 차이가 학습 속도의 차이를 낳는다.

마찬가지로 어떤 여행자는 긴 여행 동안 혼자 다니기를 좋아하는 반면, 어떤 여행자는 둘이나 소규모로 여행을 좋아할 수도 있다.

5. 종치기 과제

수업을 정시에 시작하자. 학생들은 교실에 들어오자마자 바삐 움직여야 한다. 수업이 시작되자마자 하는 과제를 '종치기$^{bell \ ringer}$' 혹은 더그 레모브가 이름 붙인 '지금 하자$^{Do \ Now}$'로 부른다.[14] 과제 종류는 얼마든지 다양해질 수 있지만, 매일 같은 위치에 붙여놓아서 학생들이 쉽게 볼 수 있게 해야 한다. 그래야 학생들이 지금 당장 무엇을 해야 하는지 알 수 있다. 종치기가 관행이 되면 학생들은 교사가 정한 시간을 지키게 된다. 수업 시작 후에도 친구들과 수다를 떨거나 화장실에 다녀오도록 허용하면 모든 학생의 수업 시간을 낭비하게 된다.

복습이나 예습에 '종치기'를 활용하자. 학생들이 해온 숙제를 꺼내 답변을 짝과 비교해보게 할 수도 있다. 혹은 그날 배운 핵심을 요약하라고 할 수도 있다. 복습이든 예습이든 학생들이 제자리에 앉아 종치기를 시작할 수 있어야 한다. 학생들이 종치기 과제를 하는 몇 분을 활용해 교사는 문 앞에서 들어오는 학생들을 맞이하고, 출석을 확인하고, 자료를 조정하는 등 수업 시작 3~5분 안에 모든 준비를 마친다.

6. 끌어들이기 요소

수업 내용을 모든 학생이 흥미로워하지는 않는다. 따라서 교사는 학생들의 흥미를 자극해 그 수업에 관심을 가지게 해야 한다. 핵심 질문과 끌어들이기 요소를 잘 만들면 학생들의 도파민을 자극해서 배운 내용을 잘 저장하게 이끌 수 있다.

끌어들이기 요소는 예상치 못한, 깜짝 놀랄만한 보상이 얼마나 많은지에 따라 좌우된다. 즉, 요소가 다양해야 한다. 그 요소를 이 반 저 반에서 여러 해에 걸쳐 다시 활용하면서 조금씩 조정하고 개선할 수 있다. 또한 다른 교사의 수업에서 멋진 방법을 발견할 수도 있다.

끌어들이기 요소를 효율적으로 사용하면 학생들이 이미 알고 있는 내용을 교사가 가르치려는 핵심 내용에 연결시킬 수 있다. 학생들이 수학을 바탕으로 한 물리학 수업에 흥미를 느끼게 하려면 우주여행을 소재로 시간, 거리 그리고 화성으로 우주비행사를 보내는 과제에 초점을 맞추자. 실제로 해결해야 할 매력적인 과제를 제시하면 학생들이 더 흥미진진해

끌어들이기 구성의 예시

끌어들이기 요소를 잘 만들려고 하면 사소한 디테일이 중요하다. 다음의 끌어들이기 구성의 예시를 참고하자.

- 실제 삶에서 벌어지는 흥미로운 문제나 사례를 이야기한다.
- 수업과 관련된 자극적이거나 재미있는 인용문을 알려주고, 학생들이 생각을 이야기하게 한다.
- 간단한 실험으로 학생들의 흥미를 자극한다.
- 학생들이 수업을 실제 상황에 적용하면서 개인적인 문제로 느낄 수 있도록 설문 조사를 한다.
- 가르치려는 개념에 맞는 예와 맞지 않는 예를 제시하면서 학생들이 비슷한 점과 차이점을 깨닫도록 도와준다.

교육의 뇌과학

한다(우주비행사가 꿈인 학생들은 특히 더 그렇다.)

끌어들이기 요소를 영화의 예고편이라고 생각하면 쉽다. 작가가 작품의 분위기를 조성하기 위해 수사적 표현을 어떻게 활용하는지 수업할 때 최근 상영한 공포 영화의 예고편을 보여주는 방식이 한 가지 예다. 그리고 어떤 영상과 효과가 예고편을 무시무시한 분위기로 만드는지 물어보자. 교사가 그 예고편을 보면서 깜짝 놀라는 모습을 연출하면 도움이 된다. 오늘날의 학생들에게는 1~2분 정도의 짧은 동영상이 어떤 설명보다 효과적이다. 재생하기 전에 그 동영상을 보는 목적을 확실히 정하고, 수업과 확실히 연결지어야 한다.

질문을 한두 학생에게만 던지지 말고, 모든 학생이 끌어들이기 요소에 참여해야 한다. 모두 답을 적게 한 다음, 차례차례 돌아가면서 발표하게 할 수도 있다. 또는 모두가 볼 수 있도록 잼보드^{Jamboard} 같은 온라인 공동 작업 화이트보드에 답변을 게시할 수도 있다.

미끼를 던졌다면 학생들을 끌어들여 다음 단계를 준비시킨다. 핵심 질문과 행동 지침, 예상되는 할 일 목록으로 넘어가면 수업을 하는 동안 교사와 학생 모두의 작업 기억 부담을 줄여준다. 또한 학생들이 책상 위에 어떤 자료를 올려놓아야 할지를 행동 지침에 포함시키면 도움이 된다.

7. 본격적인 수업: 배우고 연결하기

처음 배울 때는 교사가 운전석에 앉아 도와주어야 한다. 학생들이 익숙해져서 혼자서도 길을 찾을 수 있게 되면 운전대를 넘기고 새로운 길을 찾게 하자. 물론 절대 학생 혼자 운전하게 두어서는 안 된다. 학생 주도 학습에서 교육자는 뒷좌석 운전자가 된다.

낯설고 어려운 내용은 서술적 경로를 통해 배울 때 가장 효과가 좋다. 서술적 경로에서 작업 기억은 해마의 도움을 받아 새로운 정보를 신피질에 전달한다.

학생에게 학습 내용을 설명하고 단계별로 해야 할 일을 보여줄 때 교사는 서술적 경로를 겨냥하는 셈이다. 직접 지도의 초기 단계('나는 한다', '우리는 한다' 단계)에서 학생들은 지식을 배운다. 새로 배운 내용을 인식하면서 신경세포 사이 연결 고리를 만들 준비가 된다.

본격적인 수업으로 넘어가면 학생들이 새로운 내용에 친숙해지도록 도와야 한다. 학생들의 사전 지식을 활용해 수업의 바탕으로 삼자. 교사가 가르치려는 개념에 대해 이미 스키마를 갖추고 있는 학생도 있을 것이다. 새로운 정보는 기존에 가지고 있던 지식, 경험과 연결될 때 더 빠르게 흡수되고 저장된다.

사전 지식이 없다면 먼저 사전 지식을 만드는 과정을 거쳐야 한다. 학생들은 모른다는 사실에 금방 압도당하기 때문에 이렇게 전환하는 시간이 필요하다. 얼음처럼 차가운 수영장으로 들어가는 상황과 비슷하다. 서서히 앞으로 나아가야 한다.

다음은 학생을 지도할 때 필요한 요령이다.

생각하는 과정을 말로 표현한다: 새로운 내용을 소개할 때 교육자의 생각을 학생들이 알 수 있도록 해야 한다. 생각하는 과정을 말로 표현하면 학생들이 복잡한 과제에 대한 접근 방법을 파악하는 데 도움이 된다.[15] 학생들이 부딪칠 수 있는 걸림돌을 예상하면서 까다로운 문제를 어떻게 해결하는지 보여주자. 학생들은 실수도 학습의 일부라는 사실을 알지만,

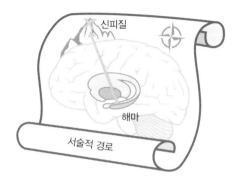

서술적 경로는 해마를 통해 산꼭대기(신피질의 장기 기억)까지 올라간다.

실수하면 교사가 어떤 반응을 보일지는 모른다. 실수한 학생이 쩔쩔매지 않도록 지도하자. 실수를 해도 괜찮다는 사실을 알고 나면 학생들은 더 용감하게 위험을 무릅쓰고, 실수의 중요성을 이해한다.

교사가 말을 많이 하지 않는다: 교사가 더 많은 내용을 가르칠수록 학생들도 더 많이 배울 수 있다고 생각하기 쉽다. 수업을 끝내는 종이 울릴 때까지 내내 설명만 하는 교사도 있다.[16] 교사가 어느 정도 설명해야 좋은지에 대한 명확한 규칙은 없지만, 경험상 초등학생은 5분 가르치고 1분 정도 인출 연습을 시키는 게 좋다. 중학생이나 고등학생은 10분 가르치고 2분 동안 정보 인출 연습을 시키자. 이렇게 수업 중 잠시 멈추면 신피질의 신경세포 연결 고리를 신속하게 강화하는 데 많은 도움이 된다.

질문을 계획한다: 교사들은 매일 수백 가지 질문을 하며, 그중 대부분

은 배운 내용을 떠올리게 하는 질문이다. 학생들이 수업에 집중하는지 확인하고, 수업 속도를 유지하기 위해 간단한 질문을 자주 던지자. 그러나 수업 내내 질문을 자주 던진다고 해서 인출 연습을 하지 않아도 된다고 착각해서는 안 된다. 두 가지 유형의 질문 모두 학습에 꼭 필요하다. 직접 지도의 초기 단계에서 개념을 처음 접한 학생들이 그 내용을 확실히 이해하려면 이해력을 묻는 질문이 중요하다. '낮은 수준'의 생각을 익혀야 높은 수준의 사고로 나아갈 수 있다.

단계별로 한 발 한 발 나아가며 질문해야 한다. 학생들이 표면적인 지식을 뛰어넘어 자유롭게 대화할 수 있는 질문을 계획해야 한다.[17] 개념 이해를 돕는 개방형 질문을 구성해서 말을 줄이고 많이 들어야 한다. "1미터는 몇 센티미터인가요?"라고 묻는 대신, "몇 센티미터와 몇 센티미터를 더해야 1미터가 될까요?"처럼 다양한 대답이 나올 수 있는 질문이 좋다.

보여주고 설명하자: 멀티미디어 수업을 활용해서 설명하면 좋다.[18] 인간의 호흡기가 작동하는 모습을 담은 1분짜리 동영상이 장황한 설명보다 훨씬 더 효과적이다. 멀티미디어는 작업 기억이 언어 정보와 시각 정보를 모두 저장할 수 있어서 과부하가 덜 되기 때문에 효과적이다.[19]

멀티미디어 학습 이론을 주창한 메이어는 수업에 멀티미디어를 활용할 때의 요령을 다음과 같이 정리했다.

- 멀티미디어 시청 전, 앞으로 보게 될 내용의 어휘, 도표, 사건 등 필수적인 정보 등을 미리 알려준다.
- 멀티미디어를 시청하는 동안 학생들이 새로운 정보를 정리할 방법을 알려준다. 또한 학생들이 더 많은 정보를 저장할 수 있도록 이끌어주는 질문을 던

교육의 뇌과학

진다.

- 멀티미디어를 여러 토막으로 나누면 다루기 쉬워진다.[20] 한 토막이 끝나면 다음 토막으로 넘어가기 전에 학생들이 그 내용을 확실히 기억하도록 도와주자.

필기하게 한다: 학생들이 필기하는 방법을 알면 학습을 더 잘 할 수 있다.[21] 교사의 이야기를 듣든, 토론에 참여하든, 동영상을 보든 글을 읽든 모두 필기가 필요하다. 예를 들어, "연방 정부와 주 정부 조직의 비슷한 점과 차이점에 대해 이야기할 거예요. 한쪽에는 비슷한 점, 반대쪽에는 차이점을 정리한 T 차트*를 만들어보세요" 혹은 "꿀벌의 3가지 특징을 설명하려고 해요. 공책에 번호를 매기면서 특징을 기록하세요"처럼 수업 중 필기를 구체적으로 안내하자.

필기 경험이 많은 학생은 그 정도로도 충분하다. 그러나 필기 경험이 적은 학생이라면 빈칸 채우기 인쇄물이 도움이 된다. 어떤 경우든 필기를 하면 학생들은 기억을 더 잘하게 된다.[22] 개요를 정리한 인쇄물에 빈칸을 중간중간 집어넣어 수업이 진행되는 동안 학생들이 빈칸을 채워 완성하게 할 수도 있다.

분량을 조절한다: 작업 기억에는 한번에 최대 4가지 정보만 들어간다. 작업 기억이 따라잡지 못하면 학생들은 공부를 멈추고 한눈을 판다. 그러니 학습 내용과 기술을 쉽게 흡수할 수 있도록 한입 크기로 나누는 것이

---

* T 차트는 왼쪽과 오른쪽 칸에 각각 대비되는 특성을 기록해서 비교하는 두 칸짜리 그래픽 오거나이저다. 예를 들어 215쪽에서 한 칸에는 눈, 다른 칸에는 귀가 그려진 T 차트를 활용해 어떤 행동이 좋아 보이는지, 어떤 말이 듣기 좋은지를 대비했다.

좋다.

학생들이 수업 중 정보를 더 쉽게 처리하고 기억하려 할 때 다음과 같은 방법이 도움이 된다.

- 비슷한 점과 차이점을 알아차린다.
- 긴 목록의 정보를 하위 범주로 나눈다.
- 순서도, 표, 연대표, 단계별 과정, 벤 다이어그램 등 그래픽 오거나이저를 만든다.

학습 속도가 빠른 학생에게 수업 속도를 맞추지 않는다: 학습 속도가 빨라 내용을 금방 이해하는(혹은 이해한다고 생각하는) 학생에게 넘어가서는 안 된다. 교사는 모든 학생이 이해하는지 확인해야 한다. 열정적으로 손을 드는 학생들에게만 집중하지 말고, 모든 학생이 간단한 글을 쓰게 하면 전체적인 이해 수준을 평가할 수 있다.

움직인다: 자리에 가만히 앉아 가르쳐서는 안 된다. 교실 앞쪽에 붙박이처럼 앉아 있지 말고 학생들 사이를 돌아다니자. 원격 리모컨을 활용해 슬라이드를 보여주거나 학생들이 교사 대신 칠판에 요점을 적도록 하면 움직일 여유를 확보할 수 있다.

교실을 돌아다니면 학생들이 딴짓하는 모습을 더 쉽게 알아차릴 뿐 아니라 가까이에서 잘못된 행동을 바로잡을 수도 있다. 또한 학생들이 어디에서 걸림돌을 만나는지도 알아차리기 쉽다. 가까이 있기에 학생들의 공책을 더 쉽게 내려다보고, 비언어적 신호를 쉽게 감지할 수 있다.

게다가 걸어 다니면 활기가 생기고, 뇌 혈류의 흐름에 도움이 되어 인지력도 좋아진다. 그리고 아이디어도 쉽게 떠오른다.

인출 연습을 시킨다: 학생들이 알아서 숙달하게 만들고 싶다면 먼저 독립적으로 학습을 시작할 수 있을 때까지 충분히 이끌고 바로잡아주어야 한다. 그렇지 않으면 학생들은 금방 한눈을 팔거나 과잉행동을 한다. 그러니 빈틈없이 지켜보면서 충분히 인출 연습을 하도록 격려해야 한다. 학생들이 절차의 단계를 기억하거나 새로운 기술을 연습할 때 신경세포 연결 고리가 강화된다.

앞에서 학생들이 인출 연습을 할 수 있는 다양한 능동적 학습 방법(생각하고 짝지어 이야기 나누기, 차례차례 발표하기, 기억해내기와 가장 혼란스러운 부분 말하기)을 소개했다. 부족한 느낌이 든다면 다양한 인출 연습을 위해 다음과 같은 형성 평가를 해보자.

- 수업 중 폴더블을 만들면서 요점을 파악하게 한다. 폴더블이란 학생들이 만드는 입체 그래픽 오거나이저로, 나중에 혼자 퀴즈를 풀 때 활용할 수 있다.
- 수업에서 사용한 3~4가지 핵심 단어를 알려주고, 그 단어를 활용해 짝과 함께 한 문장으로 요약하게 한다. 그다음 차례차례 그 문장을 발표하게 한다. 돌아가면서 발표하면 학생들이 같은 정보를 다양한 방식으로 접할 수 있다.
- 다른 학생이 오해할 수 있는 개념이나 용어 3가지를 말하게 한다.
- 학생들이 개별 화이트보드 또는 코팅한 흰 종이와 보드마커를 활용해 여러 단계의 문제를 풀거나 비교적 어려운 질문에 답하게 한다.
- 학생들이 이해한 내용을 그리거나 혹은 쓰고 그리게 한다.
- 간단한 노래를 틀어주고 학생들이 춤을 추거나 교실을 돌아다니며 행진하게 한다(학생의 나이에 따라 방식은 달라질 수 있다). 노래가 멈추면 다른 학생의 책상

에 앉아 서로의 공책을 점검하면서 바로잡아준다.

- 학생끼리 '눈싸움'을 하게 한다. 5~10개의 문제가 적힌 연습 문제지에서 문제 하나를 풀고, 그 종이를 구겨서 공처럼 만들어 눈덩이처럼 던진다. 그 눈덩이를 받아서 제자리로 돌아가 다른 학생의 답을 확인하고, 다음 문제를 푼다. 연습 문제를 모두 풀 때까지 이 과정을 반복한다. 학생들이 모든 문제를 풀고 나면 교사가 재활용 쓰레기통을 들어 학생들이 구긴 종이를 던져 넣게 한다.
- 단어 표를 만들어 핵심 어휘를 정리한다. 첫 번째 세로 열에 용어를 나열한 표를 만들자. 맨 위의 가로 행에는 '무슨 의미일까?', '어떻게 보일까?', '주요 특성', '예시', '예시가 될 수 없는 경우' 등을 써넣는다.
- 최신 기술에 능하다면 카훗!, 퀴즐렛, 니어포드Nearpod 같은 앱과 웹사이트를 활용해 퀴즈를 만든다. 이를 통해 자연스럽게 인출 연습을 할 수 있다.

엄지손가락 올리고 내리기: 새로운 내용을 설명한 후 다음으로 넘어가기 전에 이해가 되면 엄지손가락을 위로 올려 표시하라고 학생들에게 요청하는 방법도 있다.

이런 손가락 표시를 활용할 때는 조심해야 한다. 좋은 성적을 받은 초보 학생은 자신의 능력을 과신해서 성급하게 엄지손가락을 올릴 수도 있다. 확실히 모르지만, 또래 친구들 앞에서 바보 같아 보이고 싶지 않아 엄지손가락을 올리는 학생들도 있다. 손가락 표시를 활용해야 하겠다고 느낄 때는 다른 학생들이 어떻게 하는지 보지 못하도록 눈을 감거나 고개를 숙이라고 하는 편이 좋다.

예방하기: 문제가 생기기 전에 예방하면 안전하고 생산적인 교실 분위기를 만들 수 있다. 친구끼리는 나란히 앉지 말자. 전문성 개발 워크숍

에 참석했을 때 좋아하는 동료가 옆에 앉으면 어떨까? 서로 이야기를 나누다가 본인은 물론이고 다른 사람도 학습에 집중하지 못하도록 방해하게 될 것이다. 교실도 마찬가지다.

연결하기

학습은 학생들이 기초적인 내용과 기술에 능숙해질 때까지 반복되어야 한다. 모든 학생이 동시에 능숙해지면 좋겠지만, 그런 경우는 거의 없다. 학습 속도가 느린 학생들은 연습을 더 해야 하고 다양한 코칭과 도움이 필요하지만, 학습 속도가 빠른 학생들은 금방 학생 주도 학습 활동으로 넘어갈 수 있다. 이렇게 학생들이 배운 내용에 능숙해지면 신경 연결고리를 강화하고 확장하면서 연결할 준비가 된다.

학습한 내용을 견고하게 만들려면 서술적 경로로 학습한 정보를 절차적 체계의 백업 정보로 강화해야 한다. 정보는 감각을 통해 기저핵으로 들어와 바로 신피질로 간다. 말로 설명하면 신속하고 쉬워 보이지만 그렇게 간단하지 않다. 절차적 경로를 따라가려면 꾸준히 반복해서 연습해야 하고, 시간이 많이 걸린다.

혼합한다: 절차적 경로에는 많은 연습이 필요하지만, 그저 아무 연습이나 한다고 절차적 경로가 주축되지는 않는다. 같은 정보를 반복해 연습해봤자 독립적이고 유연한 생각을 기를 수 없다. 주제 안에서 끼워 넣기를 활용해 연습해야 한다. 끼워 넣기 연습을 하면 학생들은 끊임없이 정보를 인출하고, 일반적인 원칙을 알아내려고 애쓰고, 다양한 상황에서 그 원칙을 활용하게 된다.

단편 소설의 수사적 표현에 대한 수업이라면 학생들이 읽은 다른 단편

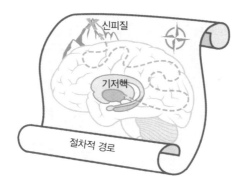

절차적 경로는 기저핵을 통해 산꼭대기(신피질의 장기 기억)로 올라간다.

소설에서 분위기를 조성하기 위해 활용한 수사적 표현의 예를 찾아보게 할 수도 있다. 아니면 이전에 공부한 다른 문학적 장치의 효과를 그 단편 소설에서 찾아내 설명해보라고 할 수도 있다.

시간을 두고 반복한다: 수업은 한 번에 끝나지 않는다. 학습한 내용을 다시 봐야 한다. 꼭 45분이라는 시간에 맞춰 수업 계획을 세우지 않아도 된다. 장기 기억에 필요한 인출 연습 유형은 다른 수업에 스며들어야 한다. 여행에서 더 멀리 모험을 떠나기 전, 좋아하는 망루로 되돌아오는 상황과 비슷하다. 계속 앞으로 나아가지만, 기억을 더 오래 간직하기 위해 정신적인 정거장을 다시 찾는 상황과 같다.

끼워 넣기 연습과 시간을 두고 반복하기(연결하기를 위해 거쳐야 할 연습)는 바람직한 어려움를 만들어낸다. 그래서 학생들이 좌절감을 느끼고 이런 연습을 거부할 수도 있다. 이 과정에서 실수가 많이 나타나지만, 수업

교육의 뇌과학

의 배우기 단계에서 탄탄한 기초를 확실히 다져주면 연결하기 단계로 넘어갔을 때 불안이 줄어든다.

확장한다: 학생이 새로 익힌 지식과 기술을 새로운 상황에 확장하는 능력을 갖출 수 있도록 하는 것이 학습의 목표다. 학생들의 신경세포 연결 고리가 튼튼해지면 더 독립적인 학습 방법으로 넘어갈 준비가 된 것이다. 학생 주도 학습에서는 교사가 최소한으로만 이끌고, 본질적으로는 학생들이 운전대를 잡고 자신의 학습을 주도해야 한다. 그렇다고 교사가 아예 떠나서도 안 된다. 이때 교사는 뒷자리 운전자에 가까워서, 운전자가 코스에서 벗어나면 간섭한다.

학생 주도 확장 활동의 본보기:
- 패들렛 등의 온라인 플랫폼을 이용해 수업 온라인 게시판에 참여한다. 예를 들어, 시를 공부한 후에 학생들이 각각의 시에 나타난 상징의 사진을 찾고, 그 중요성을 설명한다.
- 방금 배운 내용을 요약하고 그 내용을 어떻게 다른 방식으로 활용할지 정리해 화면 캡처 프로그램으로 간단한 동영상을 만든다. 학생들은 화면 캡처 프로그램으로 발표하는 자신의 모습을 녹화할 수 있다. 또한 학생들이 자료의 새로운 활용 방안을 설명하는 과정에서 지식을 새로운 상황에 접목하기가 쉬워진다. 다른 학생들은 정보의 정확성 및 정보의 혁신적인 활용 방안에 대해 폭넓은 견문을 바탕으로 비판할 수 있다.
- 학습한 내용에 대해 높은 수준의 시험 문제를 만들어본다. 학생들이 다른 학생들과 함께 문제를 만들어보게 하고, 필요하면 수정하게 한다. 그다음 문제를 퀴즈 같은 온라인 플랫폼에 올려 다른 학생들도 보게 한다. 학생들은 자신들이

도출한 답이 다른 학생들과 어떻게 다른지 익명으로 확인할 수 있다.

- 공부하고 있는 주제를 둘러싼 논란의 반대 의견을 연구하면서 토론을 준비한다.
- 수업에서 배운 내용과 기술을 확장하는 웹퀘스트를 완성한다.[23] 먼저 교사가 학생들이 해결할 개방형 문제를 제시한다. 학생들은 그 자료가 실려 있는 웹사이트(교사가 미리 선정해두어야 한다)를 활용해 답을 찾아낸다.
- 실제 문제를 해결한다. 학생들이 수인성 질병을 연구한 다음 질병 발생에 대해 조사하는 초보 전염병 전문가 역할을 맡는 식이다.
- 방금 읽은 이야기의 결말을 바꾸거나 자신을 새로운 등장인물로 집어넣어 다시 쓴다.
- 가상 체험 학습을 한다. 동물과 그 동물이 사는 서식지를 연구한 후 웹캠을 통해 자연환경 속 동물을 관찰한다. 학생들은 과학자처럼 관찰한 내용을 기록하고, 질문지를 만들고, 비슷한 점과 차이점을 발견하고, 결론을 내린다.
- 여러 기관에서 연구하는 주제의 논란이 되는 측면을 평가한다. 빠진 정보는 없는지, 단어 선택에 주의하면서 연구 기관 사이의 유사점과 차이점을 정리한 그래픽 오거나이저를 만든다.

이때 한 가지 주의 사항이 있다. 학습 속도가 느린 학생을 위해 학생 주도 학습 활동을 계획하는 것은 아니라는 점이다. 이렇게 지도하려면 사전 작업이 상당히 많이 필요하다. 그렇다고 미술과 공예 활동으로 확장 학습을 시키고 싶은 유혹에 빠지지 않도록 조심하자. 디오라마, 책자, 포스터, 파워포인트 슬라이드 쇼는 보기에는 좋지만, 학생의 신경세포 경로를 확장하지 못할 때가 많다.

학생 주도적인 활동의 장점을 가장 확실하게 확인하는 방법 중 하나는

교육의 뇌과학

표준으로 돌아가 보는 것이다. 표준을 바탕으로 학생에게 시키는 활동을 다시 한번 확인하자. 이야기에 등장하는 사건을 떠올리는 일과 그 이야기에서 표현된 공유 경험에 대한 등장인물의 반응 분석은 다르다. 표준에 부합하지 않는 활동이라면 없애야 할 수도 있다.

8. 소홀해지기 쉬운 마무리

3장에서는 학습 과정에서 강화하기가 얼마나 중요한지, 두뇌 휴식이 얼마나 꼭 필요한지 살펴보았다. 그러나 현실에서는 교사가 수업에 몰두하면 남은 시간에 신경을 쓰지 못하는 경우가 많다. 수업이 끝나기 직전에 교사와 학생들은 긴장을 풀면서 숨을 고르고, 그날 배운 내용을 요약하고, 앞으로 배울 내용을 예습하는 시간을 잠시 가져야 한다.

복습하기: 학습한 내용을 학생들 스스로 이야기하게 한다. 한두 명이 아니라 여러 학생이 말하게 해야 한다. 학생들이 새로운 단어를 사용하면 그 단어가 무슨 의미이고 어떻게 활용하는지 다른 학생이 설명하게 한다. 그 뒤에 "무엇을 배웠나요?", "사전 지식을 어떻게 쌓나요?", "이런 지식이나 기술을 어떻게 활용할 거예요?" 같은 질문을 던진다. 학생들이 각각의 질문에 답을 추가하면서 포괄적인 답변을 만들어내도록 유도하면 좋다.

증명하기: 그날 수업에서 배운 내용에 관한 간단한 질문에 답하는 식으로 총괄 평가를 할 수 있다. 이를 '출구 티켓'이라고 부른다. 총괄 평가를 통해 각 학생이 최종 목적지에 얼마나 가까워졌는지 알 수 있다. 수업을 시작할 때 질문하고 수업 내내 강조한 핵심 질문에 학생들이 답을 쓰게 하면 간단한 '출구 티켓'이 된다. 출구 티켓 질문을 만들 때는 짧은 시

간 안에 생각을 짜임새 있게 쓰기가 어렵다는 사실을 잊지 말자. 작업 기억 용량이 작은 학생들은 특히 더 그렇다.

남북전쟁을 공부하는 학생들에게 노예 제도에 대해 지난 이틀 동안 배운 내용을 모두 쓰라고 하는 식의 질문은 학습 효과를 얻기 힘들다.[24] "남부군은 어떻게 북부군에 맞섰을까요?" 같은 구체적인 질문조차 그렇다. 중요한 정보를 기억해내고 분석할 수 있도록 "남부군의 대포는 연합군의 대포보다 덜 강력했지만, 남부군은 _____." 같은 문장 완성하기 문제를 활용해보자.

매일 100명이 넘는 학생을 가르치는 교사 입장에서는 저녁에 따로 시간을 내어 모든 학생의 답변을 읽으려 하면 큰 부담이 따른다. 학생들이 교실 밖으로 나가기 전에 확인하는 것이 좋다. 먼저 교실을 한 바퀴 돌면서 확인하고, 출입문 쪽으로 가서 뒤처진 학생들의 답변도 확인한다. 학생들이 교실에서 나가기 전에 모두 확인해서 학생들이 잘못된 정보를 가지고 떠나지 않게 한다.

수업이 몇 분 남지 않은 상황에서도 학습에 대한 흥미를 계속 불러일으키려면 접착식 메모지를 이용해 답을 적어 창문이나 벽에 붙이게 할 수도 있다.[25] 여러 학생을 한 번에 신속하게 평가할 수 있으며, 틀린 답을 쉽게 골라내고 일부 학생을 따로 만나 명확하게 설명해줄 수도 있다. 반마다 혹은 같은 반에서도 모둠마다 다른 색깔의 메모지를 사용할 수도 있다.

더 환경 친화적인 방법을 찾고 있다면, 학생들이 문장을 완성하고 교사에게 SNS 메시지를 보낸 뒤 수업 게시판에 올리게 해서 검토하는 방법도 있다.[26] SNS 메시지는 길게 보낼 수 없기 때문에 학생들은 간단명료하게 답해야 한다. 또는 구글 폼Google Forms을 활용해 학생들이 교실을 나서기 전에 제출할 문제지를 만들 수도 있다.

드디어 결승선에 도착했다! 그러나 샴페인을 터트리기에는 이르다. 도착한 후에도 해야 할 일이 남아 있다.

9. 되돌아 보기

이제 교사와 학생들이 어떤 여정을 거쳐왔는지 되돌아볼 때다.

　단원이나 프로젝트가 끝나면 학습 과정을 되돌아보자. 학생들이 스스로 학습 과정과 성과를 점검하는 방법으로 '빛남과 성장' T 차트를 만들어 보면 좋다. 한쪽은 '빛남', 반대쪽은 '성장'이라고 표시한 후 검토한 내용을 정리하는 방법이다. '빛남' 칸에는 학생들이 스스로 빛났다(뛰어났다)라고 생각하는 부분에 대해 쓰게 한다. 학습하면서 이룬 발전, 특히 이전에는 부족했지만 발전했던 지식과 기술을 집중적으로 돌아보게 한다. T 차트의 반대쪽에는 학습 과정에서 부딪친 장애물과 앞으로 발전해야 할 부분에 대해 쓰게 한다. 학습을 통해 발전하고 성장했더라도 목적지에 이르려면 이제까지 걸어온 길에서 아직 더 나아가야 할 때도 있다. 학생들은 성장 칸에 쓴 내용을 활용해 스스로 새로운 목표를 세울 수도 있다.

　학생들이 T 차트를 만들 수 있도록 문장 앞부분이나 질문을 알려주면 도움이 된다. '1에서 5까지 점수를 줄 수 있다면 나 자신에게 ＿＿＿＿점을 주려고 한다. 왜냐하면 ＿＿＿＿.' 같은 예문이 대표적이다.

빛남

- 이 수업을 시작하기 전에는 결코 ＿＿＿에 대해 몰랐다.
- 내가 발견한 3가지는 ＿＿＿이다.

- 나는 지금까지 _____을 잘못 생각했다. 그러나 이제 _____란 사실을 안다.

성장

- 나는 _____를 하면서 어려웠다.
- 내가 공부를 더 잘하는 데 도움이 되는 방법은 _____이다.
- 한 가지를 다르게 할 수 있다면 _____하고 싶다.

목표

- 앞으로 연습할 기술은 _____이다.
- _____에 대해 배우면 _____를 조사하고 싶다.

교사는 수업 계획을 되돌아보면서 수정한다. 이 단계는 건너뛰기 쉽다. 시간이 모자라서 다음 해가 될 때까지 수업 계획을 다시 들춰보지 못할 수도 있다. 그러나 접착식 메모 한 뭉치와 몇 분만 투자해도 충분하다. 다음의 내용을 참고해보자.

- 학습 속도가 빠른 학생들은 너무 앞서 나가 학습 과정에서 벗어나는 지점이 어디인지, 느리게 학습하는 학생들이 신속하게 움직일 수 있는 지점은 어디인지 찾아본다. 어떤 발판이나 강화 요소를 추가할 수 있을까? 동료 교사들과 머리를 맞대고 아이디어를 떠올리면 도움이 되고 활기를 얻을 수 있다.
- 설명을 덧붙인다. 교사들은 즉석에서 딱 들어맞는 사례를 생각해내는 경우가 낱다. 기억할 수 있도록 적어놓자.
- 시험 문제와 평가 지침을 수정한다. 시험, 에세이, 과제에 성적을 매겨보면 학생들의 문제점이 보인다. 되돌아보며 평가 기준을 명확하게 다듬는다. 시험 문

교육의 뇌과학

제나 지시문 사본으로 성적을 매기면 실시간으로 편집할 수 있어서 유용하다.

• 가르칠 때는 목적지만큼 여정도 중요하다. 수정해야 할 부분이 많아 부담스러워도 너무 당황하지 말자. 모든 부분을 한꺼번에 수정할 필요는 없다. 우선 한두 가지를 수정하고 겨울 방학이나 여름 방학처럼 잠시 짬이 생길 때 다시 수정할 수 있도록 목록을 만든다.

10. 축하하기

잠시 시간을 내 학생들의 성과를 축하하자. 학생의 성과는 교사의 성과이기도 하다! 잘 해냈다고 서로 손을 부딪히며 간단하게 축하할 수도 있고, 메모지에 개인적으로 칭찬하는 말을 써서 줄 수도 있고, 집으로 칭찬하는 이메일을 보낼 수도 있다. 시간은 금방 지나가므로, 생생할 때 바로 실천해야 한다. 블룸즈Bloomz나 클래스도조 같은 앱을 활용하면 학부모들에게 효율적으로 사진이나 칭찬의 말을 전달할 수 있다.

두뇌를 재구성하는
교육의 힘

축하한다! 드디어 이 책의 끝에 이르렀다. 이 책을 통해 두뇌가 어떻게 학습하는지, 교육이 그저 아무나 할 수 있는 일이 아니라는 점을 살펴보았다. 학생을 효율적으로 가르치려면 직관을 뛰어넘는 통찰력과 어마어마하게 복잡한 인간 두뇌의 대략적인 구조를 이해해야 한다.

레오나르도 다빈치는 예술적인 걸작을 만들기 위해 상당한 시간을 들여 과학을 공부했다. 근육 조직을 이해하기 위해 해부학을 공부하고, 그리는 대상에 햇빛이 어떻게 반사되는지 이해하려고 물리학을 공부하고, 완벽한 물감을 만들어내기 위해 화학을 공부했다. 이 과정에서 다빈치는 공책 수천 페이지를 스케치와 설명으로 채웠다.

이와 마찬가지로 가르치는 일은 예술이며, 과학은 우리가 예술을 표현하는 방법을 더 풍부하게 이해할 수 있게 이끌어준다. 우리는 수업과 전략에 대한 설명으로 공책을 채운다. 다빈치와 마찬가지로 과학을 활용해 가르치는 예술을 완성한다.

교육자는 지휘자처럼(그러나 더 좋은 기억력으로!) 오케스트라(학생들)의 공연(성과)을 빚어내기 위해 작품을 해석하고, 박자를 정하고, 비판적으로 귀 기울이고, 리듬을 조절한다. 학생들이 내용과 기술을 익히도록 더 좋은 길로 이끄는 정보와 준비물, 전략을 조정한다.

작업 기억과 장기 기억, 절차적 경로와 서술적 경로, 학생 주도와 교육자, 온라인 교육과 대면 교육 등 광범위한 학습법에 대한 이해는 뛰어난 연구자들의 수십 년에 걸친 탐구로 절정에 이르렀다. 그리고 교육의 최전선에서 일하는 교육자들의 놀라운 노력이 우리 모두의 밝은 미래를 열어가고 있다.

교육의 뇌과학

배우고 연결하기

'배우고 연결하기'는 단순히 신경세포가 연결되어 새로운 지식과 기술을 익히는 과학적 현상에 그치지 않는다. 이 책을 마치며, '연결하기'를 공동체 측면에서 바라보고자 한다.

'연결하기' 과정은 교육 방법을 확장해나가는 과정에서 서로 격려하고 지지하는 교육자 간의 연대 강화 과정으로 볼 수도 있다. 새로운 교육 전략을 실험해보고 싶다면 다른 교육자와 함께 실행해보고 서로 결과를 비교해보자. 학생을 수업에 끌어들일 아이디어가 필요하다면 동료 교육자와 머리를 맞대고 아이디어를 짜내보자. 학생의 수준에 맞추어 자료를 차별화하기 위해 애쓰고 있다면 특수 교육 전문가와 연대하자. 반항하는 학생 때문에 어려움을 겪고 있다면 학생, 지도 교사, 부모와 연대하자. 끊임없이 변화하는 교육 현장에 적응하려 애쓰고 있는가? 전문성을 개발할 기회를 적극 찾아보고, 관련 기관의 관리자, 온라인 커뮤니티와 연결을 맺자.

공동 저자 바버라 오클리, 베스 로고스키와 테런스 세즈노스키는 신경세포들과 마찬가지로, 각자 배경은 다르지만 서로 연대해서 교육에 관한 가장 유용하고 폭넓은 관점을 제시하려 노력했다. 이제 이 책을 읽는 독자들 스스로가 연결할 차례다! 연결을 많이 할수록 많이 배울 수 있다.

이 책은 공동 저자인 우리 세 명이 애정과 노력을 쏟아부은 결과물이다. 이 책을 통해 학습의 과학적·기술적 측면에서 일어나고 있는 혁명을 이해하려 노력한 독자께 감사드린다. 여러분과 여러분이 지도하는 학생들이 함께 연대해서 언제나 능동적이고 즐거운 학습자가 되기를 바란다!

협동 작업 중에
학생이 스스로를 지키는 법

같은 모둠의 학생들은 학습에 대해 비슷한 수준의 관심을 기울인다. 그러나 모둠에서 때때로 문제를 일으키는 학생을 만날 수도 있다. 여기에서는 학생들이 그런 상황을 헤쳐나갈 수 있는 실질적인 조언을 전달하고자 한다.

이번 학기에 메리, 헨리에타와 잭과 같은 모둠에 배치되었다고 가정해보자. 메리는 괜찮다. 메리는 일부 어려운 내용에 부딪치면 힘들어하지만 열심히 노력하고, 교사에게 도움을 요청하면서 기꺼이 공부하려고 한다. 그러나 헨리에타는 착하지만 노력을 하지 않는다. 헨리에타는 끝내지 못한 숙제를 쭈뼛쭈뼛 제출하면서 주말에 텔레비전을 보면서 빈둥거렸다고 고백한다. 잭은 말썽만 피운다. 그는 이런 일들을 벌였다.

- 잭은 맡은 작업을 제출하지 않는다. 제출할 때조차 엉망이다. 해야 할 일은 하지 않고 낙서를 끄적거리느라 시간을 보낸다.
- 직접 만나시든 온라인을 통해서든 모둠이 협동 작업을 할 때마다 딴 짓을 하거나 어딘가로 사라진다. 화장실에 가거나 음료를 마시거나 어떤 이유로든 언제나 자리를 비우고, 수업 중 다른 학생들을 은밀하게 방해한다.
- 수업 후 모둠 학생들이 대화를 나눌 때 유령처럼 사라졌다가 나중에

아무 이야기도 듣지 못했다고 우긴다. 모둠이 수업 전이나 후에 만나기로 결정하면 만날 수 없는 이유에 대한 변명을 장황하게 늘어놓는다.

- 잭의 글쓰기 실력은 괜찮은 편이지만, 원고를 잃어버리는 경우도 많고 다시 읽으면서 수정하지 않는다. 마감일을 지키기 위해 결국 잭에게 작업을 맡기지 않게 된다.
- 평소 행동을 문제 삼아 이야기하려고 하면 큰 소리로 다른 모두의 잘못으로 문제가 생긴다고 우긴다. 너무 자신감이 넘쳐서 때때로 그 말이 옳다는 생각까지 든다.
- 설상가상으로 모둠이 전체 학생들 앞에서 발표할 때 주도권을 잡으려고 한다. 잭은 매끄러운 말솜씨로 그 모둠의 작업을 마치 자신이 한 일처럼 발표한다.

모둠의 학생들은 결국 너무 화가 나서 그 상황에 대해 의논하려고 선생님을 찾아간다. 선생님이 잭과 이야기를 나누자, 잭은 진지하고 설득력 있게 다른 학생들의 요구를 이해하지 못했다고 말한다. 그러면 선생님은 모둠 구성원 사이에 의사소통 문제가 있다고 생각한다. 선생님 눈에 다른 학생들은 화가 나고 흥분한 것처럼 보이지만, 잭은 어리둥절하고 상처는 받았을지언정 죄책감은 없어 보이기 때문이다. 그러면 선생님은 모둠 구성원 모두에게 잘못이 있는데, 그중 잭의 잘못이 제일 적다는 결론을 내리기 쉽다.

결과적으로 모둠의 다른 학생들이 책임을 뒤집어쓰게 된다. 잭은 아무 일도 하지 않고 다른 학생들과 똑같이 좋은 성적을 받는다. 그리고 그 과정에서 모둠의 다른 학생들을 모두 나쁘게 보이도록 만든다.

교육의 뇌과학

문제를
방치하지 마라

잭이 속한 모둠은 충격이나 문제를 '흡수하는' 모둠이었다. 모둠 학생들은 잭이 처음에 뭔가 잘못했을 때 문제를 흡수했고, 어떻게 해서든 과제를 해냈다. 그러나 모둠의 다른 구성원들이 참아줄수록 잭은 그 모둠을 더 많이 이용한다. 모둠이 잭의 문제를 흡수하면 잭은 자기 몫의 일을 회피하고 다른 사람이 한 일에 대한 공을 빼앗아도 괜찮다고 생각하게 된다.

거울처럼
반응하라

문제를 일으킨 학생이 책임을 지게 하는 태도가 중요하다. 비판은 인간으로서 성장하는 데 도움이 될 수 있지만, 다른 사람을 부당하게 비난하거나 비판하는 사람들도 있다. 심지어 귀가 의심스러울 정도로 터무니없는 말을 하는 사람도 있다(이런 행동을 1944년 영화 〈가스등Gaslight〉의 제목을 따서 '가스라이팅'이라고 부른다. 그 영화에 등장하는 사악한 인물은 여주인공이 목격한 장면을 상상으로 꾸며낸 장면이라고 우겨 그녀가 자신의 인식을 의심하고 제정신을 잃게 만든다). 따라서 혹여 비난을 받더라도 자신만의 현실 감각을 유지할 수 있도록 하자.

　문제가 되는 학생에게는 받아들일 수 있는 행동에 한계가 있다는 사실을 알려야 한다. 이러한 한계를 알리고, 그 기준을 바탕으로 일관되게 행동하자. 예를 들어, 모둠 구성원은 모둠에 잘 참여하지 않는 학생에게 이렇게 행동할 수 있다.

- 잭이 모둠의 메시지에 응답하지 않거나 바빠서 만날 시간이 없다고 하면 누군가가 교사에게 알려야 한다. 모둠이 그를 참여시키려고 애쓰면서 시간을 낭비하지 말아야 한다.
- 잭이 자신의 몫을 제대로 하지 않고 엉망진창으로 작업한 숙제를 내밀면 실질적으로 도움이 되는 일을 하지 않았기 때문에 모둠이 제출하는 과제물에 이름을 올리지 않겠다고 알려야 한다. 잭이 뭐라고 말하든 처음 이야기했던 원칙을 지키자! 잭이 욕을 하면 교사에게 그의 엉망진창 숙제를 보여주자. 잭이 모둠을 이용하기 전, 엉망진창인 숙제를 두 번째로 내놓았을 때 바로 이런 조치를 취하자. 모둠의 구성원들이 좌절감을 느낄 때까지 방치하지 말아야 한다.
- 처음부터 높은 기준치를 설정하자. 잭 같은 사람들은 주어진 의무로부터 얼마나 잘 빠져나갈 수 있는지 금방 감지한다.
- 문제를 해결할 수 있는 사람은 잭뿐이다. 모둠의 나머지 학생들은 그가 모둠 구성원을 이용하지 않도록 태도를 바꿀 수 있을 뿐이다. 다른 학생들이 그를 대신해 모든 일을 해준다면 잭에게는 변화할 동기가 생기지 않는다.
- 잭 같은 사람은 다른 사람을 능숙하게 조종할 수 있다. 끝없이 문제를 일으키고, 잭이 원인 제공자라는 사실을 모두가 깨달을 즈음에는 학기가 끝난다. 그리고 의심을 받지 않을 새로운 모둠으로 가서 또다시 학생들을 조종하기 시작한다. 잭이 모둠의 학생들을 이용하기 전에 이런 역기능적인 행태를 처음부터 허용하지 말자!

교육의 뇌과학

게으른 친구를
대하는 법

헨리에타도 모둠의 다른 구성원과 함께 잭의 비이성적인 행동에 맞서 싸웠지만, 자신의 몫을 다하지 않기는 마찬가지다.

헨리에타 역시 잭을 대하는 방식으로 대하는 게 가장 좋다. 요구하는 기준이 확고하고 명확해야 한다. 헨리에타 같은 학생은 잭 같은 학생처럼 교활하지는 않지만, 분명 다른 학생들의 한계를 시험한다. 그러다 보면 헨리에타가 해야 할 일을 떠맡는 학생이 나오기도 한다.

단호함을
배우자

갈등 상황을 피하는 온화한 성향의 학생이 잭이나 헨리에타 같은 학생과 함께 작업한다면 단호함을 배우면서 인간으로서 성장하는 데 도움이 된다. 배우는 과정에서 인내심을 갖자. 처음에는 '다른 사람들이 나를 좋아하지 않을 거야. 그런 고통을 당할 필요는 없잖아'라고 생각할 수도 있다. 난생처음 단호한 태도를 배우는 사람들은 모두 하나같이 이런 생각으로 불안해한다. 계속 노력하면서 요구 사항을 고수하자! 언젠가는 더 자연스럽게 느껴지고, 다른 사람에게 합리적인 요구를 하면서 죄책감을 느끼지 않게 된다. 자신의 일뿐 아니라 누군가 다른 사람의 일까지 떠맡던 습관에서 벗어나면 친구들과 어울리거나 방과 후 활동에 참여할 시간이 많아졌다는 사실을 깨닫게 될 것이다.

다른 사람에게 이용당하는
사람들의 특징

─────

- 내 돈을 들여서라도 다른 사람들을 행복하게 해주고 싶어 한다.
- 같은 모둠의 친구를 버리지 않으려고 기꺼이 개인적인 희생을 감수한다. 이 과정에서 스스로의 가치를 떨어뜨린다는 사실도 깨닫지 못한다.
- 다른 사람의 일을 도와줄 수는 있지만, 다른 사람에게 일을 맡기지는 못한다.
- 누군가가 이전보다 아주 조금만 더 기여해도 '진전'으로 해석한다.
- 누군가가 실패하고 실수하면서 배우는 과정을 기꺼이 보아 넘기지 못한다.
- '집단의 이익'이라는 이상에 헌신한다. 이 때문에 다른 사람들에게 이용당할 수도 있다는 상식적인 깨달음도 없다.

혼자 모든 일을
떠맡아서는 안 된다

─────

모든 사람이 자신에게 일을 떠맡기거나 대충 한 과제를 떠넘긴다는 사실을 깨달으면 그 즉시 조치를 취해야 한다. 먼저 같은 모둠의 학생들에게 공식적인 말로 경고하고, 그래도 효과가 없으면 교사에게 가서 다른 모둠으로 옮겨 달라고 요청하자(스스로 다른 모둠으로 옮길 수는 없기 때문이다). 교사는 몇 가지 질문을 던진 후 적절한 조치를 취할 것이다.

문제적 동료는
어디에나 있다

살다 보면 잭과 헨리에타 같은 사람을 종종 만난다. 헨리에타 같은 사람은 비교적 친절해서 친구가 될 수도 있다. 그러나 잭 같은 사람은 다른 사람의 신뢰를 얻으려고 노력한 다음, 험담과 가스라이팅으로 그 신뢰를 무너뜨린다. 그런 상황에 맞닥뜨렸을 때 앞에서 제안한 방법을 기억하면 도움이 될 것이다.

부록 B

교육자를 위한
점검 목록

여행을 준비하려면 사전에 필요한 물건과 해야 할 일을 목록으로 만들어야 한다. 수업이라는 여정을 시작할 때도 마찬가지다. 훌륭한 수업을 준비하고자 하는 교육자를 위한 점검 목록을 소개한다. 이 목록을 통해 여행의 순서를 정하고, 교육적 결정을 내릴 때 도움을 받을 수 있을 것이다.

1. 종치기 과제

- 매일 같은 위치에서 찾을 수 있다.
- 주요 정보와 어휘 또는 기술을 복습하거나 예습한다.
- 교실에 들어오자마자 각자 끝마친다.
- 3~5분 안에 끝낸다.

2. 끌어들이기 요소

- 학생들의 관심을 사로잡는다.
- 모든 학생이 적극적으로 참여하게 한다.
- 목표의 기대치를 반영하는 핵심 질문을 던지고 풀게 한다.
- 수업을 위해 계획한 할 일 목록을 준다.
- 본격적인 수업으로 넘어간다.

3. 배우기

- 사전 지식에 새로운 정보를 연결한다.
- 교육자의 시범과 다양한 예시를 통해 설명을 뒷받침한다.
- 복잡한 과제를 해내려고 애쓰는 학생들을 위해 교사가 생각하는 과정을 말로 표현한다.
- 학생들의 작업 기억에 지나친 부담을 주지 않도록 학습 내용을 다루기 쉬운 토막으로 나눈다.
- 학생들이 빈칸을 채우면서 중요한 정보를 정리할 수 있도록 필기용 인쇄물을 나누어준다.
- 학습 단위마다 인출 연습과 형성 평가 점검을 집어넣는다.
- 개념적 지식을 쌓을 수 있도록 깊은 단계의 개방형 질문을 던진다.
- 멀티미디어를 활용해서 학생들에게 내용을 간단히 소개하고, 이끌어주는 질문을 던지며, 중간중간 멈춰서 질문하고 명확하게 설명한다.

5. 연결하기

- 주제와 맥락 사이에 연습을 끼워 넣거나 뒤섞는다.
- 학습한 내용을 강화하기 위해 새로운 학습에 이전 학습의 인출 연습을 집어넣는다.
- 학생 주도로 학습할 기회를 주어서 학생들이 지식과 기술을 새로운 문제와 과제로 확장하게 한다.

6. 마무리하기

- 학생들이 학습 내용 중 핵심적인 부분을 표시하면서 강조하고, 예를 들어주면서 수업을 복습하게 한다. 그리고 이전 지식과 기술 위에 어

떻게 새로운 지식을 쌓아 올릴 수 있는지 설명한다.

• 학생들이 목표 달성에 대해 각자 책임지게 한다.

7. 되돌아보기

• 지식과 기술을 발전시키면서 얻은 강점과 나아진 면들을 되돌아보면서 학습 과정을 학생 스스로 평가한다.

• 학생 스스로 부족한 지식과 기술을 발전시키기 위한 목표를 세운다.

혼자일 때보다 모두가 힘을 합할 때 우리는 더 강해진다. 베스는 주디 로고스키, 스테파니와 매디슨 '룰루' 오버도프에게 특별한 감사를 전한다. 베스가 배움을 쌓아가는 과정에서 지원을 아끼지 않았던 훌륭한 선생님들(배운 순서대로), 스티븐 로고스키, 길다 오런, 메리 크로퓨니키 그리고 폴라 텔럴(지적인 어머니)에게 진심으로 감사드린다. 그리고 베스가 유대감을 느끼도록 끊임없이 뒷받침해준 동료들, 크레이그 영, 조이 캐리, 앤 마리 캔토어에게도 감사를 표한다.

바버라는 여러 해에 걸쳐 글쓰기에 집중하게 해준 그녀의 영웅인 남편 필과 가족에게 감사한 마음이다.

리처드 펠더 교수에게는 아주 특별한 감사를 전한다. 그분의 신중하고 현명한 조언이 이 책을 쓰는데, 또한 바버라가 경력을 쌓아나가는 데 엄청나게 큰 도움이 되었다.

펭귄 랜덤하우스의 편집팀과 제작팀, 특히 최고의 편집자 조애나 앵과 유능한 교열 담당자 낸시 잉글리스, 제작 편집인 클레어 설리번, 뛰어난 홍보 담당자 케이시 멜로니와 탁월한 마케팅 전문가 로시 앤더슨에게 큰 감사를 보낸다. 우리의 훌륭한 저작권 대리인 리타 로젠크란츠에게도 깊이 감사한다. 또한 넘치는 통찰력을 전해준 뒤에 나오는 분들에게 감사를 보낸다.

젠 앨런, 로나 앤더슨, 샘 앤더슨, 조앤 바이어스, 퍼트리샤 소토 베세라, 필립 벨, 재닌 벰퍼챗, 트레이시 불라, 프랑수아즈 블리스, 아일린 브라이슨, 조슈아 버핑턴, 폴 버그마이어, 니콜 버터필드, 바버라 캘훈, 칼 카푸타, 켈리 캐리, 줄리 F. 체이스, 퍼트리샤 처치랜드, 메건 콜린스, 아날리사 콜롬보, 데이지 크리스토둘루, 머리사 디오데이터, 셰인 딕슨, 제임스 M. 도허티, 키사 듀프레, 에이미 에이첸, 마샤 파밀라로 엔라이트, 크리스티나 포스, 대릴 프리들리, 로렌 퍼맨, 앨리나 개리도, 데이비드 C. 기어리, 에인절 그레이엄, 데이비드 핸델, 로먼 하드그레이브, 애비 하트먼, 제임스 P. 하우퍼트, 존 헤드릭, 앤절라 헤스, 린다 젠슨, 아론 존슨, 제인 카워스키, 아사 켈리, 로라 케리스, 팀 크노스터, 아누팜 크리슈나무르티, 나쿨 쿠마르, 마사 E. 랭, 호프 레비, 데브라 메이호퍼, 킴벌리 메롤라, 마크 메스터, 에밀리 모건, 사라 모로니, 리애드 머드릭, 토머스 O. 머니어, 파트리샤 네스터, 아니사 R. 누맨, 스콧 오버도프, 엘레인 팔멘테리, 앨리슨 파커, 에이미 파스쿠치, 닐람 파텔, 캐롤린 패터슨, 앤서니 M. 페들, 제프 필립스, 웬디 필라스, 헤븐 레이너드, 브라이언 라허먼, 에이미 로저스, 베른트 로마이크, 맬로리 롬, 모니카 러셀, 대니얼 샌섬, 올라브 셰위, 데이비드 셔거, 메리 실링, 앤드리아 슈워츠, 로즈 스콧, 켈리 세더러비셔스, 낸시 샤이프, 니콜 스몰린스키, 콜린 스노버, 재나 스토재노바, 뎁 스트라이커, 존 스웰러, 브렌다 토머스, 캐럴 앤 톰린슨, 호세 루이스 투베르트, 마이클 울먼, 알렉산드라 어반, 오스틴 볼츠, 잭 와이커트, 나탈리 웩슬러, 로라 와일드, 마이크 윌데이, 프랜시스 윌킨슨, 레베카 윌러비, 휴 R. 윌슨, 줄리 윌, 지브 워먼, 크리스틴 제크, 할 제시, 브라이언 징크, 스튜어트 졸라.

교육의 뇌과학

미주

1장

1   여학생과 남학생의 수학 능력은 비슷하다는 사실이 연구로 재확인되었다. 그러나 성적이 나쁜 여학생이 성적이 나쁜 남학생보다 수학 시험 때 더 불안해하는 경향을 보인다. 이 때문에 여학생들은 수학에 대해 불안해하면서 제대로 배우지 않으려 한다. Geary et al., 2019b; Gonzalez et al., 2019.

2   헵 시냅스의 현대판이 스파이크 타이밍 의존 가소성이다. 간단하게 설명하면, 신호가 시냅스에 도착할 때, 신호의 진폭에 따라 시냅스를 강화하거나 약화할 수 있다는 뜻이다. Sejnowski, 1999.

3   헵의 학습에 대한 더 자세한 역사는 Sejnowski, 1999를 참조하라.

4   엄밀한 출처는 아니지만, 가지돌기가 생겨나서 신경돌기와 만나는 과정에 관한 최근 연구는 https://en.wikipedia.org/wiki/Dendritic_filopodia에서 확인할 수 있다.

5   기억과 강화 과정에 대한 최근 개요: Runyan et al., 2019.

6   신경세포 연결 고리 무리는 보통 신경과학의 기억 흔적 개념과 동일하다. 실제로 하나의 기억(예를 들어 얼굴의 생김새)은 기억 흔적을 정서적인(감정적인) 연상과 연결시키는 편도체까지 포함해 두뇌의 여러 부분에서 연결 고리를 만들 수 있다. Josselyn and Tonegawa, 2020. 깊이 파고들 필요는 없으므로, 이 책에서는 신피질에 자리 잡은 연결 고리를 위주로 이야기하려 한다. 또한 장기 기억 연결 고리는 정보를 다시 찾을 때마다(무언가를 다시 기억할 때마다) 연결이 조금씩 조정되는 것으로 보이며, 이는 재강화 과정의 일부다. 그래서 같은 이야기라도 열 살 때 한 이야기를 30대에 다시 하면 완전히 다른 이야기로 바뀌기도 한다. 재강화 과정으로 변형되는 부분은 우리의 목적에 비하면 비교적 사소한 부분이다. 재강화 과정에 대한 개요는 Elsey et al., 2018을 참고하라.

7   가변성 효과: Likourezos et al., 2019.

미주   333

8   작업 기억의 최근 개념에 대한 개요: Cowan, 2017.

9   학습 능력에 대한 환상: Koriat and Bjork, 2005.

10 학습에서 인출 연습이 중요하다: Karpicke, 2012; Smith et al., 2016.

11 학생들에게 인출 연습의 중요성을 가르쳐야 한다: Bjork, 2018; Karpicke and Grimaldi, 2012.

12 예제의 중요성: Chen et al., 2015.

13 학습 속도가 빠르다고 반드시 더 좋지는 않다: Hough, 2019.

14 적극적인 인출이 의미 있는 학습을 촉진한다: Karpicke, 2012.

15 마음속 이미지가 언어 정보와 함께 학습에 도움이 될 수 있다는 개념인 '이중 부호화 이론'은 웨스턴 온타리오 대학의 앨런 파이비오가 1971년에 처음 제시했다. 리처드 메이어의 멀티미디어 이론이 이 분야의 연구를 크게 확장했다. Mayer, 2014a.

16 『강력한 교육』, Agarwal and Bain, 2020.

17 인출 연습은 개념도를 활용해 공부할 때보다 학습 효과가 높다. Karpicke and Blunt, 2011. 참고로 인출 연습과 개념도를 통합한 최근 연구도 있다. O'Day and Karpicke, 2020. 다만 이 연구는 큰 도움이 되지 않았다.

2장

1   두 가지 유형의 정신: Hayek, 1978.

2   카할은 자서전에서 자신의 삶에 대한 이야기를 털어놓았다. Ramon y Cajal, 1989.

3   성공에 대한 카할의 회고. Ramon y Cajal, 1989, p. 309.

4   작업 기억의 신경 인지적 구조에 대한 검토: Eriksson et al., 2015. 작업 기억에 대한 정의는 수십 가지에 이른다. Baddeley, 2003; Cowan, 2017; Turi et al., 2018.

5   또는 더 엄밀하게 따지면 "전두-두정엽과 시각 영역 사이 알파, 베타, 감마 주파수대의 영역 간 위상 동기화는 시각 작업 기억에서 신경세포의 대상 표현 유지를 조정하고 조절하는 메커니즘을 표준화하는 체계가 될 수 있다." Palva et al., 2010. Ericsson and Kintsch, 1995. Cowan, 2019; Ericsson and Kintsch, 1995를 함께 참조하라.

6   케임브리지 대학 정신의학과 수전 개더콜 교수의 허가를 받아 게재한 그래프. Gathercole and Alloway, 2007, p. 7.

7   인용: Gathercole and Alloway, 2007.

8 예: Gathercole et al., 2006.

9 학교 전담 심리학자들은 종종 우드콕 존슨 IV 같은 표준 배터리 인지 검사로 시작한다. 학생에게 결함이 나타나면 주의력 결핍 등의 다른 문제를 배제하기 위해 기억력과 학습의 광범위한 평가(WRAML2)처럼 작업 기억과 관련된 추가 검사를 한다.

10 P. K. 앨러웨이와 R. G. 앨러웨이는 작업 기억이 아동의 학습 잠재력에 대한 비교적 순수한 척도로 아동의 학습 능력을 보여주는 반면, 학습 성취도와 IQ 테스트는 아동이 이미 배운 지식을 측정한다고 지적한다. Alloway and Alloway, 2010. 십스테드 등은 "작업 기억 능력과 유동적 지능 사이의 강력한 상관관계는 한 능력이 다른 능력에 인과적인 영향을 주기 때문이 아니라, 서로 상반될 수 있지만 하향식 처리 목표를 중심으로 주의력을 요구하는 각각의 두뇌 기능에 기인한다"라고 설명한다. 학습한 지식을 활용하는 능력(어휘력이 전형적인 예다)을 가리키는 결정적 지능과 반대로 유동적 지능은 새로운 문제를 추론하고 해결하는 능력을 의미한다고 십스테드는 지적한다. Shipstead et al., 2016.

11 장기 기억에서 신경세포 연결 고리들을 만들고 강화하면 그 주제에 대한 작업 기억을 확장할 수 있다. Cowan, 2019; Ericsson et al., 2018. 에릭슨이 '신경 표현neural representations'이라고 부르는 용어는 '신경세포 연결 고리'라는 용어와 대체로 동의어다.

12 바버라 오클리와 존 스웰러가 주고받은 이메일, 2019년 5월 18일.

13 작업 기억이 늘어나는 것처럼 보이는 특정 영역에서 일어나는 것 같다. Baddeley et al., 2015. 배들리는 "확실히 더 조사할 가치가 있는 영역이지만, 아직은 하지 않을 것이다"라고 말한다. p. 92.

14 필기 능력과 작업 기억 사이 관계; Jansen et al., 2017.

15 걱정하는 동안 작업 기억 용량의 제한: Hayes et al., 2008.

16 작업 기억 용량이 작은 사람도 연습을 하면 작업 기억 용량이 큰 사람보다 더 뛰어날수 있다. Agarwal et al., 2017; Ericsson et al., 2018. 현대 신경과학의 아버지이자 노벨상 수상자 산티아고 라몬 이 카할이 훌륭한 사례다.

17 전문성 반전 효과: Chen et al., 2017; Kalyuga and Renkl, 2010.

18 장애인 교육법(IDEA)은 장애가 있는 모든 아동이 무료로 적절한 공교육을 받을 수있고, 특수 교육과 관련된 서비스를 받을 수 있게 보장하는 미국 법률이다. IDEA에서는 13가지 범주의 장애를 인정한다. (1) 특정 학습 장애(독서 장애, 쓰기 장애, 청각처리 장애, 비언어성 학습 장애 등) (2) 다른 건강 장애로 학생들의 힘과 에너지, 주의력

이 제한되는 상태(주의력과 실행 기능에 영향을 주는 ADHD 등) (3) 자폐 스펙트럼 장애 (4) 정서 장애 (5) 언어 장애(말더듬증 등) (6) 실명을 포함한 시각 장애 (7) 청력 저하 (8) 난청 (9) 청력 상실 (10) 정형외과적 장애(뇌성마비 등) (11) 지적 장애(다운 증후군 등) (12) 외상성 뇌손상 (13) 복합 장애. U.S. Congress, 2004.

19 통합 교육과 공동 교육 모델 요약: Solis et al., 2012. 일부 학생의 경우 개별화 교육 프로그램(IEP)이나 504 플랜에 따라 특별한 적응과 수정이 필요한 반면, 모든 학생은 새롭고 어려운 정보와 기술을 배우면서 어느 정도 지원을 받을 수 있다. Szumski et al., 2017.

20 공동 교육의 다양한 모델: Beninghof, 2020.

21 차별화 수업을 통합하는 방법에 대한 광범위한 안내는 Heacox, 2017을 참조하라.

22 차별화란 무엇인지에 대한 면밀한 설명과 차별화 수업을 운영하기 위한 교육자의 역할과 전략에 대해서는 Tomlinson, 2017, p. 7의 인용문을 참조하라.

23 베스 로고스키와 캐럴 앤 톰린슨이 주고받은 이메일, 2020년 10월 6일.

24 베스 로고스키와 캐럴 앤 톰린슨이 주고받은 이메일, 2020년 10월 6일.

25 '학생이 성장하도록 교육하기' 방법에 대한 더 자세한 정보는 Tomlinson, 2017을 참조하라.

26 작업 기억과 창의성: DeCaro et al., 2015; Takeuchi et al., 2011.

27 피곤하면 작업 기억 용량이 줄어들고 창의력과 통찰력은 향상될 수 있다: DeCaro, 2018; Wieth and Zacks, 2011.

28 작업 기억의 개인차로 음악이 학생 성적에 끼치는 영향을 예측할 수 있다: Christopher and Shelton, 2017.

29 수학과 음악 관련 신경세포가 겹친다. Cranmore and Tunks, 2015. ADHD가 있는 사람들은 백색 소음이 도움이 될 수도 있다. Soderlund et al., 2007.

30 필기 중 인지적 노력: Piolat et al., 2005.

31 필기 기능과 기술: Kiewra et al., 1991. 필기의 인지적 비용과 편익 검토: Jansen et al., 2017. 학습한 그날에 필기 내용을 되새겨야 함: Liles et al., 2018.

32 작업 기억 용량이 작은 학생들은 흔히 수학에서 어려움을 겪는다. Clark et al., 2010; Raghubar et al., 2010.

33 광범위한 개요는 Dehn, 2008, p. 303을 참조하라. 덴은 3가지 메타 분석을 인용해 "직접 지도는 작업 기억이 부족한 학생들에게 가장 효과적인 교육 방법 중 하나다"라

교육의 뇌과학

고 결론을 내린다. Morgan et al., 2015를 함께 참조하라. 이 대규모 연구에는 1,338개 학교 3,635학급 교사 3,635명과 1학년 학생 13,883명이 참여했다. 직접 지도와 탐구 학습, 이 방법이 학생들에게 끼치는 영향에 대한 더 일반적인 논의는 Klahr and Nigam, 2004를 참조하라. Geary et al., 2019a에서 언급했듯 "Geary et al., 2008에서 진행한 대규모 교육 실험 프로젝트 팔로우 스루(Stebbins et al., 1977)의 결과와 일치하는 메타 분석에 따르면, 수학에 어려움을 겪는 학생들은 전반적으로 부족한 부분을 채워줄 수 있는 교사의 직접 지도 수업이 도움이 된다는 사실을 알 수 있다(Gersten et al., 2008)." Fuchs et al., 2013과 Gersten et al., 2009를 참조하라. 또한 예제를 활용해 초반에 지도하면 전혀 지도하지 않을 때보다 처음 배우는 학생들(작업 기억 용량이 작은 학생들을 포함해)에게 도움이 된다는 '예제 효과'와 관련된 문헌이 많다. Chen et al., 2015; Ramon y Cajal, 1989; Stockard et al., 2018.

34 작업 기억 용량이 작은 학생에게는 연습이 특별히 도움이 된다. Agarwal et al., 2017. 개혁 수학Reform mathematics 교육자들은 학생 중심 방법이 기억에 더 많은 표상을 남기기 때문에 어느 정도 효과적이라고 주장한다. 그러나 여러 표상이 장기 기억에 잘 자리 잡지 못하면 작업 기억 용량이 작은 학생은 그저 더 혼란스러워진다는 게 문제다. 학생 중심 방법을 활용하든 교육자 주도 방법을 활용하든 효율적일 수도 있고 비효율적일 수도 있다는 사실에 주의해야 한다.

35 독해력은 작업 기억 용량과 직접 관련이 있다. Carretti et al., 2009.

36 교육 유형, 교육량과 아동의 성장 사이 관계: Sonnenschein et al., 2010; Xue and Meisels, 2004.

37 능동적인 연습이 중요하다: Freeman et al., 2014.

38 강화 과정에 대한 검토: Runyan et al., 2019; Tonegawa et al., 2018.

39 로라 와일드는 McGill, 2018을 인용해서 일부 아이디어를 제공했다.

40 교육자가 제공한 필기용 유인물이 학습과 시험 성적에 끼치는 영향: Gharravi, 2018. 교육자가 나누어준 필기용 유인물에서 빈칸을 채워 완성하는 필기 방법에 대한 지침은 Felder and Brent, 2016, pp. 81-84를 참조하라.

41 예제 효과, 생성 효과와 요소 상호작용: Chen et al., 2015.42

42 수학을 배우는 중학생들이 잘못된 예를 찾아 수정하면 소수 개념을 더 잘 이해할 수 있다: McLaren et al., 2015.

3장

1 시험 성적과 유지율을 높일 수 있는 간단하고 과학적으로 검증된 방법, 즉 능동적 학습에 대한 연구: Freeman et al., 2014.

2 그리스풍 항아리 프로젝트: Gonzalez, 2016.

3 인용: Freeman et al., 2014.

4 해마와 개념 형성: Mack et al., 2018.

5 인용: Wexler, 2019, p. 31.

6 웩슬러의 예시: Wexler, 2019.

7 학습에는 인출 연습이 포함된다.: Karpicke and Grimaldi, 2012.

8 학습에는 근본적으로 두 가지 학습 체계가 있다: McClelland et al., 1995. 이 논문은 이 분야의 고전이다.

9 색인 이론은 McClelland et al., 1995에서 처음 제시했다. 해마에 있는 소수의 신경세포들이 어떻게 신피질에서 최근 기억을 되살리도록 도와주는지 설명하기 위해 색인 부호 개념을 만들었다. Mao et al., 2018의 확인 연구에서 "색인 이론은 동물이 독특한 경험을 할 때마다 해마가 독특한 패턴의 신경세포 활동을 만들어내서 나머지 피질에 보낸다고 본다. 그 독특한 패턴은 맥락 부호처럼 작동하면서 모양, 소리와 동작처럼 부호화를 담당하는 부분의 원 자료와 함께 신피질의 여러 부분에 저장된다. 해마가 그 색인을 다시 만들어내면 당시와 관련된 모든 피질 영역에서 동시에 나타나고, 그 경험의 각각의 부분들을 되찾아서 통합된 기억을 만들어낸다"는 사실을 발견했다. University of Lethbridge press release, 2018. 신피질에서 피질 영역의 체계를 따라 감각 주변부에서 맨 위의 해마로 올라갈수록 각 층에서 표상이 바뀌면서 점점 더 추상화한다. 해마는 신피질에서 그저 모든 층에 모든 세부 사항이 있는 것의 그림자만을 얻는다. 해마에 있는 아주 소수의 신경세포에서 받은 피드백이 신피질에서 수십 억 세포들을 활성화할 수 있다면 색인과 같은 역할을 하는 것이다.

10 두뇌는 학습한 정보 중 비슷한 범주들을 신피질에서 그 정보가 감지되는 곳 근처에 서로 가까이 둔다. 그래서 강력한 소리 요소를 가진 정보가 상측 측두엽 부분(1차 청각 피질 근처)에 저장된다. 강력한 시각 요소를 가진 정보는 시각 피질에서 아래쪽에 자리 잡는다. 추상적일수록, 고차원적 개념일수록 신피질의 앞쪽에 자리 잡는 경향이 있다. 두뇌가 학습하는 내용을 어떻게 배치하는지에 대한 어느 정도 추론적인 최근의 검토는 Hebscher et al., 2019를 참조하라.

11 두 '학습자'는 상호 보완적인 두 학습 체계인 해마와 신피질로 McClelland et al.,

교육의 뇌과학

1995에 설명되어 있다.

12 엄밀한 출처는 아니지만, https://en.wikipedia.org/wiki/Memory_consolidation에서 최신 기억 강화 과정을 찾을 수 있다.

13 해마는 돌아서서 신피질에게 새로 배운 내용을 다시 이야기해준다: Runyan et al., 2019; Wamsley, 2019.

14 학습 후 15분 동안 눈을 감고 휴식하면 기억이 향상되었다: Wamsley, 2019. Craig et al., 2018을 함께 참조하라.

15 깨어 있는 동안의 휴식이 중요하다: Wamsley, 2019. 인용문 안 참고 문헌 생략.

16 수면은 기억을 바로잡는 데 도움이 된다: Antony and Paller, 2017; Dudai et al., 2015; Himmer et al., 2019.

17 기억을 신속하게 강화하는 방법으로서의 인출 연습: Antony et al., 2017.

18 두뇌에서 정보를 인출하는 일이 학습과 관련될 때가 많다: Agarwal and Bain, 2019, p. 28.

19 나탈리 웩슬러와 바버라 오클리가 주고받은 이메일, 2020년 10월 11일.

20 수면 중 새로운 시냅스가 만들어진다: Yang et al., 2014. 수면 중 시냅스 강도의 감소에 대한 증거도 있다: De Vivo et al., 2017. 일부 시냅스는 수면 중 제거된다: Li et al., 2017.

21 BDNF와 운동: Szuhany et al., 2015; Chang et al., 2012.

22 신경세포 형성에 대한 주요 검토: Snyder and Drew, 2020.

23 신체 운동은 스트레스가 인지에 끼치는 부정적인 영향을 완화한다: Erickson et al., 2019; Wunsch et al., 2019.

24 Lu et al., 2013을 참조하여 대략적으로 그림.

25 Freeman et al., 2014. 저자들은 이상적인 능동적 학습 비율을 밝히지 못했다. 연구에서 능동적 학습에 기울인 시간은 정말 다양하다. 수업의 10~15퍼센트를 할애해 어려운 개념을 스스로 생각해보고 답하게 한 경우도 있고, 강의는 하지 않고 내내 탐구 학습만 한 경우도 있었다.

26 생각하고 짝지어 이야기 나누기의 역사: Kaddoura, 2013.

27 실수해도 괜찮은 문화 만들기: Lemov, 2015, p. 64.

4장

1 미루기에 대한 스틸의 추정: Steel, 2007. 인용문에서 참고문헌 생략.

2 싫어하는 주제에 대해 생각할 때 두뇌에서 통증이 생긴다. Lyons and Beilock, 2012의 연구에서 싫어하는 주제는 수학이었다. 대뇌섬 피질 일부는 통증 신호를 처리하지만, 대뇌섬 피질에는 훨씬 더 광범위한 기능을 가진 부분이 많아서, 미각, 내장 감각, 자율 신경 조절, 면역 체계 등 기본적인 생존과 관련된 항상성의 전체적인 조절을 담당한다. 앞쪽의 대뇌섬 피질은 공감과 연민, 혐오감 같은 사회적 감정과 관련이 있다.

3 수면과 시냅스 연결 고리의 강화(그리고 가지치기): Himmer et al., 2019; Niethard and Born, 2019.

4 Owens et al., 2014에 따르면, 작업 기억력이 좋은 학생들은 스트레스를 많이 받을수록 더 공부를 잘 했다. 그러나 작업 기억력이 나쁜 학생들은 스트레스를 많이 받을수록 공부를 더 못했다. 이 연구로 스트레스가 많아지면 작업 기억에 더 부담을 지운다는 가설이 생겼다. 작업 기억 용량이 큰 학생들은 용량이 충분해서 스트레스로 인해 방해를 받지 않았지만, 작업 기억 용량이 작은 학생들은 스트레스 때문에 성적이 떨어졌다고 볼 수 있다. 저자들은 작업 기억 용량이 작은 학생들의 스트레스를 줄이기 위한 연구가 필요하다는 결론을 내렸다. 그러나 작업 기억 용량이 작은 학생들이 제대로 준비하지 않아서 더 스트레스를 많이 받았을 가능성도 높다. 그런 추정이 옳다면 스트레스를 줄이는 방법이 작업 기억 용량이 작은 학생들의 기분을 나아지게 할수는 있지만, 시험 성적을 올리는 데는 아무런 도움이 되지 않을 것이다.

5 우리가 '산만 모드'라고 부르는 상태는 사실 신경 휴식 상태다. 그중 가장 잘 알려진 것은 휴식을 취할 때 작동하는 뇌, 즉 디폴트 모드 네트워크default mode network, DMN 로, 창의성에서 중요한 역할을 한다. Kuhn et al., 2014.

6 학생들이 곧장 휴대전화나 소셜 미디어에 손을 뻗지 말아야 하는 이유: Kang and Kurtzberg, 2019; Martini et al., 2020. 이는 '주의 잔류물attention residue'이라는 개념과도 관련이 있다.

7 최대한 산만함을 줄이면서 골똘히 집중하기는 일반적으로 훌륭한 학습법이다. 그러나 그 원칙에도 예외가 있다. 예를 들어 전체 인구의 2.5퍼센트는 여러 복잡한 일들 사이에서 주의를 효율적으로 전환하면서 한 번에 여러 가지 일을 능숙하게 처리알 수 있다. 내부분의 사람은 자신도 그렇다고 생각하며 스스로를 속이지만, 사실을 그렇지 않다. Medeiros-Ward et al., 2015
여러 일을 한꺼번에 하기, 작업 전환, 산만해지기가 나쁘지만은 않다. 예를 들어 한 번에 두 가지 일을 하려고 하면(멀티태스킹) 그 두 가지 일을 하는 동안 학생의 효율

교육의 뇌과학

성은 떨어지지만, 창의력이 높아진다. 활성화된 연결 고리들이 섞이고 혼합할 시간이 생기기 때문이다. Kapadia and Melwani, 2020. 복잡한 문제를 푸는 중에 스마트폰 들여다보기처럼 이 작업에서 저 작업으로 전환하면 창의력이 좋아진다. 과제를 잠시 밀어두면 인지적 고착을 줄일 수 있기 때문이다. Lu et al., 2017. 그리고 커피숍에서 컵이 부딪히는 소리처럼 약간의 방해 요소는 어느 정도 학습에 도움이 된다. 산만 모드가 일시적으로 튀어나올 수 있기 때문이다. O'Connor, 2013. 그래서 새로운 관점을 얻을 수도 있다.

8 결실을 맺는 평가 지침들: Brookhart, 2018.

9 평가 지침은 잘못된 안정감을 줄 수도 있다: Wheadon et al., 2020a; Wheadon et al., 2020b.

10 설문조사에 따르면, 평가 지침만 읽고 필요한 내용을 이해하는 학생은 절반도 되지 않는다: Colvin et al., 2016.

11 평가 지침과 예시문을 함께 활용하면 평가 지침만 활용할 때보다 더 효과적이다: Bacchus et al., 2019.

5장

1 빠른 매핑과 조기 언어 습득: Borgstrom et al., 2015.

2 인지 발달과 진화 심리학자 데이비드 기어리가 생물학적 기본 자료와 2차 자료 이론을 처음으로 주장했다. 그의 1995년 논문 「아동 인지에서 진화와 문화의 반영 Reflections of Evolution and Culture in Children's Cognition」이 이 분야의 첫 연구다(Geary, 1995). Geary and Berch, 2016a를 참조하자.

3 신경 재활용 가설: Dehaene, 2005; Dehaene and Cohen, 2007.

4 내용이 어려울수록 더 직접적인 지도가 필요하다: Geary and Berch, 2016b, p. 240 참조. 기어리와 버치는 이 논문에서 "조직적이고, 명백하고, 교육자가 주도하는 교육은 기본 체계 지원과 거리가 멀고, 지식을 얻는 일 자체를 목표로 삼는 이례적인 교실 환경에서 2차 기술을 습득할 때 가장 효과적이어야 한다"라고 주장한다. 흥미롭게도 2012년 국제 학업 성취도 평가와 교육 방식을 비교한 결과, 기어리와 버치의 가정을 뒷받침하는 패턴이 드러났다. 학업 성취도 점수가 높을수록 직접 지도를 활용했을 가능성이 높다. Mourshed et al., 2017.

5 직접 지도에 대한 좋은 참고문헌: Boxer, 2019; Engelmann and Carnine, 1982; Estes and Mintz, 2015.

6 가변성 효과: Likourezos et al., 2019.

7 데이비드 기어리와 바버라 오클리가 주고받은 이메일에서 인용, 2020년 6월 23일.

8 작업 기억 용량이 작으면 직접 지도가 유용할 수 있다: Stockard et al., 2018.

9 효과적인 지도의 17가지 원칙: Rosenshine, 2010.

10 질문지에 답을 쓰는 학생들이 더 많이 기억한다: Lawson et al., 2007.

11 학생 중심 교육을 더 깊이 살펴보기: Krahenbuhl, 2016.

12 진화론적 관점에서 학업을 이해하려는 시도는 Geary, 2007을 참조하자.

13 바람직한 어려움: Bjork, 2018.

14 의도적인 연습: Ericsson et al., 2018.

15 문명의 출현과 함께 정규 교육이 시작된 방식과 이유: Eskelson, 2020.

16 선택지가 너무 많으면 길을 잃기 쉽다(인지 부하 이론): Mayer, 2004; Sweller, 2016.

17 이 장의 미주 4 참조.

18 학생들이 학습 내용을 볼 수 있게 하기: Hattie, 2012.

19 2차 지식이 만들어지기까지 수백 년이 걸릴 수 있다: Geary, 2007.

20 바버라 오클리와 로먼 하드그레이브가 주고받은 이메일에서 인용, 2020년 8월 4일.

21 전문성의 저주: Hinds, 1999.

22 추가 노력은 학습을 강화하면서 망각을 예방한다: Cepeda et al., 2006. 분산 연습의 효과를 보여준 중요한 메타 분석이다.

6장

1 해마는 의식하든 의식하지 않든 관련 학습을 신속하게 조정한다: Henke, 2010.

2 울먼과 러블릿은 Ullman and Lovelett, 2016에서 관련 체계에 대해 "기저핵은 새로운 기술의 학습과 강화에 결정적인 역할을 하는 반면, 전두엽 운동 영역은 자동화 후 처리 기술에서 더 중요하다"라고 지적한다. 이 책에서는 절차적 학습이라는 용어에 대해 '기저핵과 관련된 경로를 통해 습득한다'라는 의미의 신경과학적 정의를 활용했다. 에번스와 울먼은 Evans and Ullman, 2016에서 "'절차적'이라는 용어는 수학 문헌에서 다르게 사용된다. 수학 문헌에서 '절차'란 대체로 '방법'과 같은 의미다"라고 말한다. 물론 방법은 보통 명백하고, 서술적 체계를 통해 학습된다.

교육의 뇌과학

알츠하이머 환자가 학습을 계속할 수 있도록 지도하는 놀랍고도 새로운 접근법도 있다. 알츠하이머로 인해 손상되지 않은 절차적 체계를 활용해 서술적 체계와 똑같은 방식으로 정보를 계속 처리하는 방법이다. Zola and Golden, 2019.

소뇌는 또한 절차적 학습에서 중요한 역할을 한다. 그리고 디폴트 모드 네트워크(4장의 산만 모드)는 명확한 절차적 과제와 명확한 서술적 과제 사이를 오갈 때 도움이 되는 것으로 보인다. Turner et al., 2017. 서술적 체계와 절차적 체계 사이에 어느 정도 겹치는 부분이 있다. Xie et al., 2019.

3 유행이 지난 습관과 관련된 절차적인 체계에 대한 분석이 다시 인기를 끌고 있다: Wood, 2019, pp.37－38.

4 울먼과 러블릿은 "지식이 어떤 의미에서든 서술적 기억에서 절차적 기억으로 '변형되는' 것은 아니다. 두 체계는 본질적으로 따로따로 지식을 습득하는 것처럼 보인다" 라고 말한다. 덧붙이자면, 설치류의 해마에 있는 '장소 세포'라는 신경세포는 특정 공간의 좁은 장소에서만 활성화된다. 설치류가 공간을 탐색할 때 해마의 신경세포들이 연속적으로 활성화되는데, 흥미롭게도 잠잘 때 역시 피질에서 똑같이 연속적으로 활성화되면서 탐색한 기억을 강화한다(2장의 서술적 연결 고리가 활성화된다). 덕분에 설치류는 자고 일어나도 먹이를 발견했던 곳으로 가는 방법을 기억한다.

인간의 기저핵은 비슷한 방식으로 근육 수축, 음표, 단어, 생각 등을 모아서 하나의 자동 시퀀스로 만들어낸다. 작업 기억은 이렇게 시간과 관련된 시퀀스 덩어리를 공간이나 더 추상적인 개념과 관련된 덩어리와 똑같은 방식으로 다룬다. Martiros et al., 2018. 인출 행위는 서술적이지만 그 과정은 절차적 체계로 추적 관찰되고, 연습을 통해 자동화된다. 적어도 부분적으로 자동성이 생긴다. 추적 관찰 과정에서 절차적 연결 고리들이 생기기 때문이다.

테니스에서 서브하는 법을 배우는 과정은 서술적일까, 절차적일까? 처음에는 분명히 표현할 수 있는 서술적 지식(공을 계속 똑바로 보세요!)으로 시작하지만, 여러 차례 연습해 완전히 자동화되면 절차적 지식이 된다. 프로 테니스 선수나 음악가는 세세한 기술을 의식하지 않는다. "강하게 공격해"나 "약간 비브라토로"처럼 굵직한 특징만 의식한다. 다른 말로 표현하면, 서술적 체계가 절차적 체계로 만들어진 연속적인 덩어리들을 인식은 하되 소소한 부분까지는 챙기고 싶지는 않다는 뜻이다. 기저핵은 습관 체계라고 불리기도 한다. 성인이 될 즈음이면 우리는 거의 모든 행동을 무의식적으로 한다. 그러나 뭔가 비정상적인 일이 발생하면 서술적 체계가 개입한다.

또한 172쪽의 '직감을 말로 표현하기 어려운 이유'를 참조하자. 서술적 체계는 절차적 체계가 배우려고 노력한 결과만 볼 수 있지만, 기본적으로 서술적 체계와 절차적 체계는 동반자다.

5 더 고차원의 서술적 과정: Evans and Ullman, 2016; Takacs et al., 2018; Ullman et al., 2020.

6 절차적 체계와 관련된 장애로서의 난독증: Ullman et al., 2020.

7 인간은 서술적 수행에서 절차적 수행으로의 전환을 강화했다: chreiweis et al., 2014. 특히 부록의 그림 S7을 참조하자.

8 한 체계를 통한 학습은 다른 체계의 학습을 억제할 수 있다: Freedberg et al., 2020; Ullman et al., 2020.

9 작업 기억에 무의식적인 측면이 있다는 사실도 주목하자. 이는 아직 연구 중인 분야다. Nakano and Ishihara, 2020; Shevlin, 2020.

10 "II 자동성 발달은 관련 감각 영역에서 행동을 시작하는 전운동 영역으로, 직접 선조체에서 피질-피질 투영으로 점진적으로 제어권을 이전하는 과정과 관련이 있다." Ashby and Valentin, 2017. 서술적/절차적 학습 체계는 여러 제어 고리가 서로 다른 시간 척도에서 작동하며 층을 이룬 구조다. 세즈노스키는 산악자전거를 탈 때 두뇌가 어떻게 작동하는지 연구하고 있다. 이 연구에서 보여주듯, 대부분의 인간은 두뇌의 DESSs[Diversity-enabled sweet spots] 덕분에 나무나 바위와 충돌하지 않고 안전하게 산길을 달릴 수 있다. 기본적으로 신경돌기 지름이 다양해 신경세포망의 다양한 층위 및 단계에서 피드백을 받을 수 있으며, 덕분에 개별적으로는 느리거나 부정확한 요소로 구성되어 있음에도 빠르고 정확하게 제어할 수 있다. Nakahira et al., 2019.

11 "훈련을 확대해서 (…) 쥐들은 장소 학습의 주된 활용에서 반응 학습의 주된 활용으로 바꾼다." Packard and Goodman, 2013.

12 신피질에서 두 가지 다른 장소: Ullman, 2020.

13 서술적 학습 체계와 절차적 학습 체계, 그 체계들의 위치와 두뇌에서 정보의 흐름: Ashby and Valentin, 2017.

14 제2외국어는 몰입형 프로그램을 통해 더 잘 배울 수 있다.: Ullman, 2020.

15 이 표의 정보는 대체로 Ullman, 2020에서 가져왔고, 이 표 안에서 언급한 다른 참고 문헌도 있다.

16 아동이 성숙하면서 절차적 체계의 변화: Zwart et al., 2019.

17 명상 훈련은 서술적 학습의 효율을 높이고, 절차적 학습은 억제한다: Stillman et al., 2014.

18 명상은 절차적 학습을 억제할 수도 있다: Stillman et al., 2014.

교육의 뇌과학

19 개념에 대한 서술적 학습에서 절차적 학습으로 얼마나 빨리 전환하는지는 FOXP2에 따라 달라지는 것으로 보이며, 서술적 체계는 BDNF나 APOE 같은 여러 유전자의 영향을 받는 것 같다. Ullman, 2020. 또한 도파민 관련 유전자들은 절차적 학습에 영향을 주는 것 같다. Wong et al., 2012.

20 서술적 학습과 발달 장애: Evans and Ullman, 2016; Ullman et al., 2020.

21 자폐 스펙트럼 장애와 투렛 증후군이 있는 학생이 절차적 학습으로 개선되었다는 조짐: Takacs et al., 2018; Virag et al., 2017.

22 절차적 처리와 산수를 하는 두뇌가 겹치는 부분: Evans and Ullman, 2016.

23 수학의 절차화: Evans and Ullman, 2016.

24 개념 습득: Estes and Mintz, 2015, 4장 개념 습득 모델: 귀납적으로 개념 정의하기, pp. 59 – 77; Gonzalez, 2016; Joyce et al., 2015, 6장 개념 습득: 중요한 개념을 명확하게 가르치기, pp. 125 – 48 참조.

25 스페인어 동사 활용 공부를 할 때 끼워 넣기 연습의 유용성: Pan et al., 2019.

26 끼워 넣기 연습 영역, 부피와 둘레 계산: Carvalho and Goldstone, 2019.

27 끼워 넣기 연습은 정보를 차단하기보다 기억하도록 돕는다: Soderstrom and Bjork, 2015.

28 끼워 넣기 연습은 글자 쓰기 학습에 도움이 된다: Ste-Marie et al., 2004.

29 어느 정도 비슷한 내용을 끼워 넣기 연습할 때의 유용성: Brunmair and Richter, 2019.

30 이 분야 기초 연구자들이 비교적 최근에 바람직한 어려움의 개념에 대해 소개한 내용은 다음을 참조하라. Bjork and Bjork, 2019a; Bjork and Kroll, 2015. "바람직한 어려움은 절차적 학습과 서술적 학습 모두와 관련해서 주목해야 한다.": Soderstrom and Bjork, 2015.

31 이 방법을 활용할 때 더 잘 학습하더라도 학생들은 더 어려운 학습법을 싫어할 수 있다: Bjork and Bjork, 2019b.

32 특수성의 저주: Eichenbaum et al., 2019.

33 많은 예시를 반복해서 연습하면 더 좋은 방법을 만드는 데 도움이 된다: Fulvio et al., 2014.

34 전환하기의 어려움: De Bruyckere et al., 2020.

35 "바람직한 어려움은 절차적 학습과 서술적 학습 모두와 관련해서 주목해야 한다.": Soderstrom and Bjork, 2015.

36 동작을 하면서 외국어 어휘 학습을 하면 도움이 된다: Macedonia et al., 2019; Straube et al., 2009. 동작의 일반적인 역할에 대해서는 Kita et al., 2017을 참조하자.

37 앞으로의 연구에서는 다양한 시간차를 두고 여러 과목의 끼워 넣기 연습, 압축된 교과 학습에서 생길 수 있는 문제를 검토해야 한다: Yan and Sana, 2020.

38 인용: Anderer, 2020. 필기체 쓰기의 유용성을 뒷받침하는 연구: Ose Askvik et al., 2020.

39 데이지 크리스토둘루와 바버라 오클리가 주고받은 이메일, 2020년 9월 14일.

40 기억에 도움이 되는 상향 조절: Wang and Morris, 2010. 이 논문은 스키마 연구뿐만 아니라 기억의 심리학적 해부학적 구조에 대한 신경심리학적 개념을 신경생물학적 영역으로 옮겨놓는 기초가 되었다.

41 스키마의 신경생물학: Gilboa and Marlatte, 2017.

42 신피질은 스키마가 있을 때 더 신속하게 학습할 수 있다: Tse et al., 2007.

43 전환하기의 어려움: De Bruyckere et al. 2020.

44 이는 가변성 효과를 이야기하는 Likourezos et al., 2019로 다시 한번 거슬러 올라간다.

45 인출 연습이 전환에 도움이 된다: Butler, 2010.

46 블룸의 분류 체계: Krathwohl, 2002. 지식의 깊이: Hess, 2013.

47 두뇌 기반의 의미론적 요소 표현을 향하여: Binder et al., 2016. 또한 Zull, 2002, p. 18의 수치와 논의를 참조하자.

48 같은 개념과 관련된다면 절차적 연결 고리와 서술적 연결 고리가 연결될 수 있다는 생각은 '의미 처리'라 불리는 이론과 관련이 있다: Xie et al., 2019.

49 시간을 두고 반복하기 연습을 하는 동안 잠을 자거나 딴생각을 하면 도움이 된다: van Kesteren and Meeter, 2020.

50 효과는 비선형적이다. 단지 경험칙일 뿐이다: Cepeda et al., 2008.

51 진 아나스타시오, 데이비드 페리와 존 잘로니스가 이야기한 'APL 교육 기술 레벨 1 훈련'의 권고, 2018년 8월 6~10일, APL Associates.

52 숙제는 사회적 혜택을 받지 못하는 것 같은 아동에게 특별히 도움이 된다: Bempechat,

2019.

53 "개념을 '깊이' 이해하기와 개념을 명확하게 설명하기는 똑같지 않다.": Geary, 2007, p. 69. Dunbar et al., 2007.

54 학생들이 머릿속에서 내용을 재구성하도록 돕는 그래픽 오거나이저의 유용성: Ponce et al., 2019; Wang et al., 2020.

55 그래픽 오거나이저를 활용해 깊이 학습하기: Fisher and Frey, 2018.

7장

1 "시험에서 나쁜 점수를 받거나 난처한 경험이나 대인 갈등(예를 들어 왕따)처럼 교실에서 겪은 부정적인 일들이 스트레스 때문에 기억에 더 강렬하게 남을 수 있다. 이런 강렬하고 부정적인 기억은 학교와 개인의 능력에 대한 부정적인 태도, 오랫동안 지속되는 좌절감을 유발할 수 있다. (…) 스트레스는 새로운 정보가 기존 지식 구조에 통합되는 과정을 방해할 수도 있어서 새로운 사실을 받아들이는 일이나 교육에서 종종 요구되는 여러 학문에 걸친 심층적인 이해를 방해할 수도 있다." Vogel and Schwabe, 2016.

2 스트레스는 학생들에게 나쁠 수도 있고, 좋을 수도 있다: Rudland et al., 2020.

3 Wong and Wong, 2018의 점검 목록을 바탕으로 자체적인 설명과 응용을 추가했다.

4 사회적 소외에 대한 신경 반응은 사춘기 이전부터 나타나며, 사춘기 때 가장 두드러진다. 뇌파 검사 자료에 따르면, 거부에 대한 내측전두 세타파가 청소년들에게서 가장 강하게 나타나는 반면(400~600ms), 아동과 성인은 0에 가까웠다. Tang et al., 2019.

5 펜실베이니아 블룸스버그 대학 맥다월 연구소 사무총장 팀 크노스터와 베스 로고스키가 주고받은 이메일, 2020년 10월 14일.

6 교실에서의 절차와 교육법에 대한 광범위한 사례는 Wong et al., 2014를 참조하자.

7 교사가 학생에게 기대하는 바가 자기충족적 예언이 되어 그대로 이루어질 수 있다는 사실이 밝혀졌다. Rosenthal and Jacobson, 1968. 교사의 기대 효과에 대한 50년에 걸친 연구 검토: Weinstein, 2018.

8 인용: Lemov, 2015, p. 383.

9 보상의 정의: Schultz et al., 1997.

10 도파민이 학습과 동기 유발에 끼치는 영향: Berke, 2018; Miendlarzewska et al., 2016.

11 도파민은 서술적 체계와 절차적 체계가 협력할 수 있게 한다: Freedberg et al., 2020.

12 복측 피개 영역이라는 중뇌의 부분에서 도파민이 부족하면 파킨슨병과 무쾌감증에 이른다. 무쾌감증은 쾌락을 경험할 수 있는 능력이 부족하다고 정의된다. 무쾌감증은 우울증의 핵심 증상으로 인식되며, 파킨슨병 환자의 30~40퍼센트는 심각한 우울증에 시달린다. 외부 자극에 아무런 반응도 보이지 않고 전혀 움직이지 않는 감금 증후군은 대부분의 도파민 신경세포가 사라진 후에 이르는 종점이다. 도파민 보상 체계는 관심, 호기심과 욕구를 조절한다. 1990년대 세즈노스키는 도파민을 만들어내는 신경세포를 위한 시간차 학습이라는 강화 학습 모델 개발에 관여했다. 고전적 조건 부여를 바탕으로 삼은 이 연구로 인해 수많은 뇌 영상 연구가 이어졌고, 새로운 신경경제학 분야의 바탕이 되었다. Montague et al., 1996. 도파민 보상 체계는 곤충을 포함해 모든 종에서 발견된다. Montague et al., 1995. 시간차 학습은 불확실한 환경에서 복잡한 전략들을 학습하는 알파고 같은 수많은 인공 지능 체계를 강화한다. 이 이야기는 세즈노스키의 저서 『딥러닝 레볼루션』(한국경제신문, 2019) 10장에 나온다.

13 도파민은 극적으로 작업 기억력을 높인다: Schultz et al., 1997.

14 부정적인 경험은 신경세포들이 서로 끊어지도록 신호를 보낸다: Ergo et al., 2020.

15 보상이 예상될 때 도파민이 분비되는(이를 '강장제 도파민 분비'라고 부른다) 정도는 뜻밖의 보상에 대한 반응으로 분비되는(국면에 따라 다른 도파민 분비) 정도와 다른 것 같다. 첫째, 강장제 도파민의 정도는 반응에 대한 동기와 활력 수준을 조절한다. 강박장애나 반복적인 행동을 통제할 수 없는 투렛 증후군이 있으면 도파민이 과다 분비된다. 둘째, 도파민 분비의 정도는 또한 예상되는 보상의 정도(보상받을 시간이나 공간이 가까워지는지 여부 등)를 반영하는 것으로 생각된다. 마지막으로, 예상되는 보상으로 인한 도파민은 분 단위로 꽤 오랫동안 분비되지만, 뜻밖의 보상으로 인한 도파민은 잠시만 분비된다. 또한 뜻밖의 보상으로 인한 도파민 분비는 스트레스와 작업 기억의 관여로 증가할 수 있다.

16 동기 유발과 스키마: Wang and Morris, 2010.

17 동기 유발에서 예상되는 보상과 뜻밖의 보상의 역할: Cromwell et al., 2020; Mohebi et al., 2019.

18 청소년의 시점 할인: Hamilton et al., 2020.

19 가면 증후군의 공통점: Felder, 1988.

20 자신의 무지를 모르는 상황에 대하여: Dunning, 2011. 나르시시즘은 완전히는 아니지만 대체로 자존감과 겹친다. Hyatt et al., 2018.

교육의 뇌과학

21 학생의 반항에 대한 설명은 Tolman et al., 2016의 1장을 참조하자. 이 연구는 고등 교육 이후에 초점을 맞추지만, 연구 결과를 초·중·고등학교 교육에 적용할 수도 있다. 학생들은 대부분 수동적인 교실 분위기 때문에 반항한다.

8장

1 「학생 집단을 효율적인 팀으로 바꾸기」(Oakley et al., 2004)에서는 "과제를 해내기 위해 모인 학생 집단은 유기적으로 움직이는 팀과 다르다. 각자 독립적으로 작업하거나, 아무 논의 없이 과제만 할 수도 있고, 과제나 개인적인 문제로 인한 어려움 때문에 시간을 낭비할 수도 있다. 반면 효율적인 팀의 구성원들은 언제나 협력한다. 옆에 있든 떨어져 있든, 누가 무엇을 하는지 끊임없이 의식한다. 그들은 각기 다른 역할과 책임을 맡고, 최대한 서로 도와주면서 의견 충돌을 평화적으로 해결하고, 개인적인 문제(협력 과정에서 흔히 생기는 문제) 때문에 팀의 기능이 방해받지 않도록 한다. 집단 작업을 하면 전체적으로 각 사람의 성과를 합한 정도와 같거나 그보다 낮을 때가 많다. 그러나 팀 작업을 하면 언제나 더 훌륭한 성과를 낸다. 고용주들을 상대로 한 설문 조사 결과, 신입 사원에게서 가장 기대하는 특성은 팀워크 기술(소통 기술과 함께)이었다. 이 장에서는 우선 '집단'이라고 지칭하고 '팀'이라는 단어는 교사가 한동안 면밀히 지켜보는 과정에서 학생들이 협력해 적절한 팀 관계를 발전시킬 기회를 가질 수 있을 때까지 쓰지 않으려고 한다"라고 밝힌다.

2 Saksvik, 2017의 그림 8.1과 Lupien et al., 2007의 그림 3과 4를 따라 대략 그림.

3 좋은 스트레스와 나쁜 스트레스에 대한 비교는 Lupien et al., 2007의 주요 검토 논문을 참조하라. 또한 적당히 해로운 영향이 어떻게 건강에 도움이 되는지 연구하는 '호르메시스'라는 분야가 있다.

4 스트레스는 학생들에게 유익할 수 있다: Rudland et al., 2020; Saksvik, 2017.

5 교실 기반의 사회 정서적 학습에 대한 검토는 CASEL, 2013을 참조하라. 학교 전체의 사회 정서적 학습에 대한 검토는 Dusenbury and Weissberg, 2017을 참조하라.

6 Scager et al., 2016은 "협동 학습, 협력 학습, 팀 중심 학습이 똑같은 개념이라고 생각하는 경우가 많지만, 때때로 완전히 다르게 규정된다. (…) 우리는 이 개념을 비슷하게 보고 '공동 작업'이라는 용어를 사용한다"라고 지적한다. 이 책에서 우리는 전문용어에 대한 스캐거 등의 방법을 따르려고 한다. 그러나 협동 학습은 보통 협력 학습보다 조직적이라고 정의한다. 협동 학습을 할 때는 설명하는 사람과 요약하는 사람처럼 역할을 나눌 수도 있다. 조금 더 복잡하고 자유롭게 답할 수 있는 고차원적 과

제를 할 때는 소규모 학생들이 협력하는 학습이 도움이 된다. Rockwood III, 1995a; Rockwood III, 1995b.

7 Estes and Mintz, 2015 중 10장 '협력 학습 모델: 작은 협력 집단을 활용해 학생들의 학습 효율 높이기'를 참조하라.

8 5학년 학생 365명을 대상으로 한 연구에 따르면, 또래 집단에서 수용되기와 우정이 학업 성취도와 밀접한 관련이 있었다: Kingery et al., 2011.

9 인용: Mintz, 2020.

10 사회적 기술 가르치기: Sorrenti et al., 2020.

11 협동 학습을 정의하는 중요한 논문: Johnson and Johnson, 1999.

12 불규칙적인 시간 증분: Lemov, 2015, p. 221.

13 위기 극복을 위한 강습과 관련된 부분을 중심으로: Oakley et al., 2004.

14 팀의 창의성을 높이려면 과제를 둘러싼 갈등이 있으면서도 동시에 팀원들이 안전하다고 느껴야 한다: Fairchild and Hunter, 2014.

15 "현대 과학은 지나치게 경쟁적인 환경일 때가 많다"는 Cowan et al., 2020은 일부 과학자 연구 집단이 적대적인 관계를 어떻게 잘 활용하는지 설명한다.

16 상호의존성은 과도한 공감을 바탕으로 생길 수 있다: McGrath and Oakley, 2012. 공감의 장점과 문제점에 대한 더 포괄적인 논의는 Oakley, 2013을 참조하라.

17 인용: Carey, 2019.

18 팀에 한 명씩 추가될 때마다 창조적인 돌파구를 만들어낼 확률은 줄어든다: Wu et al., 2019.

9장

1 온라인 학습이 대면 학습만큼 좋거나 더 나을 수도 있다: Chirikov et al., 2020; Colvin et al., 2014; McKenzie, 2018.

2 온라인 학습이 대면 학습보다 좋지 않다는 사실을 '증명하기' 위해 활용되는 빈약한 온라인 교육은 Arias et al., 2018을 참조하라

3 거꾸로 수업의 유용성: Bergmann and Sams, 2012.

4 가장 잘 알려진 온라인 수업 자료다. 더 깊이 살펴보고 싶다면 뒤에 나오는 기관의 수업 설계 지침과 점검 목록을 참조하라. 질이 중요하다: https://www.qualitymatters.

org/qa-resources/rubric-standards; OLC OSCQR 수업 설계 검토 채점표: https://onlinelearningconsortium.org/consult/oscqr-course-design-review; 분산 학습을 위한 센트럴 플로리다 대학(이 분야의 선두) 센터: https://cdl.ucf.edu/files/2013/09/IDL6543_CourseRubric.pdf.

5 실시간 방법을 피하기 위한 지침: Reich et al., 2020.

6 최근 연구에 따르면, 시각 요소와 청각 요소가 그렇게 분리되어 있지 않을 수도 있고, 작업 기억 안에서 서로 지원할 수도 있다고 짐작할 수 있다. Uittenhove et al., 2019.

7 멀티미디어 교육: Mayer, 2014a; Mayer et al., 2020.

8 관련 없는 자료 제거하기: Ibrahim et al., 2012. 또한 리처드 메이어의 논문을 참조하라.

9 화면에 띄운 긴 글을 읽지 말자: Hooijdonk and de Koning, 2016.

10 인지 지도: Behrens et al., 2018.

11 R. 린 허멀 블룸스버그 대학 교육공학 조교수의 방법.

12 누군가를 목소리 때문에 싫어하는 현상을 밝히는 과학: Wong, J. 2017.

13 줌 피로감: Jiang, 2020. 논문의 참고 문헌을 참조하라.

14 손으로 쓰기: Mayer et al., 2020.

15 한 학생이 맡아서 기록하게 하자: Mayer et al., 2020.

16 교사가 질문한 후 특정 학생을 지적해서 대답하게 하는 방법의 목적, 중요한 점 그리고 변형: Lemov, 2015, pp. 249 – 62.

17 교사가 질문한 후 특정 학생을 지적해서 대답하게 하는 방법의 영향력: Dallimore et al., 2012.

18 학생들은 동영상에 집중하는 경향이 있다. Oakley and Sejnowski, 2019과 de Koning et al. 논문의 참고문헌을 참조하자. de Koning et al., 2018은 개요에서 "교육 동영상이 현재 가장 인기 있는 교육법 중 하나로 여겨진다"라고 말한다.

19 짧은 교육 동영상의 효과적인 길이: Hattie, 2009, pp. 112 – 13. 교육에서 동영상의 일반적인 효과: Exposito et al., 2020; Stockwell et al., 2015.

20 수업에서 교육자 존재감의 중요성: Flaherty, 2020.

21 뛰어난 온라인 교육: Johnson, 2013.

22 학습자가 작은 정보를 활용하게 하기(분할하기): Brame, 2016.

23 6분 법칙의 신화: Lagerstrom et al., 2015.

24 나이에 따라 적절한 동영상 길이에 대해서는 구체적인 지침을 제시하기 어려울 정도로 변수가 많다. 나이가 많은 학생(대학생)들에게도 6분짜리 동영상이 좋지만, 12~20분에 이르는 긴 동영상 역시 괜찮다는 증거가 있다. Lagerstrom et al., 2015. 우리가 인터뷰한 인기 유튜브 동영상 제작자들은 유튜브가 20~25분 정도의 동영상을 찾는다고 알려주었다. 시청자들이 그 정도 길이의 동영상을 좋아하는 것 같다는 이유에서다.

25 유머의 가치: Nienaber et al., 2019.

26 유머는 도파민 분비를 늘린다: Mobbs et al., 2003.

27 교육 관련 저작권에 대한 좋은 논의: 2016년. 미국 저작권법에 따라 허용되는 내용에 대한 개요: Copyright Clearance Center, 2011.

28 상향식과 하향식 주의 집중 과정: Thiele and Bellgrove, 2018.

29 다양한 학습자들을 위한 자막의 중요성: Sauld, 2020; Teng, 2019.

30 객관식 시험에 대한 연구 문헌을 검토하려면 Xu et al., 2016을 참조하라. 좋은 객관식 시험 문제를 만드는 지침은 Weimer, 2018을 참조하라.

31 동영상과 관련된 퀴즈 문제의 유용성: Szpunar et al., 2013; Vural, 2013.

32 이끌어주는 질문의 유용한 특징: Lawson et al., 2006.

33 관련 숙제에 포함된 동영상: Brame, 2016.

34 20분 안에 끝낼 수 있는 숙제를 주자: Lo and Hew, 2017.

35 종합 토론과 관련된 동작 동사와 다른 통찰력: Gernsbacher, 2016.

36 블룸스버그 대학 메리 니컬슨 교육공학 교수의 방법.

37 재학습보다 요약하기로 시험 성적이 더 좋아지지 않았다. 동영상에 대한 교육은 효과가 있었다. Hoogerheide et al., 2019.

38 동영상 제작에 너무 관심을 많이 기울일 위험에 주의하자. Christodoulou, 2020, p. 102.

10장

1 메타 분석에 따르면, 교사가 되기까지 이타적인(다른 사람들에게 봉사하고, 변화를 일으키고, 사회에 공헌하는) 동기와 본질적인(학습 그리고 주제에 대한 열정) 동기가 중요한

영향을 준다: Fray and Gore, 2018.

2 효율적인 교육을 위한 수업 계획의 각 부분(준비, 시작, 흐름, 피드백, 수업 마무리)에 대한 심층적인 분석은 다음을 참조하라: Hattie, 2012, pp. 41 – 155.

3 수업 계획 견본: Curran, 2016, pp. 101 – 2.

4 목표 중심 학습에는 (1) 수업에서 무엇을 배워야 할지 명확하게 하고 (2) 원하는 수준으로 학습했는지 알 수 있는 방법이 있다. Hattie, 2012, p. 52.

5 미국 수학, 영어 학업 표준에서 표준의 정의: National Governors Association Center for Best Practices, 2010b.

6 중고등학교 문학 수업에서 읽기 표준: National Governors Association Center fo Best Practices, 2010a, p. 36.

7 교육 목적을 위한 KUD 형식에 대한 자세한 설명은 Estes and Mintz, 2015를 참조하라.

8 웹의 지식의 깊이와 블룸의 수정된 학습 분류 체계에서 제시하는 동사에 관해서는 Hess, 2013을 참조하라.

9 학습의 분류 체계는 종종 더 낮은 수준과 더 높은 수준으로 분류되지만, 첫 번째 수준(블룸의 학습 분류 체계에서는 지식 그리고 웹의 지식의 깊이에서는 기억해내기와 재생)이 더 낮게 여겨지고, 다른 모든 수준은 더 높게 여겨진다. McMillan, 2018, p. 52.

10 메타 분석에 따르면, 형성 평가로 학생의 학습이 크게 향상된다. 또 다른 연구는 활용한 형성 평가와 제공된 피드백의 형태가 너무 다양하기 때문에 효과에 대해 주의해야 한다고 덧붙인다. Kingston and Nash, 2011.

11 효과적인 피드백의 본보기: Hattie and Timperley, 2007.

12 학생의 이해도를 평가하기 위해 수업이 끝날 때 '출구 티켓'을 나누어주고, 교실에서 나가기 전에 제출하게 한다. 출구 티켓으로 각 학생이 학습 목표에 얼마나 가까이 다가갔는지 혹은 특정 개념을 얼마나 이해했는지를 측정한다.

13 형성 평가와 총괄 평가의 경계가 모호할 때도 있다. 평가 결과를 어떻게 활용하느냐가 둘 사이의 주된 차이점이다. 다음에 가르칠 내용을 알려주면 출구 티켓이나 일일 퀴즈 같은 간단한 총괄 평가를 형성 평가와 같은 방식으로 활용할 수 있다. 총괄 평가는 전통적으로 기말 성적을 추측하기 위해 활용해왔다. 대규모 총괄 평가에는 벤치마크 평가와 표준 시험이 포함된다. McMillan, 2018과 Dixson and Worrell, 2016.

14 효과적인 '지금 하자'를 위한 표준: Lemov, 2015, pp. 161-62.

15 인지적 수습 기간: Cardullo, 2020.

16 수업이 교사의 말로만 채워질 때. 6학년, 중학교 2학년, 고등학교 1학년, 3학년 학생 835명을 대상으로 하루에 여러 차례 신호를 보내는 손목시계를 착용하게 했다. 학생들은 신호를 받을 때마다 그때 하고 있는 일과 생각을 기록했다. 학생들이 수업에 귀를 기울이는 것처럼 보일 수 있지만, "많은 학생들이 실제로는 그들 자신, 다른 학교 활동과 외부 문제에 대해 딴생각을 하고 있다." Yair, 2000, p. 262.

17 질문과 교사의 말에 대한 연구에 대한 검토: Hattie, 2012, pp. 83 – 84.

18 멀티미디어 수업은 단어와 그림이 모두 포함된 모든 수업에 일반화할 수 있다. 단어는 소리로 들리거나 자막으로 나타날 수 있고, 그림은 정적인 형태(삽화, 도표, 그래프나 사진 같은) 혹은 동적인 형태(애니메이션이나 동영상 같은)가 될 수 있다. Mayer, 2019.

19 멀티미디어를 시청할 때 인지적 부하를 줄이기 위한 방법: Mayer, 2014b.

20 세분화해서 멀티미디어 교육을 하면 정보를 저장하고 전달하는 능력을 높이는 데 도움이 되고, 전체적인 인지 부하를 줄이고, 학습 시간을 늘릴 수 있다: Rey et al., 2019.

21 초등학생에게 필기 방법을 가르치면 이해력이 크게 늘어났다: Chang and Ku, 2015. 특정 유형 필기(빈칸을 채우거나 표를 만드는 등)의 효과와 능력이 많은 학생과 적은 학생이 필기할 때의 효과에 대해서는 Dung and McDaniel, 2015를 참조하자. Titsworth and Kiewra, 2004에 따르면, 필기하지 않는 경우보다 필기할 때 시험 성적이 13퍼센트 높았다.

22 13가지 연구를 검토한 결과, 필기 지도는 모든 학습자, 특히 장애가 있는 학생들에게 효과적이다. 시험 성적, 필기의 정확성, 체계성이 좋아지고, 학생들이 수업에 적극적으로 참여하게 된다. Haydon et al., 2011.

23 연구에 따르면, 웹퀘스트가 6학년 수학 시간에 비례를 가르치는 데 효과적이다. Yang, 2014.

24 Wexler, 2020, p. 228의 사례.

25 알링턴 공립 중학교 영어 교사 조이 캐리가 베스 로고스키와 이메일을 주고받으며 알려준 방법, 2020년 7월 10일.

26 행농 연구는 트위터(현 엑스) 메시지를 활용한 '출구 티켓'이 얼마나 효과적인지 보여준다: Amaro-Jimenez et al., 2016.

교육의 뇌과학

Agarwal, P.K., and P.M. Bain. *Powerful Teaching: Unleash the Science of Learning.* Jossey-Bass, 2019.

Agarwal, P.K., et al. "Benefits from retrieval practice are greater for students with lower working memory capacity." *Memory* 25, no. 6 (2017): 764–71.

Alloway, T.P., and R.G. Alloway. "Investigating the predictive roles of working memory and IQ in academic attainment." *Journal of Experimental Child Psychology* 106, no. 1 (2010): 20–29.

Amaro-Jimenez, C., et al. "Teaching with a technological twist: Exit tickets via Twitter in literacy classrooms." *Journal of Adolescent & Adult Literacy* 60, no. 3 (2016): 305–13.

Anderer, J. "The pen is mightier than the keyboard: Writing by hand helps us learn, remember more." *Study Finds* (October 5, 2020); https://www.studyfinds.org/writing-by-hand-better-for-brain/.

Antony, J.W., et al. "Retrieval as a fast route to memory consolidation." *Trends in Cognitive Science* 21, no. 8 (2017): 573–76.

Antony, J.W., and K.A. Paller. "Hippocampal contributions to declarative memory consolidation during sleep." In *The Hippocampus from Cells to Systems*, ed. D.E. Hannula and M.C. Duff, 245–80. Springer, 2017.

Arias, J.J., et al. "Online vs. face-to-face: A comparison of student outcomes with random assignment." *e-Journal of Business Education & Scholarship of Teaching* 12, no. 2 (2018): 1–23.

Ashby, F.G., and V.V. Valentin. "Multiple systems of perceptual category learning: Theory and cognitive tests." In *Handbook of Categorization in Cognitive Science*, 2nd ed., ed. H. Cohen and C. Lefebvre, 157–88. Elsevier Science, 2017.

Bacchus, R., et al. "When rubrics aren't enough: Exploring exemplars and student rubric co-construction." *Journal of Curriculum and Pedagogy* 17, no. 1 (2019): 48–61.

Baddeley, A. "Working memory: Looking back and looking forward." *Nature Reviews Neuroscience* 4, no. 10 (2003): 829–39.

Baddeley, A., et al. *Memory*, 2nd ed. Psychology Press, 2015.

Bahnik, Šte'pan and Marek A. Vranka. "Growth mindset is not associated with scholastic aptitude in a large sample of university applicants." *Personality and Individual Differences* 117, (2017): 139–43.

Behrens, T.E.J., et al. "What is a cognitive map? Organizing knowledge for flexible behavior." *Neuron* 100, no. 2 (2018): 490–509.

Bempechat, J. "The case for (quality) homework: Why it improves learning, and how parents can help." *Education Next* 19, no. 1 (2019): 36–44.

Beninghof, A.M. *Co-Teaching That Works: Structures and Strategies for Maximizing Student Learning*, 2nd ed. Jossey-Bass, 2020.

Bergmann, J., and A. Sams. *Flip Your Classroom: Reaching Every Student in Every Class Every Day*. International Society for Technology in Education, 2012.

Berke, J.D. "What does dopamine mean?" *Nature Neuroscience* 21, no. 6 (2018): 787–93.

Binder, J.R., et al. "Toward a brain-based componential semantic representation." *Cognitive Neuropsychology* 33, no. 3–4 (2016): 130–74.

Bjork, R.A. "Being suspicious of the sense of ease and undeterred by the sense of difficulty: Looking back at Schmidt and Bjork (1992)." *Perspectives on Psychological Science* 13, no. 2 (2018): 146–48.

Bjork, R.A., and E.L. Bjork. "Forgetting as the friend of learning: Implications for teaching and self-regulated learning." *Advances in Physiology Education* 43, no. 2 (2019a): 164–67.

Bjork, R.A., and E.L. Bjork. "The myth that blocking one's study or practice by topic or skill enhances learning." In *Education Myths: An Evidence-Informed Guide for Teachers*, ed. C. Barton, 57–70. John Catt Educational, 2019b.

Bjork, R.A., and J.F. Kroll. "Desirable difficulties in vocabulary learning." *American Journal of Psychology* 128, no. 2 (2015): 241–52.

Bondie, R. "Practical tips for teaching online small-group discussions." *ASCD Express* 15, no. 16 (2020).

Borgstrom, K., et al. "Substantial gains in word learning ability between 20 and 24 months: A longitudinal ERP study." *Brain and Language* 149 (2015): 33–45.

Boxer, A., ed. *The researchED Guide to Explicit & Direct Instruction: An Evidence-Informed Guide for Teachers.* John Catt Educational, 2019.

Brame, C.J. "Effective educational videos: Principles and guidelines for maximizing student learning from video content." *CBE: Life Sciences Education* 15, 4 (2016): 1–6.

Brookhart, S.M. "Appropriate criteria: Key to effective rubrics." *Frontiers in Education* 3, article 22 (2018).

Brown, P. C., et al. Make It Stick: *The Science of Successful Learning.* Harvard University Press, 2014.

Brunmair, M., and T. Richter. "Similarity matters: A meta-analysis of interleaved learning and its moderators." *Psychological Bulletin* 145, no. 11 (2019): 1029–52.

Burgoyne, A. P., et al. "How firm are the foundations of mind-set theory? The claims appear stronger than the evidence." *Psychol Sci* 31, no. 3 (2020): 258–67.

Butler, A.C. "Repeated testing produces superior transfer of learning relative to repeated studying." *Journal of Experimental Psychology: Learning, Memory, and Cognition* 36, no. 5 (2010): 1118–33.

Cardullo, V. "Using a cognitive apprenticeship approach to prepare middle grades students for the cognitive demands of the 21st century." In *International Handbook of Middle Level Education Theory, Research and Policy*, ed. D.C. Virtue. Routledge, 2020.

Carey, B. "Can big science be too big?" *New York Times*, February 13, 2019. https://www.nytimes.com/2019/02/13/science/science-research-psychology.html.

Carretti, B., et al. "Role of working memory in explaining the performance of individuals with specific reading comprehension difficulties: A meta-analysis." *Learning and Individual Differences* 19, no. 2 (2009): 246–51.

Carvalho, P.F., and R.L. Goldstone. "When does interleaving practice improve learning?" In *The Cambridge Handbook of Cognition and Education*, ed. J. Dunlosky and K.A. Rawson, 411–36. Cambridge University Press, 2019.

CASEL. "CASEL Guide: Effective Social and Emotional Learning Programs— reschool and Elementary School Edition." (2013). https://casel.org/wp-content/uploads/2016/01/2013-casel-guide-1.pdf.

Cepeda, N.J., et al. "Distributed practice in verbal recall tasks: A review and quantitative synthesis." *Psychological Bulletin* 132, no. 3 (2006): 354–80.

Cepeda, N.J., et al. "Spacing effects in learning: A temporal ridgeline of optimal retention." *Psychological Science* 19, no. 11 (2008): 1095–102.

Chang, W.-C., and Y.-M. Ku. "The effects of note-taking skills instruction on elementary students' reading." *Journal of Educational Research* 108, no. 4 (2015): 278–91.

Chang, Y.K., et al. "The effects of acute exercise on cognitive performance: A meta-analysis." *Brain Research* 1453 (2012): 87–101.

Chen, O., et al. "The worked example effect, the generation effect, and element interactivity." *Journal of Educational Psychology* 107, no. 3 (2015): 689–704.

Chen, O., et al. "The expertise reversal effect is a variant of the more general element interactivity effect." *Educational Psychology Review* 29, no. 2 (2017): 393–405.

Chirikov, I., et al. "Online education platforms scale college STEM instruction with equivalent learning outcomes at lower cost." *Science Advances* 6, no. 15 (2020): eaay5324.

Christodoulou, D. *Teachers vs Tech? The Case for an Ed Tech Revolution.* Oxford University Press, 2020.

Christopher, E.A., and J.T. Shelton. "Individual differences in working memory predict the effect of music on student performance." *Journal of Applied Research in Memory and Cognition* 6, no. 2 (2017): 167–73.

Clark, C.A.C., et al. "Preschool executive functioning abilities predict early mathematics achievement." *Developmental Psychology* 46, no. 5 (2010): 1176–91.

Colvin, E., et al. "Exploring the way students use rubrics in the context of criterion referencedassessment." In *Research and Development in Higher Education: The Shape of Higher Education*, ed. M.H. Davis and A. Goody, 42–52: HERDSA (Higher Education Research & Development Society of Australasia, Inc), 2016.

Colvin, K.F., et al. "Learning in an introductory physics MOOC: All cohorts learn equally, including an on-campus class." *International Review of Research in Open and Distributed Learning* 15, no. 4 (2014): 263–83.

Copyright Clearance Center. "The TEACH Act: New roles, rules and responsibilities for academic institutions." (2011). https://www.copyright.com/wp-content/uploads/2015/04/CR-Teach-Act.pdf.

교육의 뇌과학

Cowan, N. "The many faces of working memory and short-term storage." *Psychonomic Bulletin and Review* 24, no. 4 (2017): 1158–70.

Cowan, N. "Short-term memory in response to activated long-term memory: A review in response to Norris (2017)." *Psychological Bulletin* 145, no. 8 (2019): 822–47.

Cowan, N., et al. "How do scientific views change? Notes from an extended adversarial collaboration." *Perspectives on Psychological Science* 15, no. 4 (2020): 1011–25.

Craig, M., et al. "Rest on it: Awake quiescence facilitates insight." *Cortex* 109 (2018): 205–14.

Cranmore, J., and J. Tunks. "Brain research on the study of music and mathematics: A meta-synthesis." *Journal of Mathematics Education* 8, no. 2 (2015): 139–57.

Cromwell, H.C., et al. "Mapping the interconnected neural systems underlying motivation and emotion: A key step toward understanding the human affectome." *Neuroscience & Biobehavioral Reviews* 113 (2020): 204–26.

Curran, B. *Better Lesson Plans*. Routledge, 2016.

Dallimore, E.J., et al. "Impact of cold-calling on student voluntary participation." *Journal of Management Education* 37, no. 3 (2012): 305–41.

Dayan, P., and A.J. Yu. "Phasic norepinephrine: a neural interrupt signal for unexpected events." *Network: Computation in Neural Systems* 17, no. 4 (2006): 335–50.

De Bruyckere, P., et al. "If you learn A, will you be better able to learn B? Understanding transfer of learning." *American Educator* 44, no. 1 (2020): 30–40.

DeCaro, M.S. "Chapter 4: When does higher working memory capacity help or hinder insight problem solving?" In *Insight: On the Origins of New Ideas*, ed. F. Vallee-Tourangeau, 79–104: Routledge, 2018.

DeCaro, M.S., et al. "When higher working memory capacity hinders insight." *Journal of Experimental Psychology: Learning, Memory, and Cognition* 42, no. 1 (2015): 39–49.

Dehaene, S. "Evolution of human cortical circuits for reading and arithmetic: The 'neuronal recycling' hypothesis." In *From Monkey Brain to Human Brain*, ed. S. Dehaene et al., 133–57. MIT Press, 2005.

Dehaene, S. *How We Learn: Why Brains Learn Better Than Any Machine . . . for Now*. Viking, 2020.

Dehaene, S., and L. Cohen. "Cultural recycling of cortical maps." *Neuron* 56, no. 2 (2007): 384–98.

Dehn, M.J. *Working Memory and Academic Learning: Assessment and Intervention.* Wiley, 2008.

de Koning, B.B., et al. "Developments and trends in learning with instructional video." *Computers in Human Behavior* 89 (2018): 395–98.

De Vivo, L., et al. "Ultrastructural evidence for synaptic scaling across the wake/sleep cycle." *Science* 355, no. 6324 (2017): 507–10.

Dixson, D.D., and F.C. Worrell. "Formative and summative assessment in the classroom." *Theory into Practice* 55, no. 2 (2016): 153–59.

Dudai, Y., et al. "The consolidation and transformation of memory." *Neuron* 88, no. 1 (2015): 20–32.

Dunbar, K., et al. "Do naive theories ever go away? Using brain and behavior to understand changes in concepts." In *Carnegie Mellon Symposia on Cognition. Thinking with Data*, ed. M.C. Lovett and P. Shah, 193–206. Lawrence Erlbaum Associates Publishers, 2007.

Dung, B., and M. McDaniel. "Enhancing learning during lecture note-taking using outlines and illustrative diagrams." *Journal of Applied Research in Memory and Cognition* 4, no. 2 (2015): 129–35.

Dunning, D. "Chapter 5: The Dunning-Kruger effect: On being ignorant of one's own ignorance." In *Advances in Experimental Social Psychology*, vol. 44, ed. M.P. Zanna and J.M. Olson, 247–97. Academic Press, 2011.

Dusenbury, L., and R.P. Weissberg. "Social emotional learning in elementary school: Preparation for success." The Pennsylvania State University, (2017): https://healthyschoolscampaign.org/wp-content/uploads/2017/04/RWJF-SEL.pdf.

Eagleman, D. *Livewired: The Inside Story of the Ever-Changing Brain.* Pantheon, 2020.

Eichenbaum, A., et al. "Fundamental questions surrounding efforts to improve cognitive function through video game training." In *Cognitive and Working Memory Training: Perspectives from Psychology, Neuroscience, and Human Development*, ed. J.M. Novick et al., 432–454. Oxford University Press, 2019.

Elsey, J.W.B., et al. "Human memory reconsolidation: A guiding framework and critical review of the evidence." *Psychological Bulletin* 144, no. 8 (2018): 797–848.

Engelmann, S., and D. Carnine. *Theory of Instruction: Principles and Applications*, NIFDI Press, 1982. Revised edition, 2016.

Ergo, K., et al. "Reward prediction error and declarative memory." *Trends in Cognitive Science* 24, no. 5 (2020): 388–97.

Erickson, K.I., et al. "Physical activity, cognition, and brain outcomes: A review of the 2018 physical activity guidelines." *Medicine & Science in Sports & Exercise* 51, no. 6 (2019): 1242–51.

Ericsson, K.A., et al. *The Cambridge Handbook of Expertise and Expert Performance*, 2nd ed.: Cambridge University Press, 2018.

Ericsson, K.A., and W. Kintsch. "Long-term working memory." *Psychological Review* 102, no. 2 (1995): 211–45.

Eriksson, J., et al. "Neurocognitive architecture of working memory." *Neuron* 88, no. 1 (2015): 33–46.

Eskelson, T.C. "How and why formal education originated in the emergence of civilization." *Journal of Education and Learning* 9, no. 2 (2020): 29–47.

Estes, T., and S.L. Mintz. *Instruction: A Models Approach*, 7th ed. Pearson, 2015.

Evans, T.M., and M.T. Ullman. "An extension of the procedural deficit hypothesis from developmental language disorders to mathematical disability." *Frontiers in Psychology* 7, article 1318 (2016): 1–9.

Exposito, A., et al. "Examining the use of instructional video clips for teaching macroeconomics." *Computers & Education* 144, 103709 (2020).

Fairchild, J., and S.T. Hunter. " 'We've got creative differences': The effects of task conflict and participative safety on team creative performance." *The Journal of Creative Behavior* 48, no. 1 (2014): 64–87.

Felder, R.M. "Imposters everywhere." *Chemical Engineering Education* 22, no. 4 (1988): 168–69. https://www.engr.ncsu.edu/stem-resources/legacy-site/.

Felder, R.M., and R. Brent. *Teaching and Learning STEM: A Practical Guide*. Jossey-Bass, 2016.

Fisher, D., and N. Frey. "The uses and misuses of graphic organizers in content area learning." *The Reading Teacher* 71, no. 6 (2018): 763–66.

Flaherty, C. " 'As Human as Possible.' " *Inside Higher* Ed, March 16, 2020. https://www.insidehighered.com/news/2020/03/16/suddenly-trying-teach-humanities-courses-online.

Fosnot, C.T. *Constructivism: Theory, Perspectives, and Practice*, 2nd ed. Teachers College

Press, 2013.

Fray, L., and J. Gore. "Why people choose teaching: A scoping review of empirical studies, 2007–2016." *Teaching and Teacher Education* 75 (2018): 153–63.

Freedberg, M., et al. "Competitive and cooperative interactions between medial temporal and striatal learning systems." *Neuropsychologia* 136, 107257 (2020): 1–13.

Freeman, S., et al. "Active learning increases student performance in science, engineering, and mathematics." *Proceedings of the National Academy of Sciences of the USA* 111, no. 23 (2014): 8410–15.

Fuchs, L.S., et al. "Effects of first-grade number knowledge tutoring with contrasting forms of practice." *Journal of Educational Psychology* 105, no. 1 (2013): 58–77.

Fulvio, J.M., et al. "Task-specific response strategy selection on the basis of recent training experience." *PLoS Computational Biology* 10, e1003425, no. 1 (2014): 1–16.

Gandhi, Jill, et al. "The effects of two mindset interventions on low-income students' academic and psychological outcomes." *Journal of Research on Educational Effectiveness* 13, no. 2 (2020): 351–79.

Gathercole, S.E., and T.P. Alloway. *Understanding Working Memory: A Classroom Guide.* London: Harcourt Assessment, https://www.mrc-cbu. cam.ac.uk/wp-content/uploads/2013/01/WM-classroom-guide.pdf, 2007.

Gathercole, S.E., et al. "Chapter 8. Working memory in the classroom." In *Working Memory and Education*, ed. S.J. Pickering, 219–40. Elsevier, 2006.

Geary, D.C. "Reflections of evolution and culture in children's cognition: Implications for mathematical development and instruction." *American Psychologist* 50, no. 1 (1995): 24–37.

Geary, D.C. "Educating the evolved mind." In *Educating the Evolved Mind: Conceptual Foundations for an Evolutionary Educational Psychology*, ed. J.S. Carlson and J.R. Levin, 1–99. IAP-Information Age Publishing, 2007.

Geary, D.C., and D.B. Berch. "Chapter 9. Evolution and children's cognitive and academic development." In *Evolutionary Perspectives on Child Development and Education*, 217–49. Springer, 2016a.

Geary, D.C., and D.B. Berch. *Evolutionary Perspectives on Child Development and Education.* Springer, 2016b.

Geary, D.C., et al. "Introduction: Cognitive foundations of mathematical interventions and early numeracy influences." *In Mathematical Cognition and Learning*, vol. 5. Elsevier,2019a.

Geary, D.C., et al. "Chapter 4: Report of the Task Group on Learning Processes." In *Foundations for Success: Report of the National Mathematics Advisory Panel*. United States Department of Education, 2008. http://www2.ed.gov/about/bdscomm/list/ mathpanel/report/learning-processes.pdf.

Geary, D.C., et al. "Sex differences in mathematics anxiety and attitudes: Concurrent and longitudinal relations to mathematical competence." *Journal of Educational Psychology* 111, no. 8 (2019b): 1447–61.

Gernsbacher, M.A. "Five tips for improving online discussion boards." Observer, October 31, 2016. https://www.psychologicalscience.org/observer/five-tips-for-improving-online-discussion-boards.

Gersten, R., et al. *Assisting Students Struggling with Mathematics: Response to Intervention (RtI) for Elementary and Middle Schools*. NCEE 2009-4060, IES Practice Guide: What Works Clearinghouse, U.S. Department of Education, 2009. https://files.eric. ed.gov/fulltext/ED504995.pdf.

Gersten, R., et al. "Chapter 6: Report of the Task Group on Instructional Practices." In *Foundations for Success: Report of the National Mathematics Advisory Panel*. United States Department of Education, 2008. https://www2.ed.gov/about/bdscomm/list/ mathpanel/report/instructional-practices.pdf.

Gharravi, A.M. "Impact of instructor-provided notes on the learning and exam performance of medical students in an organ system-based medical curriculum." *Advances in Medical Education and Practice* 9 (2018): 665–72.

Gilboa, A., and H. Marlatte. "Neurobiology of schemas and schema-mediated memory." *Trends in Cognitive Sciences* 21, no. 8 (2017): 618–31.

Gonzalez, A.A., et al. "Sex differences in brain correlates of STEM anxiety." *npj Science of Learning* 4, article 18 (2019): 1–10.

Gonzalez, J. "Is your lesson a Grecian urn?" Cult of Pedagogy, 2016. https://www. cultofpedagogy.com/grecian-urn-lesson/.

Hadjikhani, N., et al. "Look me in the eyes: Constraining gaze in the eye-region provokes abnormally high subcortical activation in autism." *Scientific Reports* 7, article 3163 (2017): 1–7.

Hamilton, K.R., et al. "Striatal bases of temporal discounting in early adolescents."

Neuropsychologia 144, 107492 (2020): 1–10.

Hattie, J. *Visible Learning: A Synthesis of Over 800 Meta-Analyses Relating to Achievement.* Routledge, 2009.

Hattie, J. *Visible Learning for Teachers: Maximizing Impact on Learning.* Routledge, 2012.

Hattie, J. *L'apprentissage visible pour les enseignants: connaitre son impact pour maximiser le rendement des eleves* (Visible Learning for Teachers: Maximizing Impact on Learning). Presses de l'Universite du Quebec, 2017.

Hattie, J., and H. Timperley. "The power of feedback." *Review of Educational Research* 77, no. 1 (2007): 81–112.

Haydon, T., et al. "A review of the effectiveness of guided notes for students who struggle learning academic content." *Preventing School Failure: Alternative Education for Children and Youth* 55, no. 4 (2011): 226–31.

Hayek, F. "Chapter 4: Two Types of Mind." In *New Studies in Philosophy, Politics, Economics and the History of Ideas*, 50–56. University of Chicago Press, 1978.

Hayes, S., et al. "Restriction of working memory capacity during worry." *Journal of Abnormal Psychology* 117, no. 3 (2008): 712–17.

Heacox, D. *Making Differentiation a Habit: How to Ensure Success in Academically Diverse Classrooms*, 2nd ed. Free Spirit Publishing, 2017.

Hebscher, M., et al. "Rapid cortical plasticity supports long-term memory formation." *Trends in Cognitive Sciences* 23, no. 12 (2019): 989–1002.

Henke, K. "A model for memory systems based on processing modes rather than consciousness." *Nature Reviews Neuroscience* 11, no. 7 (2010): 523–32.

Hennessy, M.B., et al. "Social buffering of the stress response: Diversity, mechanisms, and functions." *Frontiers in Neuroendicronology* 30, no. 4 (2009): 470–82.

Hess, K. *A Guide for Using Webb's Depth of Knowledge with Common Core State Standards.* The Common Core Institute, 2013, https://education.ohio.gov/getattachment/ Topics/Teaching/Educator-Evaluation-System/How-to-Design-and-Select-Quality-Assessments/Webbs-DOK-Flip-Chart.pdf.aspx.

Himmer, L., et al. "Rehearsal initiates systems memory consolidation, sleep makes it last." *Science Advances* 5, no. 4, eaav1695 (2019): 1–9.

Hinds, P.J. "The curse of expertise: The effects of expertise and debiasing methods on prediction of novice performance." *Journal of Experimental Psychology*: Applied 5, no.

2 (1999): 205–21.

Hoogerheide, V., et al. "Generating an instructional video as homework activity is both effective and enjoyable." *Learning and Instruction* 64 (2019), 101226.

van Hooijdonk, C., and B. de Koning. "Investigating verbal redundancy in learning from an instructional animation." European Association for Research on Learning and Instruction(EARLI). Special Interest Group (SIG), 2016. https://www.researchgate.net/publication/305345989_Investigating_verbal_redundancy_in_learning_from_an_instructional_animation.

Hough, L. "No need for speed: Study shows that faster isn't necessarily better when it comes to learning." *Ed. Harvard Ed. Magazine*, Fall 2019. https://www.gse.harvard.edu/news/ed/19/08/no-need-speed.

Hyatt, C.S., et al. "Narcissism and self-esteem: A nomological network analysis." *PloS One* 13, no. 8 (2018): e0201088.

Ibrahim, M., et al. "Effects of segmenting, signalling, and weeding on learning from educational video." *Learning, Media and Technology* 37, no. 3 (2012): 220–35.

Jansen, R.S., et al. "An integrative review of the cognitive costs and benefits of note-taking." *Educational Research Review* 22 (2017): 223–33.

Jiang, M. "The reason Zoom calls drain your energy." BBC Remote Control, April 22, 2020. https://www.bbc.com/worklife/article/20200421-why-zoom-video-chats-are-so-exhausting.

Johnson, A. *Excellent Online Teaching: Effective Strategies for a Successful Semester Online.* Aaron Johnson, 2013.

Johnson, D.W., and R.T. Johnson. "Making cooperative learning work." *Theory Into Practice* 38, no. 2 (1999): 67–73.

Josselyn, S.A., and S. Tonegawa. "Memory engrams: Recalling the past and imagining the future." *Science* 367, no. 6473 (2020): eaaw4325.

Joyce, B.R., et al. *Models of Teaching*, 9th ed. Pearson, 2015.

Kaddoura, M. "Think pair share: A teaching learning strategy to enhance students' critical thinking." *Educational Research Quarterly* 36, no. 4 (2013): 3–24.

Kalyuga, S., and A. Renkl. "Expertise reversal effect and its instructional implications: Introduction to the special issue." *Instructional Science* 38, no. 3 (2010): 209–15.

Kang, S., and T.R. Kurtzberg. "Reach for your cell phone at your own risk: The cognitive costs of media choice for breaks." *Journal of Behavioral Addictions* 8, no. 3 (2019): 395–403.

Kapadia, C., and S. Melwani. "More tasks, more ideas: The positive spillover effects of multitasking on subsequent creativity." *Journal of Applied Psychology* (2020): Advance online publication.

Karpicke, J.D. "Retrieval-based learning: Active retrieval promotes meaningful learning." *Current Directions in Psychological Science* 21, no. 3 (2012): 157–63.

Karpicke, J.D., and J.R. Blunt. "Retrieval practice produces more learning than elaborative studying with concept mapping." *Science* 331, no. 6018 (2011): 772–75.

Karpicke, J.D., and P.J. Grimaldi. "Retrieval-based learning: A perspective for enhancing meaningful learning." *Educational Psychology Review* 24, no. 3 (2012): 401–18.

Kiewra, K.A., et al. "Note-taking functions and techniques." *Journal of Educational Psychology* 83, no. 2 (1991): 240–45.

Kingery, J.N., et al. "Peer acceptance and friendship as predictors of early adolescents' adjustment across the middle school transition." *Merrill-Palmer Quarterly* 57, no. 3 (2011): 215–43.

Kingston, N., and B. Nash. "Formative assessment: A meta-analysis and a call for research." *Educational Measurement: Issues and Practice* 30, no. 4 (2011): 28–37.

Kirschner, P.A., et al. "Why minimal guidance during instruction does not work: An analysis of the failure of constructivist, discovery, problem-based, experiential, and inquiry-based teaching." *Educational Psychologist* 41, no. 2 (2006): 75–86.

Kirschner, P.A., and J.J.G. van Merrienboer. "Do learners really know best? Urban legends in education." *Educational Psychologist* 48, no. 3 (2013): 169–83.

Kita, S., et al. "How do gestures influence thinking and speaking? The gesture-for-conceptualization hypothesis." *Psychological Review* 124, no. 3 (2017): 245–66.

Klahr, D., and M. Nigam. "The equivalence of learning paths in early science instruction: Effects of direct instruction and discovery learning." *Psychological Science* 15, no. 10 (2004): 661–67.

Koriat, A., and R.A. Bjork. "Illusions of competence in monitoring one's knowledge during study." *Journal of Experimental Psychology: Learning, Memory, and Cognition* 31, no. 2 (2005): 187–94.

Kosmidis, et al. "Literacy versus formal schooling: Influence on working memory."

Archives of Clinical Neuropsychology 26, no. 7 (2011): 575–82.

Krahenbuhl, K.S. "Student-centered education and constructivism: Challenges, concerns, and clarity for teachers." *Clearing House: A Journal of Educational Strategies, Issues and Ideas* 89, no. 3 (2016): 97–105.

Krathwohl, D.R. "A revision of Bloom's taxonomy: An overview." *Theory Into Practice* 41, no. 4 (2002): 212–18.

Kuhn, S., et al. "The importance of the default mode network in creativity—structural MRI study." *Journal of Creative Behavior* 48, no. 2 (2014): 152–63.

Lagerstrom, L., et al. "The myth of the six-minute rule: Student engagement with online videos." Paper ID #13527, pp. 14–7. 122nd ASEE Annual Conference, Seattle, WA, 2015.

Lawson, T.J., et al. "Guiding questions enhance student learning from educational videos." *Teaching of Psychology* 33, no. 1 (2006): 31–33.

Lawson, T.J., et al. "Techniques for increasing student learning from educational videos: Notes versus guiding questions." *Teaching of Psychology* 34, no. 2 (2007): 90–93.

Lemov, D. *Teach Like a Champion 2.0*, 2nd ed. Wiley, 2015.

Li, W., et al. "REM sleep selectively prunes and maintains new synapses in development and learning." *Nature Neuroscience* 20, no. 3 (2017): 427–37.

Likourezos, V., et al. "The variability effect: When instructional variability is advantageous." *Educational Psychology Review* 31, no. 2 (2019): 479–97.

Liles, J., et al. "Study habits of medical students: An analysis of which study habits most contribute to success in the preclinical years." *MedEdPublish* 7, no. 1 (2018): 1–16.

Lo, C.K., and K.F. Hew. "A critical review of flipped classroom challenges in K-12 education: Possible solutions and recommendations for future research." *Research and Practice in Technology Enhanced Learning* 12, no. 1, article 4 (2017): 1–22.

Lu, B., et al. "BDNF-based synaptic repair as a disease-modifying strategy for neurodegenerative diseases." *Nature Reviews: Neuroscience* 14, no. 6 (2013): 401–16.

Lu, J.G., et al. " 'Switching On' creativity: Task switching can increase creativity by reducing cognitive fixation." *Organizational Behavior and Human Decision Processes* 139 (2017): 63–75.

Lupien, S.J., et al. "The effects of stress and stress hormones on human cognition: Implications for the field of brain and cognition." *Brain and Cognition* 65, no. 3

(2007): 209–37.

Lyons, I.M., and S.L. Beilock. "When math hurts: Math anxiety predicts pain network activation in anticipation of doing math." *PLoS One* 7, no. 10 (2012): e48076.

Macedonia, M., et al. "Depth of encoding through observed gestures in foreign language word learning." *Frontiers in Psychology* 10, article 33 (2019): 1–15.

Mack, M.L., et al. "Building concepts one episode at a time: The hippocampus and concept formation." *Neuroscience Letters* 680 (2018): 31–38.

Macrae, N. *John von Neumann: The Scientific Genius Who Pioneered the Modern Computer Game Theory, Nuclear Deterrence, and Much More.* Pantheon, 1992.

Mao, D., et al. "Hippocampus-dependent emergence of spatial sequence coding in retrosplenial cortex." *Proceedings of the National Academy of Sciences of the USA* 115, no. 31 (2018): 8015–18.

Martini, M., et al. "Effects of wakeful resting versus social media usage after learning on the retention of new memories." *Applied Cognitive Psychology* 34, no. 2 (2020): 551–58.

Martiros, N., et al. "Inversely active striatal projection neurons and interneurons selectively delimit useful behavioral sequences." *Current Biology* 28, no. 4 (2018): 560–73.e5.

Mayer, R.E. "Should there be a three-strikes rule against pure discovery learning?" *American Psychologist* 59, no. 1 (2004): 14–19.

Mayer, R.E. *The Cambridge Handbook of Multimedia Learning*, 2nd ed.: Cambridge University Press, 2014a.

Mayer, R.E. "Cognitive theory of multimedia learning." In *The Cambridge Handbook of Multimedia Learning*, ed. R.E. Mayer: Cambridge University Press, 2014b.

Mayer, R.E. "How multimedia can improve learning and instruction." In *The Cambridge Handbook of Cognition and Education*, ed. J. Dunlosky and K.A. Rawson, 460–79. Cambridge University Press, 2019.

Mayer, R.E., et al. "Five ways to increase the effectiveness of instructional video." *Educational Technology Research and Development* 68, no. 3 (2020): 837–52.

McClelland, J.L., et al. "Why there are complementary learning systems in the hippocampus and neocortex: Insights from the successes and failures of connectionist models of learning and memory." *Psychological Review* 102, no. 3 (1995): 419–57.

McGill, C. *Engaging Practices: How to Activate Student Learning*. White Water Publishing, 2018.

McGrath, M., and B. Oakley. "Codependency and pathological altruism." In *Pathological Altruism*, ed. B. Oakley et al., 49–74. Oxford University Press, 2012.

McKenzie, L. "Online, cheap—and elite." *Inside Higher* Ed, March 20, 2018. https://www.insidehighered.com/digital-learning/article/2018/03/20/analysis-shows-georgia-techs-online-masters-computer-science.

McLaren, B.M. et al. "Delayed learning effects with erroneous examples: A study of learning decimals with a web-based tutor." *International Artificial Intelligence in Education Society* 25 (2015): 520–42.

McMillan, J.H. *Classroom Assessment: Principles and Practice That Enhance Student Learning and Motivation*, 7th ed. Pearson, 2018.

Medeiros-Ward, N., et al. "On supertaskers and the neural basis of efficient multitasking." *Psychonomic Bulletin & Review* 22, no. 3 (2015): 876–83.

Miendlarzewska, E.A., et al. "Influence of reward motivation on human declarative memory." *Neuroscience & Biobehavioral Reviews* 61 (2016): 156–76.

Miller, M., et al. "14 copyright essentials teachers and students must know." Ditch That Textbook, April 4, 2016. http://ditchthattextbook.com/14-copyright-essentials-teachers-and-students-must-know/.

Mintz, V. "Why I'm learning more with distance learning than I do in school." *New York Times*, May 5, 2020. https://www.nytimes.com/2020/05/05/opinion/coronavirus-pandemic-distance-learning.html.

Mobbs, D., et al. "Humor modulates the mesolimbic reward centers." *Neuron* 40, no. 5 (2003): 1041–48.

Mohebi, A., et al. "Dissociable dopamine dynamics for learning and motivation." *Nature* 570, no. 7759 (2019): 65–70.

Montague, P.R., et al. "Bee foraging in uncertain environments using predictive Hebbian learning." *Nature* 377, no. 6551 (1995): 725–28.

Montague, P.R., et al. "A framework for mesencephalic dopamine systems based on predictive Hebbian learning." *Journal of Neuroscience* 16, no. 5 (1996): 1936–47.

Morgan, P.L., et al. "Which instructional practices most help first-grade students with and without mathematics difficulties?" *Educational Evaluation and Policy Analysis* 37, no. 2 (2015): 184–205.

Mourshed, M., et al. *How to Improve Student Educational Outcomes: New Insights from Data Analytics*. McKinsey & Company, 2017. https://www.mckinsey.com/industries/public-and-social-sector/our-insights/how-to-improve-student-educational-outcomes-new-insights-from-data-analytics#.

Muller, L., et al. "Rotating waves during human sleep spindles organize global patterns of activity that repeat precisely through the night." *eLife* 5 (2016): e17267.

Nakahira, Y., et al. "Diversity-enabled sweet spots in layered architectures and speed-accuracy trade-offs in sensorimotor control." (Preprint) arXiv:1909.08601 (2019). https://arxiv.org/pdf/1909.08601.pdf.

Nakano, S., and M. Ishihara. "Working memory can compare two visual items without accessing visual consciousness." *Consciousness and Cognition* 78 (2020): 102859.

National Governors Association Center for Best Practices. *Common Core State Standards for English Language Arts*. Washington, D.C.: National Governors Association Center for Best Practices, Council of Chief State School Officers, 2010a. http://www.corestandards.org/wp-content/uploads/ELA_Standards1.pdf.

National Governors Association Center for Best Practices. *What Are Educational Standards?* Washington, D.C.: National Governors Association Center for Best Practices, Council of Chief State School Officers, 2010b. http://www.corestandards.org/about-the-standards/frequently-asked-questions/.

Nienaber, K., et al. "The funny thing is, instructor humor style affects likelihood of student engagement." *Journal of the Scholarship of Teaching and Learning* 19, no. 5 (2019): 53–60.

Niethard, N., and J. Born. "Back to baseline: sleep recalibrates synapses." *Nature Neuroscience* 22, no. 2 (2019): 149–51.

Oakley, B. "It takes two to tango: How 'good' students enable problematic behavior in teams." *Journal of Student Centered Learning* 1, no. 1 (2002): 19–27.

Oakley, B. "Why working memory could be the answer." *TES (Times Educational Supplement)*, June 28, 2019, https://www.tes.com/magazine/article/why-working-memory-could-be-answer.

Oakley, B., et al. "Turning student groups into effective teams." *Journal of Student Centered Learning* 2, no. 1 (2004): 9–34.

Oakley, B.A. "Concepts and implications of altruism bias and pathological altruism." *Proceedings of the National Academy of Sciences of the USA* 110, Supplement 2 (2013): 10408–15.

Oakley, B.A., and T.J. Sejnowski. "What we learned from creating one of the world's most popular MOOCs." *npj Science of Learning* 4, article 7 (2019): 1–7.

O'Connor, A. "How the hum of a coffee shop can boost creativity." *New York Times*, June 21, 2013. http://well.blogs.nytimes.com/2013/06/21/how-the-hum-of-a-coffee-shop-can-boost-creativity/?ref=health&_r=1&.O'Day, G.M., and J.D. Karpicke. "Comparing and combining retrieval practice and concept mapping." Journal of Educational Psychology advance online publication. https://doi.org/10.1037/edu0000486 (2020).

Ose Askvik, E., et al. "The importance of cursive handwriting over typewriting for learning in the classroom: A high-density EEG study of 12-year-old children and young adults." *Frontiers in Psychology* 11, 1810 (2020): 1–16.

Owens., M., et al. "When does anxiety help or hinder cognitive test performance? The role of working memory capacity." *British Journal of Psychology* 105, no. 1 (2014): 92–101.

Packard, M.G., and J. Goodman. "Factors that influence the relative use of multiple memory systems." *Hippocampus* 23, no. 11 (2013): 1044–52.

Palva, J.M., et al. "Neuronal synchrony reveals working memory networks and predicts individual memory capacity." *Proceedings of the National Academy of Sciences of the USA* 107, no. 16 (2010): 7580–85.

Pan, S.C., and R.A. Bjork. "Chapter 11.3. Acquiring an accurate mental model of human learning: Towards an owner's manual." In *Oxford Handbook of Memory, Vol. 2: Applications*, in press.

Pan, S.C., et al. "Does interleaved practice enhance foreign language learning? The effects of training schedule on Spanish verb conjugation skills." *Journal of Educational Psychology* 111, no. 7 (2019): 1172–88.

Paulus, P.B., et al. "Understanding the group size effect in electronic brainstorming." *Small Group Research* 44, no. 3 (2013): 332–52.

Piolat, A., et al. "Cognitive effort during note taking." *Applied Cognitive Psychology* 19, no. 3 (2005): 291–312.

Ponce, H.R., et al. "Study activities that foster generative learning: Notetaking, graphic organizer, and questioning." *Journal of Educational Computing Research* 58, no. 2 (2019): 275–96.

Raghubar, K.P., et al. "Working memory and mathematics: A review of developmental, individual difference, and cognitive approaches." *Learning and Individual Differences* 20, no. 2 (2010): 110–22.

Ramon y Cajal, S. *Recollections of My Life.* Trans. E.H. Craigie. MIT Press, 1989. (Original edition published in 1937.).

Reich, J., et al. "Remote learning guidance from state education agencies during the covid-19 pandemic: A first look." Preprint, 2020. https://edarxiv.org/437e2/.Rey, G.D., et al. "A meta-analysis of the segmenting effect." *Educational Psychology Review* 31 (2019): 389–419.

Rockwood III, H.S. "Cooperative and collaborative learning." *The National Teaching and Learning Forum* 5, no. 1 (1995a): 8–10.

Rockwood III, H.S. "Cooperative and collaborative learning." *The National Teaching and Learning Forum* 4, no. 6 (1995b): 8–9.

Rogowsky, B.A., et al. "Matching learning style to instructional method: Effects on comprehension." *Journal of Educational Psychology* 107, no. 1 (2015): 64–78.

Rogowsky, B. A., et al. "Providing instruction based on students' learning style preferences does not improve learning." *Frontiers in Psychology* 11, (2020).

Rosenshine, B. (2010). *Principles of Instruction.* International Academy of Education and International Bureau of Education. Retrieved from http://www.ibe.unesco.org/fileadmin/user_upload/Publications/Educational_Practices/EdPractices_21.pdf

Rosenthal, R., and L. Jacobson. "Pygmalion in the classroom." *The Urban Review* 3, no. 1 (1968): 16–20.

Rudland, J.R., et al. "The stress paradox: How stress can be good for learning." *Medical Education* 54, no. 1 (2020): 40–45.

Runyan, J.D., et al. "Coordinating what we've learned about memory consolidation: Revisiting a unified theory." *Neuroscience & Biobehavioral Reviews* 100 (2019): 77–84.

Saksvik, P.O. "Constructive stress." In *The Positive Side of Occupational Health Psychology,* ed. M. Christensen et al., 91–98. Springer, 2017.

Sauld, S. "Who uses closed captions? Not just the deaf or hard of hearing." 3PlayMedia,

January 17, 2020. https://www.3playmedia.com/2020/01/17/who-uses-closed-captions-not-just-the-deaf-or-hard-of-hearing/.

Scager, K., et al. "Collaborative learning in higher education: Evoking positive interdependence." *CBE Life Sciences Education* 15, no. 4 (2016): ar69.

Schreiweis, C., et al. "Humanized Foxp2 accelerates learning by enhancing transitions from declarative to procedural performance." *Proceedings of the National Academy of Sciences of the USA* 111, no. 39 (2014): 14253–58.

Schultz, W., et al. "A neural substrate of prediction and reward." *Science* 275, no. 5306 (1997): 1593–99.

Sejnowski, T.J. "The book of Hebb." *Neuron* 24, no. 4 (1999): 773–76.

Sejnowski, T.J. *The Deep Learning Revolution.* MIT Press, 2018.

Shevlin, H. "Current controversies in the cognitive science of short-term memory." *Current Opinion in Behavioral Sciences* 32 (2020): 148–54.

Shipstead, Z, et al. "Working memory capacity and fluid intelligence: Maintenance and disengagement." *Perspectives on Psychological Science* 11, no. 6 (2016): 771–99.

Sisk, Victoria F., et al. "To what extent and under which circumstances are growth mind-sets important to academic achievement? Two meta-analyses." *Psychological Science* 29, no. 4 (2018): 549–71.

Smith, A.M., et al. "Retrieval practice protects memory against acute stress." *Science* 354, no. 6315 (2016): 1046–48.

Snyder, J.S., and M.R. Drew. "Functional neurogenesis over the years." *Behavioural Brain Research* 382 (2020): 112470.

Soderlund, G., et al. "Listen to the noise: Noise is beneficial for cognitive performance in ADHD." *Journal of Child Psychology and Psychiatry* 48, no. 8 (2007): 840–47.

Soderstrom, N.C., and R.A. Bjork. "Learning versus performance: An integrative review." *Perspectives in Psychological Science* 10, no. 2 (2015): 176–99.

Solis, M., et al. "Collaborative models of instruction: The empirical foundations of inclusion and co-teaching." *Psychology in the Schools* 49, no. 5 (2012): 498–510.

Sonnenschein, S., et al. "The relation between the type and amount of instruction and growth in children's reading competencies." *American Educational Research Journal* 47, no. 2 (2010): 358–89.

Sorrenti, G., et al. "The causal impact of socio-emotional skills training on educational success." CESifo Working Paper No. 8197, April 7, 2020. https://papers.ssrn.com/sol3/papers.cfm?abstract_id=3570301.

Ste-Marie, D.M., et al. "High levels of contextual interference enhance handwriting skill acquisition." *Journal of Motor Behavior* 36, no. 1 (2004): 115–26.

Stebbins, L.B., et al. *Education as Experimentation: A Planned Variation Model. Vol. 4-A: An Evaluation of Follow Through.* Abt Associates: Research report to the US Office of Education under Contract No. 300-75-0134, 1977.

Steel, P. "The nature of procrastination: A meta-analytic and theoretical review of quintessential self-regulatory failure." *Psychological Bulletin* 133, no. 1 (2007): 65–94.

Stillman, C.M., et al. "Dispositional mindfulness is associated with reduced implicit learning." *Consciousness and Cognition: An International Journal* 28 (2014): 141–50.

Stockard, J., et al. "The effectiveness of direct instruction curricula: A meta-analysis of a half century of research." *Review of Educational Research* 88, no. 4 (2018): 479–507.

Stockwell, B.R., et al. "Blended learning improves science education." *Cell* 162, no. 5 (2015): 933–36.

Straube, B., et al. "Memory effects of speech and gesture binding: Cortical and hippocampal activation in relation to subsequent memory performance." *Journal of Cognitive Neuroscience* 21, no. 4 (2009): 821–36.

Sweller, J. "Cognitive load theory, evolutionary educational psychology, and instructional design." In *Evolutionary Perspectives on Child Development and Education*, 291–306. Springer International Publishing, 2016.

Szpunar, K.K., et al. "Interpolated memory tests reduce mind wandering and improve learning of online lectures." *Proceedings of the National Academy of Sciences of the USA* 110, no. 16 (2013): 6313–17.

Szuhany, K.L., et al. "A meta-analytic review of the effects of exercise on brain-derived neurotrophic factor." *Journal of Psychiatric Research* 60 (2015): 56–64.

Szumski, G., et al. "Academic achievement of students without special educational needs in inclusive classrooms: A meta-analysis." *Educational Research Review* 21 (2017): 33–54.

Takacs, A., et al. "Is procedural memory enhanced in Tourette syndrome? Evidence from a sequence learning task." *Cortex* 100 (2018): 84–94.

교육의 뇌과학

Takeuchi, H., et al. "Failing to deactivate: The association between brain activity during a working memory task and creativity." *NeuroImage* 55, no. 2 (2011): 681–87.

Tang, A., et al. "Neurodevelopmental differences to social exclusion: An event-related neural oscillation study of children, adolescents, and adults." *Emotion* 19, no. 3 (2019): 520–32.

Teng, F. "Maximizing the potential of captions for primary school ESL students' comprehension of English-language videos." *Computer Assisted Language Learning* 32, no. 7 (2019): 665–91.

Thiele, A., and M.A. Bellgrove. "Neuromodulation of attention." *Neuron* 97, no. 4 (2018): 769–85.

Thomas, M.S.C., et al. "Annual research review: Educational neuroscience: progress and prospects." *Journal of Child Psychology and Psychiatry* 60, no. 4 (2019): 477–92.

Titsworth, B.S., and K.A. Kiewra. "Spoken organizational lecture cues and student notetaking as facilitators of student learning." *Contemporary Educational Psychology* 29, no. 4 (2004): 447–61.

Tolman, A.O., and J. Kremling, eds. *Why Students Resist Learning: A Practical Model for Understanding and Helping Students.* Stylus Publishing, 2016.

Tomlinson, C.A. *How to Differentiate Instruction in Academically Diverse Classrooms*, 3rd ed. ASCD, 2017.

Tonegawa, S., et al. "The role of engram cells in the systems consolidation of memory." *Nature Reviews Neuroscience* 19, no. 8 (2018): 485–98.

Tse, D., et al. "Schemas and memory consolidation." *Science* 316, no. 5821 (2007): 76–82.

Turi, Z., et al. "On ways to overcome the magical capacity limit of working memory." *PLoS Biology* 16, no. 4 (2018): e2005867.

Turner, B.O., et al. "Hierarchical control of procedural and declarative category-learning systems." *NeuroImage* 150 (2017): 150–61.

Uittenhove, K., et al. "Is working memory storage intrinsically domain-specific?" Journal of Experimental Psychology: *General* 148, no. 11 (2019): 2027–57.

Ullman, M.T. "The declarative/procedural model: A neurobiologically motivated theory of first and second language." In *Theories in Second Language Acquisition: An Introduction*, ed. B. VanPatten et al., 128–161. Routledge, 2020.

Ullman, M.T., et al. "The neurocognition of developmental disorders of language." *Annual Review of Psychology* 71 (2020): 389–417.

Ullman, M.T., and J.T. Lovelett. "Implications of the declarative/procedural model for improving second language learning: The role of memory enhancement techniques." *Second Language Research* 34, no. 1 (2016): 39–65.

University of Lethbridge press release. "New research reveals central role of the hippocampus in instructing the neocortex in spatial navigation and memory." July 16, 2018. https://www.uleth.ca/unews/article/new-research-reveals-central-role-hippocampus-instructing-neocortex-spatial-navigation-and#.X7BpUS2ZNTY.

U.S. Congress. Individuals with Disabilities Education Act, 2004. https://uscode.house.gov/view.xhtml?path=/prelim@title20/chapter33&edition=prelim.

Vanderbilt, Tom. *Beginners: The Joy and Transformative Power of Lifelong Learning*. Knopf, 2021.

van Kesteren, M.T.R., and M. Meeter. "How to optimize knowledge construction in the brain." *npj Science of Learning* 5, article 5 (2020): 1–7.

Virag, M., et al. "Procedural learning and its consolidation in autism spectrum disorder." *Ideggyogyaszati Szemle* 70, no. 3–4 (2017): 79–87.

Vogel, S., and L. Schwabe. "Learning and memory under stress: Implications for the classroom." *npj Science of Learning* 1, article 16011 (2016): 1–10.

Vural, O.F. "The impact of a question-embedded video-based learning tool on e-learning." *Educational Sciences: Theory and Practice* 13, no. 2 (2013): 1315–23.

Wamsley, E.J. "Memory consolidation during waking rest." *Trends in Cognitive Sciences* 23, no. 3 (2019): 171–73.

Wang, S.H., and R.G. Morris. "Hippocampal-neocortical interactions in memory formation, consolidation, and reconsolidation." *Annual Review of Psychology* 61 (2010): 49–79.

Wang, X., et al. "Benefits of interactive graphic organizers in online learning: Evidence for generative learning theory." *Journal of Educational Psychology*. Advance online publication, 2020.

Weimer, M. "Multiple-choice tests: Revisiting the pros and cons." *Faculty Focus*, February 21, 2018. https://www.facultyfocus.com/articles/educational-assessment/multiple-choice-tests-pros-cons/.Weinstein, R.S. "Pygmalion at 50: Harnessing its

교육의 뇌과학

power and application in schooling." Educational Research and Evaluation 24, no. 3–5 (2018): 346–65.

Wexler, N. *The Knowledge Gap: The Hidden Cause of America's Broken Education System— And How to Fix It*. Avery, 2019.

Wheadon, C., et al. "A comparative judgement approach to the large-scale assessment of primary writing in England." *Assessment in Education: Principles, Policy & Practice* 27, no. 1 (2020a): 46–64.

Wheadon, C., et al. "The classification accuracy and consistency of comparative judgement of writing compared to rubric-based teacher assessment." Preprint, 2020b. https://osf.io/preprints/socarxiv/vzus4/download.

Wieth, M.B., and R.T. Zacks. "Time of day effects on problem solving: When the non-optimal is optimal." *Thinking & Reasoning* 17, no. 4 (2011): 387–401.

Wong, H.K., and R.T. Wong. *The First Days of School: How to Be an Effective Teacher*, 5th ed. Harry K. Wong Publications, 2018.

Wong, H.K., et al. *The Classroom Management Book*. Harry K. Wong Publications, 2014.

Wong, Julian. "The science behind hating someone for their voice." *Rice* (2017). https://www.ricemedia.co/the-science-behind-hating-someone-for-their-voice.

Wong, P.C., et al. "Linking neurogenetics and individual differences in language learning: The dopamine hypothesis." *Cortex* 48, no. 9 (2012): 1091–102.

Wood, W. *Good Habits, Bad Habits: The Science of Making Positive Changes that Stick*. Farrar, Straus and Giroux, 2019.

Wu, L., et al. "Large teams develop and small teams disrupt science and technology." *Nature* 566 (2019): 378–82.

Wunsch, K., et al. "Acute psychosocial stress and working memory performance: The potential of physical activity to modulate cognitive functions in children." *BMC Pediatrics* 19, article 271 (2019): 1–15.

Xie, T-T., et al. "Declarative memory affects procedural memory: The role of semantic association and sequence matching." *Psychology of Sport and Exercise* 43 (2019): 253–60.

Xu, X., et al. "Multiple-choice questions: Tips for optimizing assessment in-seat and online." *Scholarship of Teaching and Learning in Psychology* 2, no. 2 (2016): 147–58.

Xue, Y., and S.J. Meisels. "Early literacy instruction and learning in kindergarten:

Evidence from the early childhood longitudinal study—kindergarten class of 1998–1999." *American Educational Research Journal* 41, no. 1 (2004): 191–229.

Yair, G. "Educational battlefields in America: The tug-of-warover students' engagement with instruction." *Sociology of Education* 73, no. 4 (2000): 247–69.

Yan, V.X., and F. Sana. "Does the interleaving effect extend to unrelated concepts? Learners' beliefs versus empirical evidence." *Journal of Educational Psychology* 113, no. 1 (2021): 125–137.

Yang, G., et al. "Sleep promotes branch-specific formation of dendritic spines after learning." *Science* 344, no. 6188 (2014): 1173–78.

Yang, K-H. "The WebQuest model effects on mathematics curriculum learning in elementary school students." *Computers & Education* 72 (2014): 158–66.

Zola, S., and M. Golden. "The use of visual maps as habit based assistive technology for individuals with Alzheimer's disease, Alzheimer's disease related dementias, and their caregivers." *Alzheimer's & Dementia* 15, no. 7, supplement (2019): P1454–P1455.

Zull, J.E. *The Art of Changing the Brain: Enriching the Practice of Teaching by Exploring the Biology of Learning.* Stylus Publishing, 2002.

Zwart, F. S., et al. "Procedural learning across the lifespan: A systematic review with implications for atypical development." *Journal of Neuropsychology*, 13 no. 2 (2019): 149–82.

교육의 뇌과학

옮긴이 **이선주**

연세대학교 사학과를 졸업하고 서울대 대학원에서 미술사를 공부했다. 조선일보 기자, 조선뉴스 프레스 발행 월간지 『톱클래스』 편집장을 지냈다. 현재 전문 번역가로 활동하고 있으며, 옮긴 책으로는 『세계사를 바꾼 16가지 꽃 이야기』, 『코끼리도 장례식장에 간다』, 『인생 처음 세계사 수업』, 『애프터 라이프』, 『바빌론 부자들의 돈 버는 지혜』, 『상처받은 관계에서 회복하고 있습니다』 등이 있다.

쓸모 있는 뇌과학·8

교육의 뇌과학

1판 1쇄 발행 2025년 2월 20일
1판 2쇄 발행 2025년 3월 10일

지은이 바버라 오클리, 베스 로고스키, 테런스 세즈노스키
옮긴이 이선주
발행인 박명곤 **CEO** 박지성 **CFO** 김영은
기획편집1팀 채대광, 이정미, 백환희, 이상지
기획편집2팀 박일귀, 이은빈, 강민형, 박고은
기획편집3팀 이승미, 김윤아, 이지은
디자인팀 구경표, 유채민, 윤신혜, 임지선
마케팅팀 임우열, 김은지, 전상미, 이호, 최고은

펴낸곳 (주)현대지성
출판등록 제406-2014-000124호
전화 070-7791-2136 **팩스** 0303-3444-2136
주소 서울시 강서구 마곡중앙6로 40. 장흥빌딩 10층
홈페이지 www.hdjisung.com **이메일** support@hdjisung.com
제작처 영신사

ⓒ 현대지성 2025

"Curious and Creative people make Inspiring Contents"
현대지성은 여러분의 의견 하나하나를 소중히 받고 있습니다.
원고 투고, 오탈자 제보, 제휴 제안은 support@hdjisung.com으로 보내 주세요.

현대지성 홈페이지

이 책을 만든 사람들
기획 김준원 **편집** 김윤아, 채대광 **디자인** 유채민